西北大学“双一流”建设项目资助
Sponsored by First-class Universities and Academic Programs of Northwest University

防灾减灾

FANGZAI JIANZAI

主编　封　超　曹　蓉

西北大学出版社
·西安·

图书在版编目(CIP)数据

防灾减灾／封超，曹蓉主编．—西安：西北大学出版社，2022.8

ISBN 978-7-5604-4987-6

Ⅰ．①防… Ⅱ．①封… ②曹… Ⅲ．①灾害防治—研究—中国 Ⅳ．①X4

中国版本图书馆CIP数据核字(2022)第149749号

防灾减灾

主编 封 超 曹 蓉

出版发行 西北大学出版社

(西北大学校内 邮编:710069 电话:029-88302825)

http://nwupress.nwu.edu.cn E-mail:xdpress@nwu.edu.cn

经 销 全国新华书店

印 刷 西安华新彩印有限责任公司

开 本 787毫米×1092毫米 1/16

印 张 14.25

版 次 2022年8月第1版

印 次 2022年8月第1次印刷

字 数 250千字

书 号 ISBN 978-7-5604-4987-6

定 价 38.00元

本版图书如有印装质量问题，请拨打电话029-88302966予以调换。

前　言

进入21世纪以来,传统的、单一学科的灾害管理已无法有效应对人类面临的日益复杂的灾害。我们要建设一个更加安全和可持续发展的生存环境,就必须采用综合的和多学科的灾害管理理论和方法,更有效地应对日益复杂的灾害。考虑到灾害的多因性、系统性和不可预期性等特点,近年来我国在总结灾害管理的历史经验时提出了新的防灾减灾战略。比如,"海绵城市""韧性城市"建设,将浙江义乌、四川德阳、浙江海盐和湖北黄石这4座城市成功加入"全球100个韧性城市建设项目";将每年5月12日设立为全国防灾减灾日;2009年5月11日发布首个关于防灾减灾工作白皮书《中国的减灾行动》,同时出台《突发事件应对法》《国家自然灾害救助应急预案》《防沙治沙法》《汶川地震灾后恢复重建条例》等30多部法律法规。

防灾减灾规划以预防为出发点,主要针对事故灾害尚未发生时如何规避风险。在城市建设中,确定城市合理的功能区划,并在地图上正确选址、合理布局等都是安全与防灾规划的核心内容。防灾减灾规划是以预防为主,考虑问题是在事情发生之前,与那些事后的应急救援所采取的"亡羊补牢"相比,社会效益和经济效益都要强许多倍。当前的一种倾向是,每当谈到城市安全时总是只谈应急,似乎应急做好了,就安全了,这种过分强调应急救援是与安全预防原理相悖的。

全面恰当地预防灾害给人类社会造成危害,既是防灾减灾工作的基础环节,也是人类经济社会可持续发展的迫切需要。防灾减灾体系建设也需要以正确的灾害预防研究成果为依据,以期最大限度地减轻灾害的影响,谋求社会经济的稳定发展。我国城市防灾减灾是最近几年才开始的,无论是定义概念,还是理论和方法,都有待进一步探索和研究。本书在编写中以事故灾难的安全规划和自然灾害的防灾规划为重点,而对一些专项规划,如工业园区安全规划、交通安全规划、城市地下空间安全规划、城市基础设施安全规划、地震防灾规划、洪水防灾规划、应急救援规划、疏散与避难规划等,虽未做详细叙述,但它们的原理和方法是相通的。

本书以编者在应急管理、防灾减灾领域的教学和研究经验为基础，结合国内外综合灾害管理理论和实践编写而成。由西北大学封超老师和曹蓉老师担任主编，并负责全书的体系设计、内容安排和总纂定稿工作。具体编写分工如下：第一章、第二章和第四章由封超老师执笔，共计 21.4 万字；第三章由曹蓉老师执笔，共计 3.6 万字。本书在撰写过程中得到了中国西部发展研究中心理事长桂维民教授的大力支持，从选题到构思，再到书稿的撰写及修改完成都凝聚了桂维民老师大量的心血与汗水。同时还要感谢西北大学出版社柴洁老师、许欢妮老师及其他工作人员的辛勤付出。

本书的编写得到了中国博士后科学基金项目——安全感视角下社区韧性评估、预测与减灾策略研究（批准号：2020M673462），陕西省软科学研究项目——双重网络联动视角下陕西省突发公共事件媒体传播策略研究（批准号：2021KRM170），陕西省社会科学基金项目——安全感视角下陕西省城市韧性的评估、预测与减灾策略研究（批准号：2021R028）和陕西省教育厅人文社科专项项目——大数据驱动的应急协同治理模式构建研究（批准号：19JK0833）的资助。

由于综合灾害防灾减灾涉及领域广泛，书中不免存在不妥、欠成熟和错漏之处，需要修正和完善的地方也一定不少，恳请相关专家及广大读者批评指正，并提出意见及建议。

编者

2022 年 7 月

目　录

第一章　基本概念

知识脉络图

- 基本概念
  - 灾害概念的界定
    - 灾害概念的由来
    - 灾害的定义及内涵
    - 灾害的特征
    - 与灾害相近名词辨析
  - 灾害系统结构与分级分类
    - 灾害系统
    - 灾害科学的划分
    - 灾害的分类
    - 灾害的分级
    - 灾种间的关系
  - 灾害危害
    - 自然灾害的连锁效应
    - 自然灾害的放大效应
    - 人为引起的灾害
  - 防灾减灾概述
    - 防灾减灾管理
    - 防灾减灾规划
    - 防灾减灾工程
    - 防灾减灾系统工程
  - 国际防灾减灾工程的发展
    - 综合减灾管理阶段
    - 减灾风险管理阶段
  - 我国防灾减灾工程
    - 我国防灾减灾工程的发展
    - 我国综合防灾减灾的主要成就
    - 我国综合防灾减灾的重要经验
    - 我国防灾减灾工程的规划

第一节　灾害概念的界定

一、灾害概念的由来

“灾害”在古汉语中为“甾害”，指天灾人祸造成的损害。《左传·成公十六年》：“是以神降之福，时无灾害。”《史记·秦始皇本纪》：“阐并天下，甾害绝息，永偃戎兵。”宋梅尧臣《送张推官洞赴晏相公辟》诗：“往者边事繁，秦民被灾害。”

“灾害”一词在英语中使用的是 disaster。根据西方学者的分析，disaster 来源于法语中的 desaster，其前缀和后缀源自拉丁语中的 dis 和 astro，意思是上天带来的消极结果或者“上帝的行动”。

二、灾害的定义及内涵

随着人类社会经济的发展，人们对各种形式的灾害有了更加全面而深刻的认识，同时把灾害的概念扩展到各个领域。联合国国际减轻自然灾害十年（简称“国际减灾十年”，International Day for Disaster Reduction，IDNDR）专家组将灾害定义为：一切对自然生态环境、人类社会的物质和精神文明建设，尤其是人们的生命财产等造成危害的自然灾害事件和社会事件。

基于此，可以将灾害定义为能够对人类和人类赖以生存的环境造成破坏性影响的事物的总称。灾害不表示程度，通常指局部。它可以扩张和发展，进而可演变成灾难。如传染病和计算机病毒的大面积传播都会酿成灾难。一切对自然生态环境、人类社会的物质和精神文明建设，尤其是人们的生命财产等造成危害的自然事件和社会事件都称为灾害。

目前，国内外不同学科对灾害的理解有一定的差异。狭义的灾害主要指自然灾害，广义的灾害还包括人为灾害。自然灾害是指由自然因素造成的人类生命、财产、社会功能和生态环境等受到损害的事件和现象，主要包括干旱、洪涝、台风、冰雹、雪、沙尘等气象灾害，火山、地震、山体崩塌、滑坡、泥石流等地质灾害，风暴潮、海啸等海洋灾害，森林草原火灾和重大生物灾害等。自然灾害不仅具有自然属性，还具有社会属性。这种双重属性，决定了自然灾害问题不仅仅是一个单纯的技术问题，同时还是一个复杂的社会问题，是一个需要运用综合手段协调各方力量来加以解决的问题。

灾害的概念包含“灾”和“害”两个方面，前者侧重灾害形成的原因或动力，后者侧重灾害对人类社会造成的损害，二者缺一不可。如果某种强烈的自然灾害发生在无人区，尽管能量巨大，但是并未对人类的生产生活产生影响，通常也不被认为是灾害。例如，一次山体滑坡发生在人烟稀少的深山或无人区，没有造成人员伤亡和财产损失，这种滑坡灾害就不构成自然灾害。倘若此次滑坡阻断了河流形成堰塞湖，并且对下游广大地区形成严重的水灾害威胁，那么这次山体滑坡就可以称为灾害事件。经过长期深入研究，对自然灾害这个广泛应用的词汇，科学界达成了共识，即地震、强台风等是自然现象，不足以构成灾害。灾害的产生有自然因素，更有人为因素。灾害的产生必须且至少具有以下3点：一是致灾因子，也就是我们所说的台风、暴雨、地震等各种自然现象；二是人类社会对灾害的可塑性；三是人类社会对灾害的应对能力。

三、灾害的特征

尽管不同学科对灾害的概念没有统一的定义，但灾害均具备以下6个特征。

1）危害性。灾害之所以被称为灾害，就是因为它会对人类生命、财产和赖以生存的其他环境和社会条件产生严重的危害性，其程度往往又是本地区难以独立承受，急需外界救援的。

2）突发性。绝大部分灾害都是在短暂时间内发生的，如地震、泥石流、爆炸等，往往在几秒内就可以造成巨大的破坏和损失。

3）永久性。许多种类的灾害是由自然界的运动变化造成的，是客观存在且不以人的主观意志而改变的，如地震、台风、洪水、海啸等。只要人类活动存在，灾害就不会消失。

4）频繁性。各种灾害都按照自身确定的和不确定的规律频繁发生，相互之间可以交叉诱发。虽然地震、海啸、洪水和台风等灾害的发生具有一定的周期性和准周期性（灾变期），但是这些灾害又不会那么准确地按周期重复发生。例如，台风活跃在每年的夏季，但各年份台风发生的时间却具有不重复性。

5）广泛性。灾害的分布遍布全球每个角落，只要有人类行为的地方，便有灾害的潜伏和爆发。

6）群发性。自然灾害不是孤立的，而是具有群体特征的。例如，台风登陆可以引起近海区域的风暴潮灾害，深入内陆可以转化为暴雨灾害；暴雨在平原区会引发洪涝灾害，在山区会引发山洪或泥石流等地质灾害。

四、与灾害相近名词辨析

（一）灾难（calamity）

灾难是与灾害最接近的名词，有时也替代使用。在英语里，灾难和灾害有所区别。calamity 强调事件的不幸后果，而 disaster 则强调自然起因。灾难主要是由于自然因素导致的社会功能部分或全部丧失，以造成巨大财产损失和人员伤亡的自然灾害为主。按照造成损失的大小和影响程度将灾难划分为灾难、重大灾难和特大灾难。①灾难是指某区域居民、经济、基础设施或环境等方面遭受自然或人为外动力的严重干扰，其损失已超出利用自身能力处理的程度，致使该区域或社会的部分机能崩溃，陷入瘫痪状态。②重大灾难是指由于自然或人为致灾因子造成区域内主要功能崩溃，重要生命线工程陷入瘫痪，被困居民面临生存的严重挑战。③特大灾难也称为巨灾，是指区域内所有社会功能丧失，外界援助难以到达，被困居民难以脱身，沦为孤岛。一般损失巨大，超过亿元。如 2008 年汶川地震中的汶川、映秀、北川等重灾区，老县城被泥石流掩埋，新县城建筑垮塌。

（二）灾祸（catastrophe）

灾祸是指大的灾难，巨灾的发生通常使用该词。《荀子・子道》："劳苦雕萃而能无失其敬，灾祸患难而能无失其义。"《史记・历书》："灾祸不生，所求不匮。"唐刘恂《岭表录异》卷上："言此国遇华人飘泛至者，虑有灾祸。"管桦《将军河》第一部第十章："他不知道以后还会发生什么样的灾祸，只好听天由命了。"

（三）不幸事件（misfortune）

不幸事件通常是指个人的不幸事件，较少用于自然灾害。

（四）事故（accident）

事故是指发生于预期之外，造成人身伤害或经济损失的事件。在中文里也指生产生活中的人为事故，一般不用于自然灾害。在英文里强调意外性和偶然性，有时也指有利的机遇。意外事故是指不可预见、不可避免和不可克服的事件，可造成一定人员伤亡和经济损失，如交通事故、火灾事故、化学品爆炸事故、工程事故等。一般事故的死亡人数低于 3 人，损失小于1 000万元，其影响范围很小，社会功能几乎不受影响。但也会有个别事故超出上述范围。

（五）突发事件（sudden incident）

突发事件是指不期待发生或突然发生的情况，需要紧急行动。在《中华人民共和国突发事件应对法》中定义为"突然发生的，造成或可能造成严重社会危害，需要采取应急处置措施予以应对的自然灾害、事故灾难、公共卫生事件和社会安全事件"。突发事件一般都会造成相当大的危害，必定与灾害相关联。但有些自然灾害是缓发或累积形成的，如干旱、土地沙漠化、地面下沉等。因此，突发事件还不能涵盖所有的自然灾害。

（六）危机（crisis）

从字面上来看，危机是由“危”和“机”构成的。危机是一种紧急状态，对社会产生了实际威胁，需要社会和政府采取紧急行动来处理。危机有可能会导致灾害，也有可能不会导致灾害，这取决于危机的大小和对紧急情况的处理结果。这里所说的危机一般是指公共危机。公共危机目前没有一个明确和统一的界定，各学者因其学科背景、认知兴趣、分析框架、参照系统不尽相同，故对其含义的理解也有所差异。公共危机是指在某种紧急状态下，短时间内将对社会正常运行秩序、人民群众生命财产安全和国家安全造成严重威胁，并要求迅速加以处置的事件。如2003年中国的“非典”危机、禽流感暴发，大型和特大型城市断电等原因产生的公共危机等。公共危机具有突发性、破坏性和高频发性等特点。在现代社会、政治和经济运行过程中，人为或非人为因素导致的各种危机，互为因果，相互叠加、传播和扩展，单一性危机常演变为复合性危机。

（七）灾害危险（hazard）

灾害危险是指灾害的危险性和致灾因子。Hazard 通常被翻译成“灾害危险源”。

（八）风险（risk）

风险是指某个事件产生了人们所不希望得到的结果的可能性，是某一特定危险情况发生的可能性和后果的组合。通俗地讲，风险就是发生不幸事件的概率。从广义上来讲，只要某一事件的发生存在着两种或两种以上的可能性，那么就认为该事件存在着风险。具体到保险理论与实务中，风险仅指损失的不确定性。这种不确定性包括发生与否的不确定、发生时间的不确定和导致结果的不确定。

灾害领域的风险指某种可能发生的危害或损失，而灾害是指已经发生并造成重大伤亡和财产损失的事件。风险有可能会转化为灾害，也有可能不会发生灾害。

（九）危险（danger）

危险是指某一系统或事物存在可能造成人员伤害或财产损失的状态。与风险的含义不同，风险强调的是不确定性和未来，风险事件的后果有可能发生，也有可能不发生；有可能是坏的结果，也有可能是好的结果。而危险专门针对坏的结果。

（十）胁迫（stress）

在人体生理和动物生理上翻译为应激，在工程领域翻译为应力。胁迫指不利于植物生长发育的环境条件，应激指动物机体在受到各种强烈因素刺激时所出现的应变性全身反应。在工程领域，应力定义为“单位面积上承受的附加内力”。胁迫、应激或应力虽然会对生物的机能或工程材料、构件的性能造成一定的影响，但如不超过生物的适应能力(adaptation ability)或材料、构件的弹性(resilience),就不至于造成器质性损坏,也就不会成灾。若胁迫、应激或应力特别强且持续时间很长,则有可能超出生物的适应能力或材料、构件的弹性而造成损坏,从而形成灾害。

第二节 灾害系统结构与分级分类

一、灾害系统

灾害系统(disaster system)是从灾害的组成和结构角度研究灾害系统的。灾害系统由各种元素即各种灾害和灾害事件构成;就单个灾害而言,孕灾环境(environment inducing disasters)、灾害源(disaster source)、灾害载体(disaster carrier)和承灾体(disaster suffering body)共同构成了一个灾害系统,如图 1-1 所示。

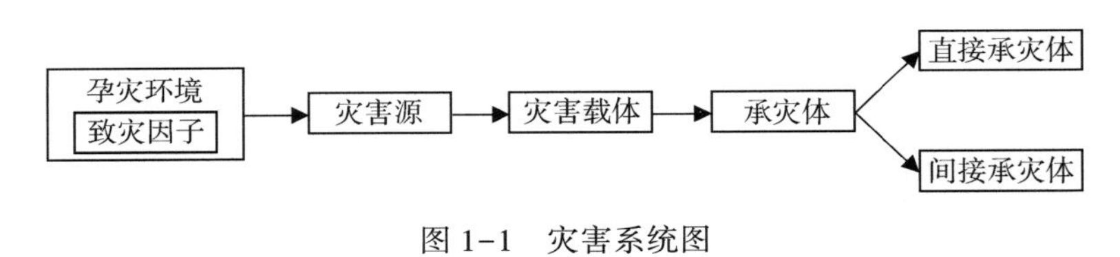

图 1-1 灾害系统图

(一)孕灾环境

孕灾环境是指灾害酝酿和形成的环境条件。例如,地震灾害的发生与地球各板块的相对运动有关。孕灾环境中还包含着若干致灾因子,2009 年联合国国际减灾战略公布的减灾术语将致灾因子定义为:"一种或几种危险的现象、物质、人的活动或局面,可能造成人员伤亡或对健康产生影响,造成财产损失、生计和服务设施丧失、社会和经济被搞乱或环境损坏。"

(二)灾害源

导致灾害发生的自然或社会、经济原因称为灾害源,如风灾的灾害源是强气流,植物病害的灾害源是细菌、真菌、病毒等感染。

(三)灾害载体

灾害过程中具有破坏作用的事物称为灾害载体,即破坏性物质与能量的载体,如作物病毒病大多通过蚜虫等吸食叶汁传播,掺混石块的泥浆是构成山区泥石流灾害的载体。也有一些灾害的致灾因子与灾害载体是合二为一的,如洪水和火灾。有时候直接受损害的并非人类本身,而是与人类有着密切联系的农作物、牲畜、野生动植物等,但最终的受害者还是人类。

(四)承灾体

直接受损的灾害作用对象称为直接承灾体,人类是间接承灾体,但在灾害直接造成人体的伤害或财产损失时,人类就是直接承灾体。参考我国民政部对自然灾害承灾体的类型划分,可以将城市自然灾害承灾体分为人类、房屋建筑、生命线系统、交通设施、生活与生产构筑物、室内财产、生态环境等。对城市自然灾害承灾体进行分类便于城市自然灾害的暴露分析和脆弱性评估,其类型划分如表1-1所示。其中,人类是城市最重要的暴露要素,表现为人口密度、人口结构等,其脆弱性与城市基础设施的脆弱性直接有关;城市基础设施是指生命线系统、交通设施等,其脆弱性表现为连锁效应,直接影响人口的脆弱性。室内财产是评估直接损失的重要内容和依据。

从灾害发生和发展的全过程来看,一个灾害系统按照突发事件发展演变过程可以分为孕育期、发展期、暴发期、扩散期、衰减期和恢复期6个不同的阶段,每个阶段都可以看作是一个子系统。因此,一个灾害系统至少应由6个子系统组成。

表1-1　城市自然灾害承灾体类型划分

<table>
<tr><th colspan="2">承灾体类型</th><th>承灾体</th><th>受灾方式</th><th>主要危害灾种</th></tr>
<tr><td colspan="2">人类</td><td>人口</td><td>死亡、伤亡、失踪、无家可归、饮水困难、缺粮等</td><td>旱灾、洪涝、台风、风暴潮、地震、雪灾、滑坡、泥石流、流行病、高温、低温冷冻等</td></tr>
<tr><td colspan="2">房屋建筑</td><td>住宅、办公楼、商场、饭店、厂房、仓库等</td><td>变形、开裂、沉陷、倒塌、淹没或掩埋等</td><td>洪涝、台风、风暴潮、海啸、地震、雪灾、滑坡和泥石流等</td></tr>
<tr><td rowspan="5">生命线系统</td><td>供排水系统</td><td>水厂、管线、泵站、污水处理厂等</td><td rowspan="5">变形、开裂、沉陷、倒塌、折断、掩埋、渗透、溃决等</td><td rowspan="5">洪涝、台风、风暴潮、海啸、地震、低温冷冻、雪灾、滑坡和泥石流等</td></tr>
<tr><td>供电系统</td><td>电厂、输变电线路、塔架、变电站等</td></tr>
<tr><td>供气系统</td><td>气厂、管线、储气管、调压站等</td></tr>
<tr><td>供热系统</td><td>厂(站)、管线、泵房等</td></tr>
<tr><td>通信系统</td><td>发射接收站、线路等</td></tr>
</table>

续表

承灾体类型		承灾体	受灾方式	主要危害灾种
交通设施	城市道路（包括高架）	路基、路面、轨道、隧道、涵洞、信号与防护设施、车站、高架上下匝道等	沉陷、开裂、变形、悬空、淤埋、浸水、淤泥、积水等	洪涝、台风、风暴潮、海啸、地震、低温冷冻、雪灾、滑坡和泥石流等
	桥梁	正桥、引桥、信号与防护工程等	开裂、变形、沉陷、浸水、淤泥、掩埋、垮塌等	
	港口	过船建筑、航标等	淤埋、漂失、失效等	
	机场	导航站、机场跑道、飞机等	沉陷、开裂、浸水、积水、掩埋等	
	航道及航道设施	航道、码头、港池、堆场、防潮堤等	沉陷、变形、滑动、浸水、淤积、倒塌等	
生活与生产构筑物		电视塔、油库、水塔、观测设施、烟囱、高炉、贮器、容器等	开裂、变形、沉陷、折断、倒塌、泄漏、掩埋、失效等	洪涝、台风、风暴潮、海啸、地震、低温冷冻、雪灾、滑坡和泥石流等
室内财产	生产用品	机械、仪器、工具、生产线、飞机、火车、汽车、船只、金属材料、工业产品与半成品、商业物资等	流失、浸水、浸泡、掩埋、腐蚀、变质等	旱灾、洪涝、台风、风暴潮、海啸、地震、低温冷冻、雪灾、滑坡和泥石流等
	生活用品	车辆、计算机、传真机、摄像机、电视机、洗衣机、电冰箱、家具、衣被等	流失、浸水、浸泡、掩埋、毁坏等	洪涝、台风、风暴潮、海啸、地震、低温冻害、雪灾、滑坡和泥石流等
生态环境	土地	耕地、林地、草地等	冲毁、病虫害等	旱灾、洪涝、台风、风暴潮、地震、病虫害、雪灾等
	水资源	江河湖泊（水库）等	泛滥、污染、干涸等	旱灾、洪涝等
	动植物	城市动物和植物资源等	死亡、流失、掩埋、病虫害等	旱灾、洪涝、台风、风暴潮、地震、病虫害、雪灾等

二、灾害科学的划分

灾害科学是揭示灾害形成、发生与发展规律，建立灾害评价体系，探求减轻灾害途径的一门综合性学科。灾害科学具有理学、工学与社会科学三重属性，是减灾实践的基础。灾害科学的研究对象为灾害系统。灾害系统的类型是由组成灾害系统的致灾因子决定的，依据国内外已经发生的各种灾害类型，大多数学者将其划分为两类，即自然灾害和人为灾害。国内外大量研究文献中，与灾害科学密切相关的几个常见术语有灾害（disaster）、灾情（exposure）、致灾因子（hazard）、风险（risk）、灾难（catastrophe）、脆弱性（vulnerability）；与减灾有关的常见术语有防灾（disaster mitigation）、抗灾（disaster resistance）、救灾（disaster relief）、备灾（disaster preparedness）、灾害应急管理（disaster emergency management）、保险与再保险（insurance and reinsurance）。

灾害科学的划分是基于前述对灾害科学的定义而展开的。灾害科学可划分为基础灾害学（亦可称为理论灾害学）、应用灾害学和区域灾害学。基础灾害学主要研究灾害的形成与发生规律；应用灾害学主要研究灾害评估（包括危险性评估、风险评估、脆弱性评估和灾情评估）和灾害预测与预报的方法；区域灾害学主要明确区域减灾战略，区域灾害区划与减灾区划，编制区域救灾预案，建立区域灾害应急管理体系等。除此之外，一些研究者还进一步提出了与灾害科学相关联或交叉的分支学科，如灾害经济学、灾害工程学等。由于这些学科在学科划分上常常被视为经济学科、工程技术学科的分支，因而学界不主张此划分方式。这里需要说明的是，如果灾害问题研究拓展到“灾害科学与技术”范畴，那么“灾害科学与技术”的学科划分就成为灾害科学、灾害技术与灾害管理。从这一角度来看，前述“灾害科学”的定义与划分属于狭义的理解，而“灾害科学与技术”应属对灾害问题研究的广义理解。据此，除灾害科学外，灾害技术主要是探讨减轻与控制灾害的技术体系；灾害管理与前述应用灾害学所探讨的内容有部分交叉，其主要研究减灾的投入与产出等经济问题（如企业与个人参与保险或再保险问题），减灾立法问题，灾害风险管理问题，防灾、抗灾、救灾管理问题，灾害应急管理问题，以及与区域灾害学相交叉的减灾规划问题等。综上所述，广义的灾害科学可称为“灾害科学与技术”，包括灾害科学、灾害技术和灾害管理；狭义的灾害科学包括基础灾害学、应用灾害学和区域灾害学。

三、灾害的分类

目前，对灾害的分类尚无统一的方法，本书按照灾型和灾类进行划分。

（一）灾型分类

1.按灾因划分

灾害的发生原因多种多样，根据各灾因在地球系统中所处位置的不同，可以归结为自然原因、社会原因和天文原因3大类。据此可把灾害划分为自然灾害型、社会灾害型和天文灾害型。

2.按成灾过程划分

从灾害发生的过程来看，一次灾害从发生到消失可分为孕育期、潜伏期、预兆期、暴发期、持续期、衰减期和平息期。各个时期长短不一，对人类影响最严重的时期是灾害的持续期。

一般而言，持续期的长短与人类生命财产的损失成正比。因此，可以根据灾害持续期的长短把灾害划分为突变型、暂变型和缓变型3大类。灾害持续期为数小时或数日以内者为突变型；持续期为数十日至数月者为暂变型；持续期为数年、数十年甚至更久者为缓变型。由于灾害本身就是一种异常或变异现象，故以“变”字来概括灾害发展过程的性质。

3.按危害后果划分

灾害的发生是一种自然现象，却造成了严重的社会危害，主要表现为生命和财产两方面的危害。有些灾害会对人类的生命构成威胁，有些灾害会造成财产损失，而更大一部分灾害，其后果是两者兼而有之。因此，从灾害的成灾对象或灾害后果上，可把灾害划分为财产损失型、生命威胁型和生命财产危害型3大类。

4.按灾型间关系划分

按照同一方法划分的灾型，它们之间是并列共存的关系；按照不同方法划分的灾型，它们之间虽然没有并列共存关系，但是有可能具备部分耦合的性质。

（二）灾类分类

划分灾类就是对同一灾型内部各灾种根据某些性质的异同而进行的归类，性质不同或差异较大者另归他类。由于灾型的划分方法不一致，所得灾型也不相同，因而对灾类的划分也就难以统一进行。根据灾型内部各灾种在地球系统中所处的层次、灾害发生的范围以及灾害发生的频次对灾型进行划分比较适宜。

1.按灾害在地球系统中所处的层次划分

这种方法适用于自然灾害型、社会灾害型和天文灾害型灾害的分类，如表1-2所示。

自然灾害型灾害可根据灾种在自然界各圈层中的位置来进行分类，依次可分为气象类灾害、水文类灾害、地质类灾害和生物类灾害4大类。气象类灾害是指发生于大气圈的各灾种；水文类灾害是指发生于水圈的各灾种；地质类灾害是指发生于岩石圈的各灾种；生物类灾害是指发生于生物圈的各灾种。

表 1-2　按灾害在地球系统中所处的层次分类

灾　型	类　别
自然灾害型	气象类:旱灾、暴雨、冰雹、龙卷风、干热风、暴风雪、热带风暴、暴雨、霜冻、雾凇、寒潮、雷电
	水文类:洪水、河决、海侵、湿渍
	地质类:地震、滑坡、泥石流、水土流失、土壤沙化、火山
	生物类:病虫害、疾疫
社会灾害型	政治类:战争、犯罪、社会动乱
	经济类:人口爆炸、能源危机、环境污染、交通事故、火灾
	文化类:科技落后
天文灾害型	地外灾害类:陨石撞击、太阳风
	宇宙灾害类:新星爆炸

社会灾害型可划分为政治类灾害、经济类灾害和文化类灾害 3 大类。政治类灾害是指战争、犯罪、社会动乱等一系列社会问题,其影响层面主要在政治系统;经济类灾害是指发生于经济系统(农业、工业、交通运输业、货币金融领域等)中的各种灾害;文化类灾害是指在文化领域泛滥成灾的各种问题或现象。

天文灾害型可在更大的层次上(以太阳系为界)划分为地外灾害类与宇宙灾害类。地外灾害类是指发生于地球之外太阳系之中的对人类社会造成灾难事件的各种灾害;宇宙灾害类是指发生于太阳系之外而对人类社会造成灾难或产生不良影响的各种灾害。

2.按灾害发生的范围大小划分

灾害发生、成灾的范围有大有小,因此它也可以作为灾类划分的一个标准。这种方法主要适用于生命威胁型、财产损失型和生命财产危害型灾害的分类,如表 1-3 所示。

生命威胁型灾害可根据受害人数量的多寡划分为群发类灾害和散发类灾害。群发类灾害是指在一定时间内(1 天或 1 月)使成百上千人受害的灾种或灾难性事件;散发类灾害是指零星暴发、危害个别或少数人人身安全的灾种。

财产损失型灾害可根据发生的地域范围进行划分,有村镇建筑设施类和土地植被类两类。村镇建筑设施类是指造成房倒屋塌、设施破坏的一系列灾害;土地植被类是指侵害农田、森林、草场等灾害。

生命财产危害型灾害可根据成灾范围的大小划分为地区类灾害和局地类灾害两类。地区类灾害是指使成片的地带受灾或跨区、跨省成灾的灾害;局地类灾害是指在较小的范围内发生,影响不过一市、一县或数县,且多是零星分布,不能成片、连带的成灾。

表1-3 按灾害发生的范围大小分类

灾 型	类 别
生命威胁型	群发类:疫病、战争、社会动乱
	散发类:犯罪
财产损失型	村镇建筑设施类:雷电、暴雨
	土地植被类:旱灾、冰雹、干热风、热带风暴、雾凇、寒潮、湿渍、滑坡、泥石流、水土流失、土壤沙化、病虫害、环境污染、陨石撞击、太阳风、新星爆炸、霜冻
生命财产危害型	局地类:地震、火灾、交通事故、火山
	地区类:洪水、河决、海侵、人口爆炸、能源危机、科技落后、龙卷风、暴风雪

3.按灾害的发生频次划分

灾害发生的频次有多有少,根据灾害在成灾地区复发的次数进行分类,也是一种可行的方法。这种划分方法主要适用于突变型、暂变型和缓变型灾害的分类,如表1-4所示。

表1-4 按灾害的发生频次分类

灾 型	类 别
突变型灾害	多发类:龙卷风、干热风、热带风暴、寒潮、暴雨、交通事故、犯罪、冰雹、霜冻、暴风雪、雾凇
	偶发类:洪水、病虫害、地震、火山、滑坡、雷电、泥石流、海侵、河决、火灾、疾疫、陨石撞击
暂变型灾害	复发类:旱灾、霾雨、社会动乱、湿渍
	单发类:太阳风、新星爆炸
缓变型灾害	世纪类:人口爆炸、战争、科技落后、能源危机
	历史类:水土流失、土壤沙化

突变型灾害破坏性大,可根据某个成灾区内重现的概率进行分类,划分为多发类灾害和偶发类灾害。多发类灾害是指在一定时间内在某一灾区中多次重现的灾害;偶发类灾害是指重现的概率较低的灾害。

暂变型灾害成灾面积大,后果严重。根据暂变型灾害在一天中的发生频次可划分为复发类灾害和单发类灾害。凡在一天中发生达到两次或两次以上者为复发类灾害;一天仅发生一次者为单发类灾害。

缓变型灾害的成灾过程漫长而持久,有的长达数十年,有的长达百年甚至数百年之久,故可根据一次灾害持续期的长短划分为世纪类灾害和历史类灾害。持续时间在百年以内者，为世纪类灾害；持续时间在百年以上者，为历史类灾害。

灾害分类是灾害学研究的一项重要课题。建立正确的灾害分类体系，对于进行灾害历史研究、做好减灾防灾工作以及进行灾害的定量化研究等都具有重要作用，特别是在进行灾情评估、灾害史料的定量化研究方面具有重要的指导意义。

一是有助于灾情评估。灾情评估是一项复杂的工作，它既涉及灾害的自然属性，也涉及灾害的社会属性。灾害的自然属性即灾害发生的强度和烈度，以灾级表示，不同灾种有不同的灾级计量方法；灾害的社会属性即灾害对人类的生命和财产破坏的程度，以灾度表示，各类、各种灾害应该有统一的灾度计量方法。从学科范围来看，灾级属于气象学、水文地质学的范畴，灾度则属于灾害学范畴。灾情评估应该包括灾级和灾度两个方面，灾度计量可以参照表 1-2 进行。

二是有利于历史灾害史料的定量化分析。根据表 1-2 进行灾度判定，将为历史灾害史料的定量化处理提供理论基础和适当的方法。历史灾害史料一般包括人员伤亡和财产损失两项，可根据不同时期社会承灾能力确立人员伤亡和财产损失双因子的灾度标准进行历史灾害的灾度计算，然后进行历史灾害的定量化研究。

四、灾害的分级

自然灾害等级是按照自然灾害的重大程度从重到轻依次分为多个等级，并对每个等级的启动条件从死亡人数、紧急转移安置或需紧急生活救助人数、倒塌和严重损坏房屋数等方面做出了规定。1993 年，马宗晋等提出灾度是自然灾害损失绝对量度量的标准。他们以人口直接死亡数和社会财产损失值作为判别因子的双因子判定分级方法，把我国自然灾害的灾情分为巨灾级、大灾级、中灾级、小灾级和微灾级 5 个灾度。把死亡人数达万人，直接经济损失达 100 亿元以上的划分为巨灾，以下每降低一个数量级就降低一个灾级，具体划分标准如表 1-5 所示。在此基础上，有不少学者从不同角度对其进行修正，如于庆东调整灾度两个因子的值域，使其适用所有范围灾害损失的判定；任鲁川应用模糊模式识别理论给出模糊灾度的判别方法。

表 1-5 马宗晋等的灾度等级划分标准

灾度等级	人口死亡/人	财产损失/元
巨灾	$>10^4$	$>10^{10}$
大灾	$10^3 \sim 10^4$	$10^8 \sim 10^9$
中灾	$10^2 \sim 10^3$	$10^7 \sim 10^8$
小灾	$10 \sim 10^2$	$10^6 \sim 10^7$
微灾	<10	$<10^6$

采用灾度来确定自然灾害等级,对于减灾降险起到了积极的作用。由于自然灾害系统是一个复杂的系统,对其进行定量评价存在极大的困难。即使经过改进的灾度计算方法,也要把伤亡人数折算成经济损失才能进行统一度量,而这一问题在不同区域和时间又存在较大差异,很难实现。因此,有些学者提出“灾损率”“灾损指数”“相对灾度”等概念予以修正。由于灾害系统本身的复杂性,目前的研究仍然存在着顾此失彼的问题。

五、灾种间的关系

如上所述,已有的每一种灾害的灾型划分方法均自成体系,不相混杂。每一体系内部,灾类之间的关系是并列共存关系,不同体系的灾类之间也可能存在部分耦合关系。

灾种是具有相同特征的灾害所组成的一个集合体,灾害系统是以不同灾种为单元所组成的一个复杂系统。灾害系统的结构体现为不同灾种之间存在着复杂的相互关系。有些灾种具有相互促进的作用,如干旱与高温;有些灾种则具有相互抑制的作用,如干旱与洪涝;有些灾种之间具有单向促进的作用,如干旱有利于蝗虫的繁衍和迁徙;有些灾种则具有单向的抑制作用,如暴雨有助于森林火灾的扑灭,台风带来的雨水有助于缓解干旱。不同灾种之间的相互关系具有明显的地区性,因而也就构成了区域灾害系统。有些灾种的相互转化有利有弊,例如,2011 年 5 月长江中下游旱涝急转,既缓解了干旱又带来了洪涝灾害。灾害可以使用如下方式进行描述。

灾害(D)是地球表层孕灾环境(E)、致灾因子(H)和承灾体(S)综合作用的产物,即

$$D=E\cap H\cap S$$

式中,H 为灾害产生的充分条件,S 为放大或缩小灾害的必要条件,E 为影响 H 和 S 的背景条件。任何一个特定地区的灾害,都是 H、E、S 综合作用的结果。

Mileti 在其著作中也特别强调灾情是灾害系统各要素相互作用的结果。他认为,灾害是由地球物理系统(大气圈、岩石圈、水圈、生物圈)——(E),人类系统(人口、文化、技术、社会阶层、经济、政治)——(H)和结构系统(建筑物、道路、桥梁、公共基础设施、房屋)——(C)共同组成的,即

$$D=E\cap H\cap C$$

式中,E、H、C 的相互作用决定了灾情程度的大小。这两个公式不同的是对致灾因子与孕灾环境的理解,以及对承灾体系论的理解。在第 2 个公式中, 致灾因子与孕灾环

境被看作是一个问题的不同方面;而在第 1 个公式中,则将二者区分开来,将承灾体划分为两个部分,即突出了人类物化劳动的各种不动产,而前者将人类活动及其形成的不动产归为一体。王劲峰则将灾害系统(I)划分为两部分,即实体(M)与过程(F),即

$$I=F(M)=f_3*(f_1,f_2,m_1,m_2)$$

式中,F 包括自然过程 f_1、社会行为过程 f_2、成灾过程 f_3 以及致灾因子 m_1 和承灾体 m_2。此公式与前两个公式相比,强调了成灾的形成过程。马宗晋等于 1991 年提出的自然灾害系统包括气象、海洋、生物、地质、人类、地球系统组成的综合系统,从组成要素来看, 亦可归纳为自然致灾因子(气象、海洋、生物、地质),孕灾环境(地球系统)和承灾体(人类)3 部分,故灾情形成机制仍可用第 1 个公式来表达。

由以上分析可以看出,将灾情的形成视为灾害系统综合作用的产物,虽在一些具体细节上有差别,但已在学术界取得共识,这就是为什么要强调从综合的角度认识灾情形成机制的根源。

第三节　灾害危害

一、自然灾害的连锁效应

从致灾因子的角度来看,任何一次强度较大的灾害都可能引起多种次生灾害和衍生灾害。在许多情况下,各种灾害并非单独发生,而是在某一种自然灾害发生后常常会诱发一种或多种灾害,形成复杂的灾害链或灾害群。现代城市自然灾害各个子系统之间,不仅在功能上高度关联,而且在空间上相互之间也有很强的依赖性,自然灾害连锁效应明显。从多承灾体的角度分析,灾害的影响更多地表现为对城市系统功能破损的连锁效应,特别是对生命线系统功能的破坏,如交通通信、供电与给排水系统等基础设施的严重破坏,以及建筑物倒塌等都会导致人员的伤亡和财产的损失,极大地威胁城市人民生活和社会经济系统的正常运转,从而对城市及相关地区的社会秩序和人类生存产生很大的影响,形成灾害“孤岛效应”。

随着人类城市化进程的加速,人口和财富高度集聚,自然灾害及其连锁效应引发的损失日益加剧,对人类和社会经济发展造成了巨大的影响。例如,2020 年,我国气

候年景偏差,主汛期南方地区遭遇1998年以来最严重的汛情。全国自然灾害以洪涝、地质灾害、风雹、台风灾害为主,地震、干旱、低温冷冻、雪灾、森林草原火灾等灾害也有不同程度的发生,如表1-6所示。

表1-6　2020年全国自然灾害及影响

序号	灾　害	影　响
1	7月,长江淮河流域特大暴雨洪涝灾害	灾害造成安徽、江西、湖北、湖南、浙江、江苏、山东、河南、重庆、四川、贵州等11省(市)3 417.3万人受灾,99人死亡,8人失踪,299.8万人紧急转移安置,144.8万人需紧急生活救助;3.6万间房屋倒塌,42.2万间房屋不同程度损坏;农作物受灾面积3 579.8千公顷,其中,绝收893.9千公顷;直接经济损失1 322亿元
2	8月中旬,川渝及陕甘滇严重暴雨洪涝灾害	灾害造成四川、重庆、陕西、甘肃、云南等5省(市)53市(州)852.3万人受灾,58人死亡,13人失踪,107.1万人紧急转移安置,8.3万人需紧急生活救助;2.3万间房屋倒塌,35万间房屋不同程度损坏;农作物受灾面积331.1千公顷,其中,绝收58.6千公顷;直接经济损失609.3亿元
3	6月中旬,江南、华南等地暴雨洪涝灾害	灾害造成广东、广西、湖南、贵州、浙江、福建、江西、湖北8省(区)714.4万人受灾,54人死亡,9人失踪,47.5万人紧急转移安置,20.1万人需紧急生活救助;近6 700间房屋倒塌,6.6万间房屋不同程度损坏;农作物受灾面积577.5千公顷,其中,绝收62.5千公顷;直接经济损失210.6亿元
4	6月下旬,西南等地暴雨洪涝灾害	灾害造成四川、贵州、重庆、湖南、安徽、江西、湖北7省(市)597.8万人受灾,36人死亡,3人失踪,24.9万人紧急转移安置,9.9万人需紧急生活救助;4 100余间房屋倒塌,4.3万间房屋不同程度损坏;农作物受灾面积438.6千公顷,其中,绝收48千公顷;直接经济损失113.7亿元
5	2020年第4号台风"黑格比"	灾害造成浙江、上海2省(市)188万人受灾,5人死亡,32.7万人紧急转移安置,1.2万人需紧急生活救助;4 300余间房屋倒塌,8 000余间房屋不同程度损坏;农作物受灾面积76.3千公顷,其中,绝收6.3千公顷;直接经济损失104.6亿元

续表

序号	灾　害	影　响
6	云南巧家5.0级地震	地震造成昭通市巧家、鲁甸2县4人死亡(巧家县小河镇2人因房屋倒塌致死,巧家县新店镇和鲁甸县乐红乡各1人因滚石砸中致死),28人受伤(巧家县26人,鲁甸县2人);1 151间房屋损坏;直接经济损失1.01亿元
7	新疆伽师6.4级地震	地震造成1人死亡,2人轻伤;4 000余间房屋不同程度损坏,部分道路、桥梁、水库等设施受损;直接经济损失16.2亿元
8	东北台风“三连击”	台风带来的降雨造成嫩江、松花江、黑龙江等主要江河长时间超警,大风造成黑龙江、吉林等地玉米等农作物大面积倒伏;直接经济损失128亿元
9	4月下旬,华北、西北低温冷冻灾害	灾害造成河北、山西、内蒙古、黑龙江、陕西、甘肃、宁夏7省(区)432.3万人受灾,农作物受灾面积530.1千公顷,其中,绝收154.1千公顷;直接经济损失82亿元
10	云南春夏连旱	灾害造成玉溪、昭通、楚雄等16市(州)106县(市、区)589万人受灾,197.6万人因旱需生活救助,其中,156.6万人因旱饮水困难需救助;农作物受灾面积871.7千公顷,其中,绝收33.9千公顷;饮水困难大牲畜46.8万头(只);直接经济损失34.9亿元

二、自然灾害的放大效应

城市人口密集,经济发达,各类设施高度集中,一旦发生城市自然灾害,造成的损失将更为严重,灾害放大效应明显。自然灾害已成为建设安全和谐城市的主要障碍之一。例如,1976年,唐山大地震使整个城市顷刻之间成为一片废墟,与同年发生在川西北和云南的强烈地震相比,无论是人员伤亡还是经济损失都要大得多;2008年年初的大雪,造成我国南方地区尤其是南方城市大面积交通线路、生命线系统瘫痪,给人民群众的生产生活造成了巨大的影响和损失。

随着我国城市化发展速度的加快,城市的发展与扩张,意味着新的灾害源不断增加,暴露在灾害风险中的受灾体、人口、财富、基础设施等不断扩大,致使灾害发生的可能性增加,灾害损失也有大幅度增加的趋势。预测到2030年,我国城市化水平将达到60%左右,这就意味着未来每年将有1 000万~1 200万农村人口转移到城市。但在我国迅速的城镇化进程中,出现了人口数量急剧膨胀、城市经济增长模式落后、生态环境恶化和城乡差别进一步扩大等趋势,导致城市经济、社会、环境、生态、灾害等公共安全问题日趋突出，一旦发生突发性地震、风暴潮、洪涝、火灾、爆炸、环境污染、病虫害等各种自然或人为灾害，往往会造成大量人员伤亡和惨重的财产损失，严重影响城市的可持续发展和社会的稳定。

三、人为引起的灾害

城市各种自然灾害的发生，其损失往往带有人为因素的深刻烙印，灾害人为效应明显，即城市自然灾害一旦发生，通常会引发次生人为灾害，其造成的生命和财产损失更为严重。随着城市高度现代化的发展，灾害损失将更为巨大。如遭受突发冰雪、洪涝或风暴等自然灾害威胁，常引发城市道路交通和火灾等人为灾害事故，给城市人民的生活与社会经济发展造成严重影响。城市化水平的提高，也会使城市本身的人为灾害效应更加突出。

交通事故是指车辆在道路上因过错或意外造成人身伤亡或财产损失的事件。交通事故可以是由不特定的人员违反道路交通安全法规造成的，也可以是由地震、台风、山洪、雷击等不可抗拒的自然灾害造成的。人们对汽车的需求量趋于饱和状态，据公安部数据显示，2020 年，中国机动车保有量为 3. 72 亿辆，同比增长 9. 4%。其中，汽车保有量为 2. 81 亿辆，同比增长 7. 5%。机动车给我们的生活提供方便的同时也产生了一系列问题，如道路交通事故、环境污染等。2020 年，我国道路交通事故万车死亡人数为 1. 66 人，同比下降 7. 8%；2019 年，我国交通事故数量为 24. 8 万起，同比增长 1. 1%。交通事故直接财产损失为 13. 46 亿元，同比下降 2. 8%。我国道路交通体系在运输能力供给、设施总量规模以及服务质量等方面获得了显著成就，车祸事件也在逐年下降。2019 年，我国交通事故发生数量中，机动车占比高达 86. 8%；非机动车占比达 11. 7%。交通事故死亡人数逐年下降，但 2019 年中国机动车交通事故死亡人数占比还是较高，死亡人数占比为 90. 7%；非机动车交通事故死亡人数占比为 6. 9%。2019 年，我国交通事故受伤人数中，机动车交通事故受伤人数为 221 309 人，同比下降 2. 7%。其中，汽车交通事故受伤人数为 157 157 人，同比下降 7%；摩托车交通事故受伤人数为 53 710 人，同比下降 2. 5%。我国非机动车交通事故受伤人数为 32 347 人，同比增长 11. 6%。据中国统计年鉴数据显示，2019 年，我国交通事故受伤人数占比较大的为机动车，占比 86. 4%；非机动车交通事故受伤人数占比为 12. 6%。由于经济发展速度加快，人们的生活节奏也越来越快，快节奏的生活使道路安全事故频发。我国交通事故中直接财产损失较高的为机动车事故，2019 年，我国机动车交通事故直接财产损失占比为 93. 5%。

城市自然灾害人为效应还表现在城市超标排污、过量开采地下水、地面排水不畅和巨重建筑物等人为因素上，亦可引发产生自然环境污染、地面沉降、暴雨积水和地体坍塌等城市灾害。我国沿海城市地处海、陆接合部，人口、经济要素密集，承受着来自海陆二向的自然灾害和人为灾害的双重侵扰，不同类型的自然和人为致灾因素的相互影响和相互作用，构成了高密度生态条件下城市自然灾害和人为灾害相互交织的显著特征。由此引发的交通事故、火灾、生产安全、地基坍塌和市政建设等灾害事故，成为城市比较突出的人为灾害。

第四节　防灾减灾概述

一、防灾减灾管理

防灾减灾是指防止、减轻或者限制致灾因子和相关灾害的不利影响。防灾减灾管理是指通过科学规划和有序的人类活动，制约各种灾害的发生、发展和降低其危害程度的过程。防灾减灾管理要遵循生态规律与经济规律，正确处理社会经济发展与环境的关系。

防灾减灾管理包括对人和物的管理，要正确处理好人与物的关系，把对人的行为的管理放在首位。防灾减灾管理中的物包括作为灾害源的物和作为承灾体的物。对于不可抗拒的重大自然灾害，重点是加强对承灾体的管理；对于初始能量很小的自然灾害，如火灾、病虫害以及绝大多数人为灾害，重点是加强对灾害源的管理。

防灾减灾管理手段包括经济、法律、技术、行政、教育等。国务院自 2003 年下半年起，在总结“非典”(SARS)应急管理经验的基础上，指导各地加强突发公共事件应急管理，狠抓“三制一案”，即防灾减灾体制、机制、法制建设与应急预案编制，取得了重大成效，把我国防灾减灾管理提高到一个新水平。该举措使发生同等规模和强度的灾害事故时，人员伤亡和经济损失显著减少。防灾减灾行动包括工程措施和非工程措施，工程措施是防灾减灾行动的硬件和主要物质基础。我国还是一个发展中国家，资金和物力有限，防灾减灾实践中还需要运用非工程措施管好用好现有工程，同时要充分发挥非工程措施的作用以弥补工程措施的不足。非工程措施是防灾减灾的软件，主要通过政策、规划、管理、经济、法律、教育等手段，削弱或回避灾害源，削弱、限制或疏导灾害载体，保护或转移受灾体，保护或充分发挥工程措施的作用，减轻次生灾害与衍生灾害，最大限度地减轻灾害损失。非工程措施的重点在于提高人的防灾减灾意识和素质,规范人的行为,所需投资较少,见效较快,同样能够获得巨大的效益。即使未来我国的经济实力进一步增强,非工程措施对于防灾减灾仍然是必不可少的。对于破坏力巨大的灾害,没有必要的工程措施会使防灾减灾成为一句空话。两类防灾减灾措施必须有机结合,才能以最小的成本获得最大的减灾效益。

二、防灾减灾规划

防灾减灾规划是指城镇、乡村、企业等规划中的防灾减灾内容、内涵或有关内容,它渗透到规划的方方面面,涉及总体规划与专业规划的每一个环节。我们应以社会科学和自然科学综合研究为主导,形成以地方应急管理为主体的灾害预防、救援以及灾后重建的行政管理体系和以防灾保险为依托的社会保障体制。

防灾减灾规划包括规划准备、风险分析、编制规划和规划实施及更新4个步骤,以此作为防灾减灾规划编制的流程,用于专项防灾减灾规划及综合防灾规划的编制。考虑到总体规划及经济发展水平等因素,在对灾害进行风险分析的基础上,确定防灾减灾规划目标,并制定风险减缓措施来实现规划目标。在防灾减灾规划中,可供选择的措施有多种,由于经济、技术、政策及环境等因素的限制,利用效益成本分析法对防灾减灾措施进行优化,从中选择优先级别高的防灾减灾措施进行风险减缓,并通过防灾减灾规划的实施,不断对防灾减灾措施进行完善。

防灾减灾规划是按照各专项自身的特点和基本规律进行的详细规划,并按照时间、空间、行业和部门进行分解,将规划措施尽可能分解落实到项目和危险源及自然灾害。同时,针对各专项规划提出的主要措施、对策、投资和政策导向等进行综合分析与协调,将反映出的主要问题反馈给公共安全总体规划系统,经过各层次间的反复协调,做出优化的、可实施的公共安全总体规划方案。

三、防灾减灾工程

防灾减灾是一项复杂的社会系统工程,其系统性表现在以下几个方面。

(一)自然灾害的系统性

灾害源、灾害载体和灾害承灾体构成一个自然灾害系统,三者之间存在着复杂的相互作用。各类自然灾害由于时间、空间及因果联系而具有一定的整体性和层次性,从而构成自然灾害的整个系统。灾害发生往往祸不单行,除复合灾害外还存在各种次生灾害和衍生灾害。只考察单一灾害是不够的,必须考察整个自然灾害系统。

(二)人为灾害的系统性

村镇、工厂、矿山等各类人工系统中,原有的生态结构完全消失或发生根本改变,要靠人工设施特别是生命线系统来支撑和维持,具有很大的脆弱性,牵一发而动全身,从而使大多数人为灾害具有更强的系统性。

(三)灾害作用于整个社会经济系统

自给性传统农业主导的社会,减灾救灾相对简单,主要对象是个体农户,主要针对自然灾害。当代世界经济是高度社会化的大生产和大流通,构成复杂庞大的社会经济系统。产业结构日益高级化,社会分工越来越细,社会成员之间的联系空前广泛和复杂,经济全球化和信息技术的应用,使得灾害一旦发生将影响整个社会生产生活的各个方面,自然灾害往往与人为灾害相互交织并日益复杂和多样,巨灾的影响甚至可迅速扩展到全球。

(四)防灾减灾过程的系统性

整个减灾过程可分为灾前的监测、预报和防灾,灾中的抗灾,灾后的救灾和援建等,各个环节构成防灾减灾过程系统的子系统,每个子系统又包括许多要素或单元。

(五)防灾减灾管理体系是复杂的社会系统

防灾减灾管理从不同灾种来看,涉及气象、地震、海洋、水务、地矿、农林、环保、安监、交通、消防等业务部门;从防灾减灾行动来看,涉及市政规划、财政、民政、科技、教育、卫生、保险、部队等部门;从防灾减灾组织来看,涉及政府、企业、社区和各群众团体。防灾减灾行为还必须遵循有关法律,不同部门应在政府统一领导下各司其职、密切联系、分工合作,才能取得良好的防灾减灾效果。因此,当代防灾减灾必然成为全社会的事业。

四、防灾减灾系统工程

2005 年,中国科学院院士马宗晋教授提出的防灾减灾系统工程原则上包括 4 个工作领域 10 个工作方面,即监测、预测(报)、评估(专业系统);防灾、抗灾、救灾(社会公共安全系统);安置—恢复、保险—援助、立法—教育(社会保障安全系统);规划—指挥(社会组织系统),如图 1-2 所示。

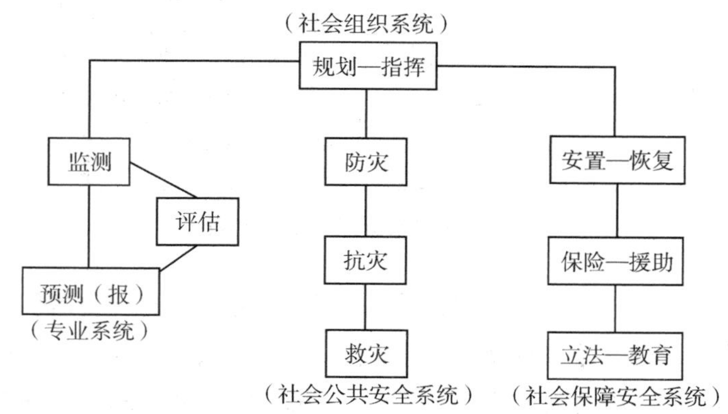

图 1-2　防灾减灾系统的工作框架

2015 年,郑大玮教授提出防灾减灾系统工程由监测系统、信息系统、基础理论研究与灾害预报系统、防灾系统、抗灾系统、救灾系统、恢复重建系统等子系统组成,如图 1-3 所示。

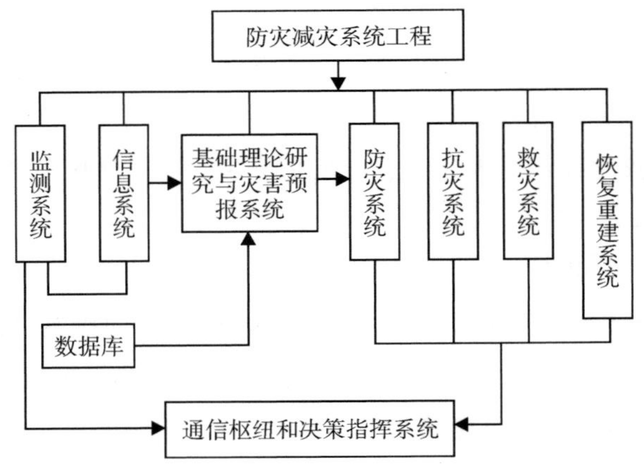

图 1-3 防灾减灾系统工程

每一个子系统还可包括若干更小的子系统或单元。从控制论的角度来看,防灾减灾可看成是一个输入—输出系统,如图 1-4 所示。

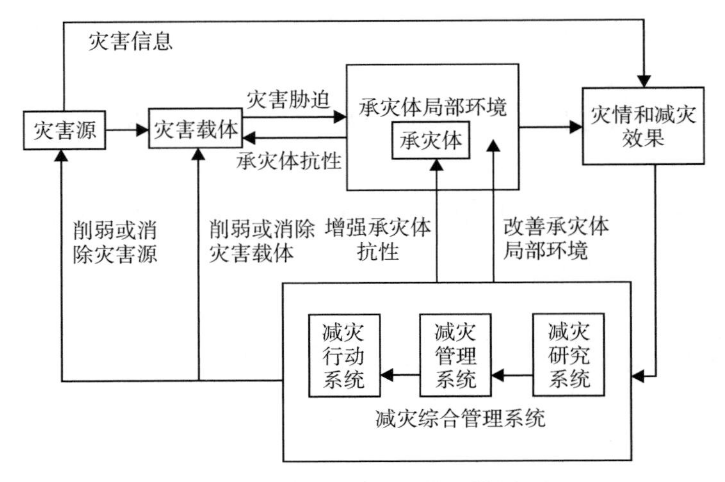

图 1-4 减灾系统工程的反馈原理

由防灾减灾综合管理系统对灾害、灾情和防灾减灾效果的反馈信息进行分析研究,做出判断和决策并制定的防灾减灾行动,依作用对象的不同可分为 4 类:①作用于灾害源,旨在削弱或消除灾害载体;②作用于承灾体环境,旨在改善或提高承灾体的承受与恢复能力;③作用于承灾体,旨在强化其抗灾耐灾能力;④作用于不可抗灾害,应使承灾体避开灾害源或与之隔离。

(一)防灾减灾研究系统

防灾减灾研究是制订防灾减灾行动计划和进行灾害管理的依据,主要包括灾害规律的研究和防灾减灾对策及技术研究两个方面。

(二)防灾减灾管理系统

在原有灾害单项管理的基础上,由政府主管部门会同各防灾减灾业务部门组成综合的防灾减灾管理系统,发挥行政职能的主导作用。

防灾减灾管理系统的职能主要为灾害监测管理;灾害预报管理与发布;建立区域防灾减灾管理中心,由灾害数据库、信息处理中心、专家系统和防灾减灾决策机构等组成,挂靠在政府主管部门,既是资料服务机构又是核心研究机构,并负有制定防灾减灾决策的任务;政府防灾减灾指挥系统,在防灾减灾中心的协助下发挥防灾减灾行政指挥职能;社会防灾减灾行动的组织。

(三)防灾减灾行动系统

防灾减灾行动系统是防灾减灾系统工程的实施系统,主要包括灾害监测、灾害预测、灾害数据库和信息分析处理,制定防灾减灾预案和政府减灾决策指令及社会防灾减灾行动。

第五节 国际防灾减灾工程的发展

随着近代社会的发展,自然灾害已与人口膨胀、资源短缺、环境恶化一起成为威胁人类生存的四大问题。自然灾害呈逐年上升趋势,对人们生命财产的威胁与日俱增。自然灾害作为危害人类可持续发展的重要因素,正在激起人们越来越多的关注。从人类社会发展的过程来看,减灾管理经历了盲目减灾管理、被动减灾管理、单灾种减灾管理、综合减灾管理、减灾风险管理等几个发展阶段。

一、综合减灾管理阶段

发达国家自20世纪60年代起,逐步进入了综合减灾管理阶段,其标志是制定综合减灾法律和建立国家和地方各级专门的减灾管理机构。尤其是1990—2000年联合国开展的“国际减灾十年”活动，在推动各国减轻自然灾害上采取一致行动和强化防灾减灾意识上发挥了难以估量的积极作用。世界上大多数国家都成立了国家级减灾管理机构和相应的地方减灾机构，加强了社区减灾管理。初步形成政府主导和统筹协调、专业部门分工负责、社会公众广泛参与的减灾格局，减灾效益日益显著，减灾能力有很大提升。

二、减灾风险管理阶段

随着全球气候变化和人类对资源、环境的掠夺与破坏的不断加剧，自然灾害与事故灾难造成的损失不断增大，现有的综合减灾管理已不能充分满足社会经济可持续发展的要求。为此，联合国大会1999年12月通过决议开展“国际减灾战略”(United Nations International Strategy for Disaster Reduction，UNISDR)活动，作为“国际减灾十年”活动的延续，并成立了国际减灾战略秘书处，以协调联合国机构和区域机构的减灾活动与社会经济及人道主义救灾活动。与“国际减灾十年”活动相比，“国际减灾战略”更加强调通过合乎伦理道德的预防措施来减少灾害风险。要求通过系统的努力来全面分析和减少致灾因素，减少承灾体的暴露度和脆弱性，并通过良好的土地和环境管理来降低灾害风险。与原有减灾管理模式相比，减灾风险管理更加强调预防和主动减灾。2011年5月8—13日在日内瓦召开的减少灾害风险全球平台第三届会议，确定该平台为全球一级减少灾害风险战略咨询协调和发展伙伴关系的主要论坛。

第六节　我国防灾减灾工程

一、我国防灾减灾工程的发展

(一)盲目减灾管理阶段

古代社会由于生产力水平低下和人们对大自然缺乏科学认识，人们把自然灾害看成是神对人类的惩罚，把对上天的祈祷作为主要的减灾活动。

(二)被动减灾管理阶段

封建社会中后期，统治者虽日益重视减灾，但缺乏预测和预防，主要针对的是已出现的重大灾害和紧急事态组织赈灾救灾，具有很大的被动性，灾民往往以逃荒迁徙的方式避灾。当时虽然也有少量水利工程，但是规模不大，除都江堰等少数工程外，大多缺乏科学设计。

(三)单灾种减灾管理阶段

从“中华民国”到中华人民共和国成立初期,陆续建立了气象、水利、消防、地震、地质、海洋、植保、防疫等专业部门,除发生特大灾害由中央组成领导小组或临时机构应急救灾外,平时都是由各专业部门分工协作,以纵向联系为主。虽然减灾管理技术含量与效率明显提高,但是横向联系不足,在信息、技术、资源和减灾成果共享,以及行为配合方面都存在着缺陷,不利于大型减灾规划的实施和跨行业减灾项目的开展。在涉及多部门的特大灾害、多种灾害并发或发生复杂次生灾害与衍生灾害时,缺乏部门间的配合与联动,容易导致职能重复、责任不清和减灾资源浪费。中央或地方在发生重大灾害时,成立的临时救灾机构虽能起到一定的统筹协调作用,但往往是在灾情已经十分严重时才成立,比较被动,灾情缓解后往往就会解散。灾后总结大多限于表彰先进和惩办责任人,缺乏科学总结与数据积累。

(四)综合减灾管理阶段

发达国家自20世纪60年代起,中国从20世纪90年代到21世纪初,逐步进入了综合减灾管理阶段,其标志是制定综合减灾法律以及建立国家和地方各级专门的减灾管理机构。我国于1989年成立了中国国际减灾十年委员会,1999年改名为国家减灾委。

(五)减灾风险管理阶段

全球减灾管理由综合减灾管理转变为减灾风险管理,客观背景是全球气候变化、全球经济一体化和科技迅猛发展,使得自然灾害与人为事故灾难的风险增多并且更加复杂化。在灾害发生和演变的不确定性增加的情况下,必须加强风险分析和管理才能争取减灾的主动权。2001年美国的“9·11恐怖袭击事件”和2003年早春中国的SARS灾难等突发事件都极大地推动了风险管理的发展。中国国务院全面组织各部门和各地开展“三制一案”工作,标志着中国的减灾管理进入了风险管理阶段。

二、我国综合防灾减灾的主要成就

30年来,我国政府在防灾减灾工作中坚持“综合减灾”的理念,通过持续开展综合防灾减灾能力建设,完成了从单灾种减灾到综合减灾、从重救灾到减灾救灾并重、从减轻灾害到减轻灾害风险的3个转变。尤其是2005年以来,我国政府积极推动实施《兵库行动纲领》(HFA),结合我国国情加大减灾工作力度、完善组织体系、健全工作机制、强化工作措施,综合减灾工作成效显著,主要有以下成就。

1)防灾减灾体制机制法制体系基本建立。制定了减轻灾害风险的国家法律和政策框架，明确了中央和地方政府的责任及各级政府相关部门的作用；基本建立了政府主导、社会参与的国家减轻灾害风险的体制机制法制体系。

2）自然灾害监测预警、风险识别和评估体系日趋完善。建立了针对主要自然灾害及其脆弱性的监测、信息存储和发布系统，实现了主要自然灾害预警系统对社区层面的覆盖与服务，完成或正在实施针对不同自然灾害类型及重点行业的灾害风险评估工作。

3）灾害信息共享服务与防灾减灾宣传教育体系业已形成。实现灾害信息的跨部门互通共享和面向社会的公共服务；推动覆盖城乡社区的防灾减灾宣传和减灾能力建设战略的实施；防灾减灾知识教育纳入学校课程体系和教师培训内容范畴。

4）通过减少潜在灾害风险驱动因素来减轻灾害风险是环境政策和规划要求的一项重要目标。将减轻灾害风险纳入灾后恢复重建；对大型开发项目，特别是基础设施项目存在的灾害风险进行评估。此外，我国政府还积极实施社会建设与管理政策和规划，减轻灾害风险人群的脆弱性，为城乡困难群众提供最低生活保障、五保供养、医疗救助、灾后临时救助等基本社会保障，帮助高风险社区和家庭增强恢复力。

5）国家和地方备灾能力显著提升。为有效应对突发自然灾害，各级政府不断加强备灾体系建设，增加在预案制定、资金准备、物资储备、装备设施准备、信息及人才准备等方面的人力物力投入，国家整体备灾能力得到显著提升。突发事件应急预案体系初步建立，灾害应急准备和响应措施的精细化水平不断提升；资金储备和补助机制日趋完善，有力保障灾害应对和恢复重建工作的高效实施；灾情信息报送会商机制运转良好，防灾减灾人才队伍发展目标明确。

三、我国综合防灾减灾的重要经验

我国综合防灾减灾所取得的成就，与我国综合防灾减灾事业发展坚持的三项原则密切相关，这三项原则也是我国防灾减灾工作的三条重要经验。

1）战略上确立了综合防灾减灾理念。在专项防灾减灾工作的基础上，我国政府从系统性协调、整体性推进的全局视角，强调统筹抗御各类自然灾害、统筹做好自然灾害防范的各个阶段性工作、统筹整合各方面资源、统筹运用各种减灾手段（即“四个统筹”），以综合减灾理念引领自然灾害综合防御能力建设。在国家减灾委的领导下，综合防灾减灾理念不仅深入到了各级政府，也深入到了各级社区。综合防灾减灾理念的确立在战略上奠定了我国防灾减灾的每一个行动的基础。

2）规划上明确了综合防灾减灾目标。我国政府坚持以规划的形式，将防灾减灾纳入国家和地方可持续发展议程。通过制定各项规划，确定了综合防灾减灾的总体及专项目标,明确了防灾减灾的各项行动,提出了定量评价的指标,为各级政府开展防灾减灾工作提供了行动指南。各项减灾规划的实施,在推动我国防灾减灾各项工作长足发展的同时,也推动了国际减灾合作机制的建立和完善,为我国积极参与减灾领域的国际合作奠定了基础。

3)科技上支撑了综合防灾减灾能力。我国政府历来重视发挥科学技术对防灾减灾的重要支撑作用,为综合防灾减灾做出了重大的科技部署,制定了国家防灾减灾科技战略,并按照战略的规划逐步推进相关科研项目的实施,一大批成果得到了广泛应用,充分发挥了科技创新对防灾减灾工作的支撑和引领作用。

四、我国防灾减灾工程的规划

(一)我国防灾减灾的机制体制

我国实行政府统一领导、部门分工负责、灾害分级管理、属地管理为主的减灾救灾领导体制。在国务院统一领导下,中央层面设立国家减灾委员会、国家防汛抗旱总指挥部、国务院抗震救灾指挥部、国家森林防火指挥部和全国抗灾救灾综合协调办公室等机构,负责减灾救灾的协调和组织工作。各级地方政府成立职能相近的减灾救灾协调机构。在减灾救灾过程中,注重发挥中国人民解放军、武警部队、民兵组织和公安民警的主力军和突击队作用,同时注重发挥人民团体、社会组织及志愿者的作用,如图 1-5 所示。

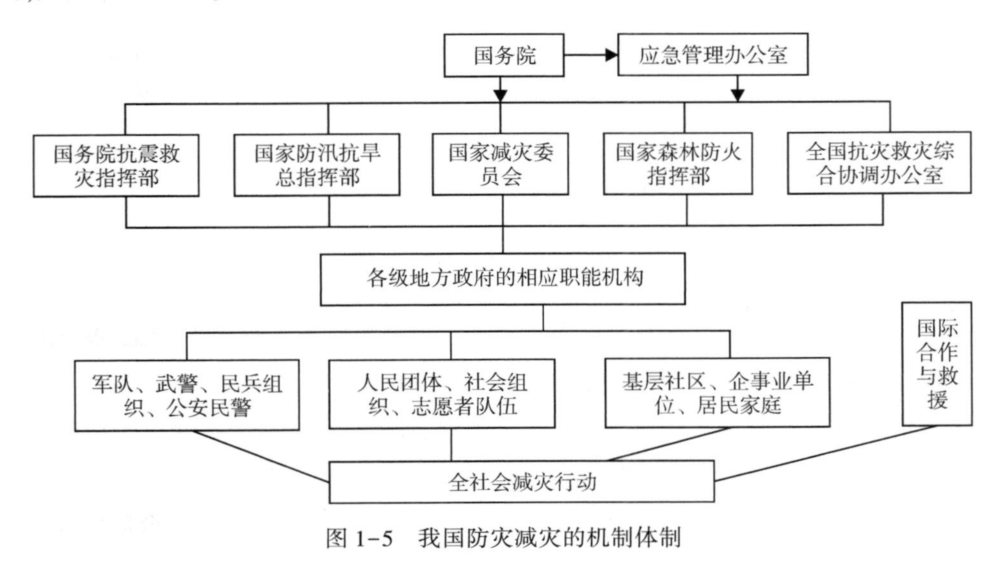

图 1-5　我国防灾减灾的机制体制

上述中央层面的减灾机构均为部际协调机构,由国务院领导成员牵头,有关部委和机构参加。其中,国务院抗震救灾指挥部、国家防汛抗旱总指挥部和国家森林防火指挥部带有一定的专业性，分别挂靠在中国地震局、水利部和国家林业局。国家减灾委员会是具有综合协调性质，并与联合国国际减灾战略办公室对口的国家机构，其主要任务是研究制定国家减灾工作的方针、政策和规划，协调开展重大减灾活动，指导地方开展减灾工作，推进减灾国际交流与合作。国家减灾委员会的具体工作由民政部承担，如图1-6所示。

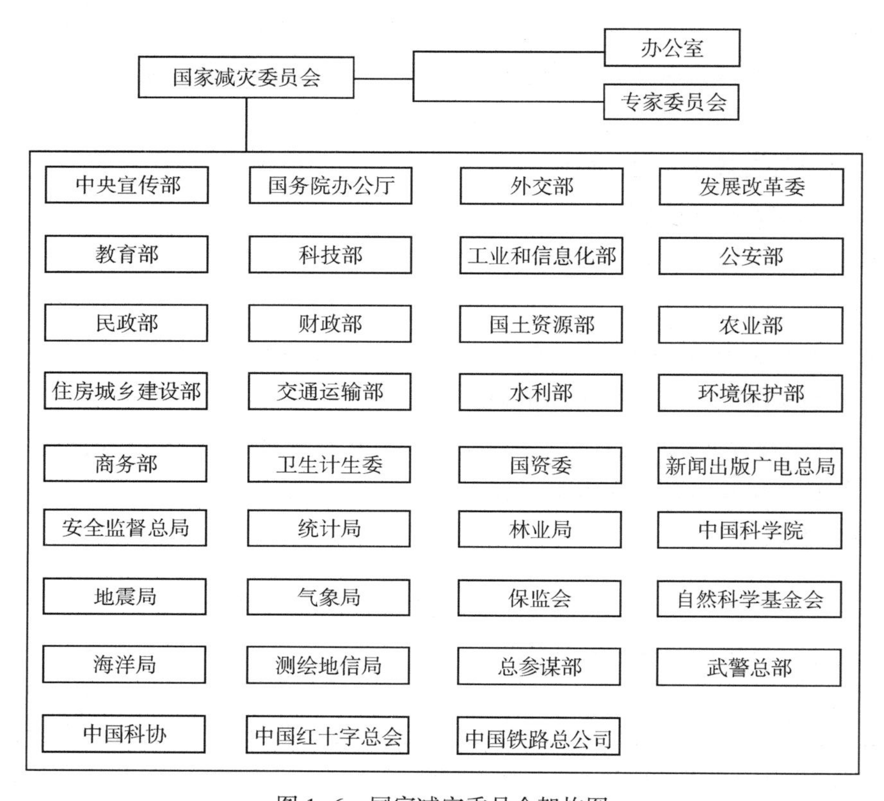

图1-6 国家减灾委员会架构图

国家级防灾减灾机构的建立，极大地提高了我国的减灾管理水平，取得了显著的防灾减灾效益。但各中央层面防灾减灾机构之间的功能还有一定的重叠和职能交叉，在实际工作中有时仍存在部门间的扯皮和利益冲突，部分减灾信息尚未做到充分共享。上述问题有待国务院体制改革的进一步推进来解决。地方政府和部门之间的防灾减灾体制建设也很不平衡，目前有些基层社区和企事业单位初步建立了减灾体制，但大多数基层单位的防灾减灾体制仍不健全。

在长期的减灾实践中，我国建立了符合国情、具有中国特色的减灾工作机制。中央政府构建了灾害应急响应机制、灾害信息发布机制、救灾应急物资储备机制、灾情预警会商和信息共享机制、重大灾害抢险救灾联动协调机制和灾害应急社会动员机制。各级地方政府也建立了相应的减灾工作机制。

1.灾害应急响应机制

中央政府应对突发性自然灾害的预案体系分为3个层次,即国家总体应急预案、国家专项应急预案和部门应急预案。政府各部门根据自然灾害专项应急预案和部门职责,制定更具有操作性的预案实施办法和应急工作规程。重大自然灾害发生后,在国务院统一领导下,相关部门各司其职、密切配合,及时启动应急预案,按照预案做好各项抗灾救灾工作。灾区各级政府在第一时间启动应急响应,成立由当地政府负责人担任指挥、有关部门作为成员的灾害应急指挥机构,负责统一制定灾害应对策略和措施,组织开展现场应急处置工作,及时向上级政府和有关部门报告灾情和抗灾救灾工作的情况。

2.灾害信息发布机制

按照及时准确、公开透明的原则,中央和地方各级政府认真做好自然灾害等各类突发事件的应急管理信息发布工作,采取授权发布、发布新闻稿、组织记者采访、举办新闻发布会等多种方式,及时向公众发布灾害的发生发展情况、应对处置工作进展和防灾避险知识等相关信息,保障公众的知情权和监督权。

3.灾害应急物资储备机制

目前已经建立了以物资储备仓库为依托的救灾物资储备网络,国家应急物资储备体系逐步得到完善。全国已经设立了10个中央级生活类救灾物资储备仓库,并不断建设完善中央级救灾物资、防汛物资、森林防火物资等物资储备库。部分省、市、县建立了地方救灾物资储备仓库,抗灾救灾物资储备体系已初步形成。通过与生产厂家签订救灾物资紧急购销协议、建立救灾物资生产厂家名录等方式,进一步完善应急救灾物资保障机制。

4.灾情预警会商和信息共享机制

建立由民政、国土资源、水利、农业、林业、统计、地震、海洋、气象等主要涉灾部门参加的灾情预警会商和信息共享机制,开展灾害信息数据库建设,启动国家地理信息公共服务平台,建立灾情信息共享与发布系统,建设国家综合减灾和风险管理信息平台,及时为中央和地方各部门灾害应急决策提供有效支持。

5.重大灾害抢险救灾联动协调机制

大灾害发生后,各有关部门发挥职能作用,及时向灾区派出抢险救灾工作组,了解灾情和指导抗灾救灾工作,并根据国务院的要求,及时协调有关部门提出救灾意见，帮助灾区开展救助工作，防范次生、衍生灾害的发生。

6.灾害应急社会动员机制

国家已初步建立以抢险动员、搜救动员、救护动员、救助动员、救灾捐赠动员为主要内容的社会应急动员机制。注重发挥人民团体、红十字会、慈善机构等民间组织、基层自治组织和志愿者在灾害防御、紧急救援、救灾捐赠、医疗救助、卫生防疫、恢复重建、灾后心理支持等方面的作用。与发达国家相比，我国减灾的全社会参与机制仍较薄弱，市场机制发挥得很不充分，灾害保险赔付仅占灾害经济损失的极小部分，参与减灾活动的非政府组织数量不够多，活力不足，尤其是慈善机构不发达。目前，国家已经把加强区域和城乡基层防灾减灾能力建设和加强防灾减灾社会动员能力建设列入综合防灾减灾规划的主要任务。

（二）我国防灾减灾工程的主要内容

1.灾害监测

灾害监测（disaster monitoring）是指人们在灾害孕育、发生、发展、衰减直至灾后对其征兆、灾害现象及灾害后效进行的观察。即以科学技术方法收集灾害风险源、风险区域、承灾体的状况与时空分布以及对可能引起灾害事件的各种因素进行的观察和测定。对自然变异和事故前兆的监测是减灾的先导性措施，灾害预报预警都必须在监测的基础上进行；灾害监测还可以为防灾减灾措施提供依据。我国目前已建立起比较完整的灾害监测体系，国家每年还发布环境状况和生产安全事故报告，当前的问题主要是各类灾害的监测信息缺乏共享机制，不利于综合减灾。

（1）灾害监测的目的与原则

灾害监测的目的是通过对灾害现象及相关因素进行观察和测定，获得大量的灾害发生、演变及灾情信息，为开展灾害预测和预警，进行减灾决策和研究灾害规律提供重要依据。灾害监测要遵循以下原则。

1）坚持“以防为主，防、减、救相结合”的原则。从灾害孕育到灾后恢复的灾害发生演变和减灾活动的全过程都需要进行监测。

2）重点监测与跟踪监测相结合的原则。灾害的种类繁多，现象复杂，要选择对当地社会经济危害较大的主要灾种及相关要素进行重点监测。一种灾害发生后，在其发展和演变过程中，会沿着灾害链引发其他次生灾害和衍生灾害，并产生复杂的社会、经济和生态影响，灾害的强度、分布和形态也会不断变化，必须进行跟踪监测，直到灾害后果完全消失为止。

3）点面监测相结合的原则。大面积发生的灾害需要选点监测与面上监测相结合,才能了解灾害发生的总体情况。在对象、方法、站点等选择上应满足科学性、代表性、可监测性、准确性、灵敏性和效益性等要求。

4)平行监测的原则。灾害的发生是致灾因子的破坏性因素与承灾体的脆弱性相结合的结果,必须对孕灾环境因素、致灾因子和承灾体状况同时监测,才能准确把握灾害发生的现状和演变动态。

(2)灾害监测的类型与方法

《中华人民共和国突发事件应对法》规定,县级以上人民政府及其有关部门,应当"完善监测网络,划分监测区域,确定监测点,明确监测项目,提供必要的设备、设施,对可能发生的突发事件进行监测"。

灾害监测依据观察手段可分为感官观察和仪器监测两类。感官观察可随时随地进行,直观形象,成本较低,但只能感知一些表面和直接的前兆或现象,有的甚至是假象,许多实质性的灾害信息还需要依靠专门的科学仪器来测定。灾害监测依据观察对象可分为直接监测和间接监测。前者是指对灾害现象和致灾因素的直接观察;后者是指对与灾害有关联的事物进行观察,包括对承灾体和灾害影响因子的监测。广义的灾害监测还包括对社会舆情和灾民状况的监测。

自然灾害的监测依据观察内容可分为气象监测、水文监测、地震监测、地质监测、植物病虫害监测、海洋监测等,通常由各有关业务部门组织实施。我国目前已建立了气象、水文、农林、地震、海洋等自然灾害监测网,如气象部门已初步形成地基、空基、天基立体监测系统,灾害监测能力居世界前列。

随着现代信息技术的迅速发展,高新技术在灾害监测中逐渐得以广泛应用。如应用遥感(remote sensing,RS)技术可以进行快速、大范围、立体性的动态灾害监测,获取的信息量极大,效率高。地理信息系统(geographic information system,GIS)常用于建立多种地理空间数据库和属性数据库,可以直观、形象地显示灾害监测信息,具有很强的空间分析与多源数据集成功能。全球定位系统(global positioning system,GPS)能够准确进行野外定位。三者合称"3S"技术,极大地提高了灾害监测的精度、广度和效率。互联网的广泛普及提高了监测信息的传输效率;电子观测仪器与物联网相结合,使灾害的远程自动监测成为现实,提高了灾害监测效率,降低了人工监测成本。

2.灾害预测和预报

灾害预测(disaster prediction)是根据过去和现在的灾害及致灾因素数据,运用科学方法和逻辑推理,对未来灾害的形成、演变和发展趋势进行估计和推测。它是减灾的先导性措施和灾害防御救援的依据。公开发布的灾害预测称为预报,其内容包括灾害种类,灾害发生的时间、地点及强度,以及未来演变趋势和对于次生、衍生灾害的预测。与灾害预测相联系的是对灾害损失的预评估,这与承灾体的脆弱性有关。如果灾害发生在人口和经济密集区、生产关键时期或政治敏感时期,其后果会更加严重。

灾害预测的内容包括灾害种类及灾害三要素,即灾害发生的时间、地点及强度。

灾害预测的类型,按照预测有效时段可分为超长期预测、长期预测、中期预测、短期预测和临灾预测等。

灾害预报(disaster forecast)是灾害管理专业部门对于某种灾害是否发生及其特征向有关部门或社会公众预先告知的行为。灾害预报与灾害预测的区别在于后者是一项技术性工作,预测结果不一定向外发布。但在有些国家,二者之间并无严格界限。

不同灾害类型对预报时效的要求不同。如地震长期预报是指对某一地区今后数年到数十年强震形势的粗略估计与概率性的预测;地震中期预报是指对未来一两年内可能发生破坏性地震的地域的预报;地震短期预报是指对 3 个月以内将要发生地震的时间、地点和震级的预报;临震预报是指对 10 日内将要发生地震的时间、地点、震级的预报。而天气预报中的短时预报是指未来 1~6 小时天气动向的预报;短期预报是指未来 24~48 小时天气情况的预报;中期预报是指对未来 3~15 天的天气状况的预报;长期预报是指 1 个月至 1 年天气状况的预报,也称短期气候预测。植物病虫害的预报则以半年以上为长期,一两个月以上为中期,几天到十几天为短期。显然,气象预报对时效的要求要比地震更高,这是与气象要素相对易于观察和气象灾害更加频繁多变相联系的。植物病虫害预报对时效的要求较高,这是由于其发生发展既受到有害生物生长发育规律的制约,又受到环境气象条件的较大影响。通常危害巨大的灾害要求更长时效的预报,以便做好充分的物质、技术和人力准备,发生频繁和发展迅速的灾害对短时预报的要求更高。

灾害发生前都有一定的前兆或隐患,根据对这些前兆或隐患的观察,并结合对灾害规律的研究,就有可能对灾害的发生及其特征提前做出测报。由于不同类灾害的发生机制不同,目前我国气象灾害、海洋灾害、生物灾害等的预测已达到较高水平,但对于地震的短临预报仍有很大难度,这是由于地震灾害位于地下深处,只能采取间接观察的手段。未来随着科学技术的发展和学科间的交叉融合,地震预报的难题总有一天是能够被解决的。至于人为灾害,由于具有极大的随机性,一般认为是不可预测的。但由于人为灾害与社会、经济的发展密切相关,对于人为灾害的隐患进行排查,根据风险评估提出相应的防范措施还是能够做到的。

自然灾害的预测有多种方法,常见的有以下几种。

(1)趋势外推法

根据致灾因素的发展趋势或运动方向外推预测,如根据遥感云图影像判定的台风中心的移动轨迹、速度和强度的变化,预测未来可能登陆的地点、移动方向和影响范围;根据天气图上冷暖气团的移动方向与速度,预测未来冷空气活动或降水的分布与强度;根据滑坡体与母体之间位移加速扩大的趋势,做出临滑时间、地点、强度的预报;根据有害生物的迁移方向、速度和繁殖数量的增长与发育速度,预测未来病虫害的发生数量、范围和危害程度。

(2)阈值指标推断法

不同类型的承灾体对于外界环境胁迫都具有一定的弹性或抵抗力阈值,超过这一阈值将使承灾体受到明显的损害,这一阈值统称为该承灾体的灾害指标。例如,喜温植物的体温降到零度以下的某个温度将会发生冻害;风力大于5级,正在灌溉的农作物容易发生倒伏。根据环境胁迫因素是否即将达到阈值来推测灾害的发生,使用单一阈值指标来推断比较困难。

(3)灾害前兆经验推断法

有些灾害在发生前具有一些前兆,如破坏性地震与滑坡发生前,动植物会出现异常反应,地下水位会发生突变;台风到来前天气骤热,风向改变。这些前兆可以作为某些灾害预报的参考,但往往容易与正常的自然现象相混淆,且难以定量表示,因而对其预报效果不可期望过高。

(4)统计预报方法

一种是建立灾害强度与各孕灾因素或影响因素之间的统计关系式,通常用于较长时间或成因复杂灾害的预报,如利用某个区域的海温、地温和大气环流指数与本地区降水量的历史资料建立多元回归模型,进行旱涝趋势的预报;利用发生地病虫源数量和本地区气象条件的历史资料建立统计模型,预测病虫害的发生趋势。另一种方法是针对某些灾害具有明显周期性的特点,利用时间序列、周期规律、相似年、物候历等方法来进行预测。

(5)综合模型法

有些成因复杂的灾害,需要建立反映多种致灾因子与承灾体状况相互关系及演变过程的数学模型,运用计算机输入各致灾因子和影响因子的数值,通过复杂的计算和逻辑推理,输出灾害预测结果。如荣获国家科技进步特等奖,峰值速度达4 700万亿次的超级计算机“天河一号”就已应用于我国的数值天气预报。作物模拟模型、人工神经网络模型和灰色系统模型也已广泛应用于自然灾害的预报。

3.灾害预警

(1)灾害预警的意义与分级

灾害预警(disaster prewarning)是指在灾害或灾难以及其他需要提防的危险发生之前,根据以往总结的规律或观测得到的可能性前兆,向相关部门发出紧急信号,报告危险情况,以避免危害在不知情或准备不足的情况下发生,争取最大限度地降低灾害损失的行为。《中华人民共和国突发事件应对法》第二十四条规定国家建立健全突发事件预警制度。可以预警的自然灾害、事故灾难和公共卫生事件的预警级别,按照突发事件发生的紧急程度、发展势态和可能造成的危害程度分为一级、二级、三级和四级,分别用红色、橙色、黄色和蓝色标示,一级为最高级别。预警级别的划分标准由国务院或国务院确定的部门制定。除地震以外的灾害事故的三级、四级预警,由主管专业部门直接发布;危害较大的一级预警,由主管部门报请后由当地政府发布并报告上一级政府。

(2)灾害预警的响应

《中华人民共和国突发事件应对法》规定了发布灾害预警之后,各地应采取的响应措施。发布三级、四级警报,宣布进入预警期后,各级政府应根据即将发生灾害的特点和可能造成的危害采取以下措施:启动应急预案;责令有关机构与人员及时收集、报告有关信息并向社会公布反映灾害信息的渠道,加强对灾害发生、发展情况的监测、预报和预警工作;组织有关部门和机构、专业技术人员、有关专家学者,随时进行灾害信息的分析评估,预测发生的可能性、影响范围、强度和等级;定时向社会发布与公众有关的预测信息和分析评估结果,并对相关信息的报道进行管理;及时发布可能受到危害的警告,宣传防灾和救援知识,公布咨询电话。

发布一级、二级警报,宣布进入预警期后,各级政府除应采取上述措施外,还应针对灾害特点和可能造成的危害采取以下措施:责令应急救援队伍、负有特定职责的人员进入待命状态,动员后备人员做好参加应急救援和处置工作的准备;调集应急救援所需物资、设备和工具,准备应急设施和避难场所,并确保其处于良好状态,随时可以投入正常使用;加强对重点单位、重要部位和重要基础设施的安全保卫,维护社会治安秩序;采取必要措施,确保交通、通信、供水、排水、供电、供气、供热等公共设施的安全和正常运行;及时向社会发布有关采取特定措施避免或减轻危害的建议、劝告;转移、疏散或撤离易受突发事件危害的人员并予以妥善安置,转移重要财产;关闭或者限制使用易受突发事件危害的场所，控制或者限制容易导致危害扩大的公共场所的活动；采取法律、法规、规章规定的其他必要的防范性、保护性措施。

（3）预警级别的调整和解除

发布灾害预警的地方政府应根据事态发展，按照有关规定适时调整预警级别并重新发布。有事实证明，灾害不可能发生或危险已经解除，应立即宣布解除警报，终止预警期，并解除已经采取的有关措施。

4.备灾和预防

备灾（disaster preparedness）是指由政府、专业灾害管理机构、社区和个人运用所具有的知识和能力，对可能、即将或已经发生的危险事件或条件及其影响进行有效地预见、应对和恢复，也就是平时为应对灾害所做的各种准备工作，主要包括救灾物资、资金和技术储备。广义的备灾还包括减灾应急管理体系建设、预案编制、灾害预测和预警、救灾技能培训、志愿者队伍建设、开展灾害保险等。

（1）救灾物资储备

重大灾害发生时，灾民急需逃生工具，避险和临时安置需要提供帐篷、食物和清洁饮水，还需要拥有应急备用发电和通信设备，伤员急需药品和急救器材。救灾是时效性很强的工作，救灾人员必须在第一时间到达灾区，在最短的时间内将急需物资发放至灾民手中。抗灾抢险还需要大量的物资与装备，这些物资与装备在平时都不属于生产资料，不能产生直接的经济效益，在抗灾救灾的关键时期却具有巨大的减灾效益。我国自然灾害频繁发生，抗灾救灾所需物资和资金数量巨大，不可能临时筹集，必须增强备灾观念。平时逐年积累，建立完善的救灾物资与资金储备制度，建立健全政府储备为主、社会储备为补充、军民兼容、平战结合的救灾物资应急保障机制。要实施“国家救灾物资储备工程”，多灾易灾地区的各级政府要按照实际需要建设本级生活类救灾物资储备库，形成分级管理、反应迅速、布局合理、种类齐全、规模适度、功能完备、保障有力、符合我国国情的中央—省—市—县四级救灾物资储备网络。做到自然灾害发生 12 小时之内，受灾群众基本生活得到初步救助。对于农业灾害，由于农业生产的周期长和季节性，还需要储备包括种子、化肥、农膜、柴油、农药、兽药、饲草等生产资料，以利不误农时尽快恢复生产。救灾物资储备要建立严格的管理制度，平时不得挪用，确保必要的保存数量。出入库要有严格的登记手续，易变质物资要规定明确的保存期并定期更新。

（2）减灾技术储备

技术储备是备灾的重要内容之一。救灾物资即使再充足，不懂得如何正确使用也起不了作用。缺乏必要的救灾技能,即使有满腔热情也发挥不了作用。例如,2008年汶川地震期间,有不少志愿者前往灾区参加救援,为救援工作做出了重要贡献,但也有一些人因缺乏救灾技术,反而给灾区增加了负担。

不同灾害类型的减灾技术有很大区别。对于地震灾害,最重要的是生命探寻、危险建筑物处置、医疗急救、道路疏通、应急供电供水、灾民临时安置、心理援助等;对于洪涝灾害,关键是应急泄洪排涝、堤防抢险加固、灾民紧急疏散、临时安置和基本生活保障等;对于农业灾害则急需农作物和牲畜的应急抢救和灾后补救技术。

长期以来,由于重视常规技术研究,减灾科技投入不多,使减灾技术的研究基础相对薄弱。自然灾害的发生具有一定的随机性与偶然性,研究计划期间有可能没有发生正在研究的灾害或实际发生的是其他灾害,使得这类研究能否取得预期成果带有相当大的不确定性。人为模拟胁迫环境的减灾技术研究不仅成本较高,而且模拟灾害环境与农田真实环境存在较大差异。为此,需要增加灾害机理与减灾技术研究的投入,并作为一种基础性研究长期坚持下去。允许科技工作者根据实际灾情灵活调整研究计划,特别是针对当时正在发生的灾害取得第一手调查和观测资料,同时试验和检验各种减灾措施的效果。

自然灾害大多具有很强的区域性,需要按照不同区划收集、整理和归纳现有减灾技术,提出初步的技术清单,并在此基础上制定研究规划,针对薄弱环节和关键技术重点深入研究,逐步形成区域性减灾技术体系,建立不同产业和主要领域的减灾专家库。

灾害预防(disaster prevention)泛指灾害发生前的各种准备工作,包括技术、经济、社会和管理等方面的准备。其中,技术准备包括灾害监测和预报、规划、设计、科研、试验、技术标准、工艺流程等;经济准备包括抢险和救灾物资储备、人员定位、避险场所建设、减灾资金筹集等;社会准备包括专业救援人员培训、志愿者队伍的组织与训练,社区防灾演练,安全文化教育和减灾技能培训等;管理准备包括应急管理体制、法制和机制建设,减灾信息管理系统建设,应急预案编制等。广义的灾害预防还包括灾害发生后为防止次生灾害、衍生灾害和灾害负面影响扩大蔓延而采取的防范措施。防灾措施包括工程性措施和非工程性措施两大类。

(1)工程性措施

工程性措施有针对的灾害源,如在泥石流多发地段清除堆积物,营造防风林,在河流上游修建水库、中下游加固堤防等,但更多的工程是针对承灾体的。其中,有些旨在加强承灾体的抗灾能力,如对建筑物进行防震加固,室内装饰使用不易燃烧材料，加强工业劳保防护设施，培育农作物抗逆品种等。另一些措施是使承灾体避开灾害源，如通过合理规划、科学选址避开灾害多发地段，修建应急避灾场所，调整作物布局等。还有一些措施是针对灾害载体的，如扑灭携带病菌或病毒的害虫，在害虫越冬栖息地清除杂草等。

（2）非工程性措施

非工程性措施是指以经济、行政、管理、法律等社会性管理行动达到减灾目的的措施。如采用经济手段，包括用经济政策使企业从利润中划出一定比例用于环保和安全减灾工程投资；对违反安全生产规范造成重大事故或隐患，或盲目开采资源造成生态破坏和环境污染的行为进行惩治；建立灾害保险业务和灾害救济基金等。采用行政手段，包括制定区域或单位减灾规划、救灾预案和减灾对策；建立健全各级政府的减灾机构并落实人员和减灾责任制；贯彻落实国家和地方政府的减灾方针、政策和决策行动方案；支持和检查督促各减灾部门的减灾业务工作和社区的减灾组织工作；组织防灾减灾的宣传教育与培训，组织救灾抢险专业队伍和志愿人员并进行经常性的训练等。法律手段包括减灾立法、执法、司法和对居民进行法制教育等。

工程性措施需要较多的资金与物资投入，经济发达地区虽然有条件实施较大规模的防灾工程，但也不能忽视非工程性措施的作用。非工程性措施与工程性措施的优化配置可以显著提高工程措施的防灾效果。经济不发达地区的资金有限，可有选择地实施小型防灾工程。现阶段要以非工程性措施为主，力争较快收到明显的减灾效果。

建设减灾实验示范区可以把这两类措施结合起来，以相对小的投入取得尽可能大的减灾效果，并推动面上的减灾工作。实验示范区应选择相对多灾、组织领导力量强和群众基础好的地区或单位，充分利用现有减灾技术成果，广泛动员全社会力量来进行减灾工作。

不同类型灾害的可控性有很大差异，需要采取不同的防灾策略。对于地震、特大洪水、滑坡、泥石流、海啸等巨灾，由于其灾害源的破坏性能量巨大，基本上是不可控的，主要采取规避措施。工程选址和城乡规划要避开重大灾害多发地段，调整作物布局，修建临时避险场所等。对于初始破坏性能量很小、可控性强的灾害，如火灾、植物病虫害和传染病初起时，可以用很小的代价消除灾害源。这类灾害一旦蔓延开，扑灭的难度很大，成本也会很高。

对于频繁发生、可能造成的损失低于防灾成本的灾种，可以采取接受风险的策略。对于破坏性能量和可能造成的损失或可控性处于中等水平的灾害，要采取适当的防范措施,或调节改善局部环境以减轻灾害胁迫,或增强承灾体的抵抗能力以减轻损害。对于地震、大风、冰雹、暴雨等突发型灾害,防灾工作的重点是为应急处置提前做好各种准备。对于干旱、涝害、冷害、地面沉降等累积型灾害,防灾工作的重点要放在灾前防止灾害发生和灾害初期防止灾害的扩大蔓延上,这样可以收到事半功倍的效果。如果等到发生紧急事态时再采取措施(如因严重干旱导致人畜饮水困难不得不应急输水),则往往事倍功半。

(1)灾害避险场所的防灾作用

建设灾害避险场所的目的是在发生地震、洪水、滑坡、泥石流、森林或草原火灾等危及人民生命安全的重大灾害时,为灾民提供能够保证相对安全和短期生存的地方。不同灾种对于防灾避险场所选址和建设的要求也各不相同。如地震一般选择开阔地段或地下室,防火要选择可燃物少的地方,防洪要选择地势高、干燥处并远离河湖与沟谷,地势较高处还要考虑饮用水源的保障与防雷。国家减灾委员会在《关于加强城乡社区综合减灾工作的指导意见》中提出:“避难场所应具备供水、供电、公厕等基本生活保障功能。要明确避难场所位置、可安置人数、管理人员等信息,标明救助、安置和医疗等功能分区,在避难场所、关键路口等位置设置醒目的安全应急标志或指示牌,引导社区居民在紧急时能够快速到达社区灾害应急避难场所。”

(2)城乡避险场所建设的不同要求

城市与乡村的避险条件、对于避险场所的要求各不相同。城市的有利条件是拥有大量建筑物和公共设施,如坚固楼房的高层可用于防洪,地下设施可用于防震,影剧院设施可储备适当数量的食物与饮用水。农村避险的有利条件是人口密度较小,除山区外,容易找到地震避险的场所,可以就地取材搭建临时防震棚,除低洼地区外都可以选择地势高处避洪,容易获得食物和饮用水源以维持短期生存。但农村的交通、通信、医疗等条件不如城市,避险场所应适当储备应急照明、通信设备和常用医药。

利用邻近非灾区临时安置也是避险的有效措施。《自然灾害救助条例》规定:“受灾地区人民政府应当在确保安全的前提下,采取就地安置与异地安置、政府安置与自行安置相结合的方式,对受灾人员进行过渡性安置。”“就地安置应当选择在交通便利、便于恢复生产和生活的地点,并避开可能发生次生自然灾害的区域,尽量不占用或者少占用耕地。”

(3)灾害避险场所的管理

建设灾害避险场所应掌握平灾结合与一所多用的原则。应急避险场所应是具有多种功能的综合体,平时可作为居民休闲、娱乐、健身或防灾培训的活动场所,当发生重大灾害时作为避险使用。还应具有躲避多种灾害的功能,但需要考虑具体灾害的避险适用性,注意所在区位环境与地质因素的影响。

灾害避险场所要实行谁投资建设谁负责维护管理的原则。地方政府统一规划修建的避险场所通常由民政和民防部门负责管理,或授权由所在社区或企事业单位代管。所有权人或经营者应按要求设置各种设施设备,划定各类功能区并设置标志牌,建立健全场所维护管理制度。当地政府与灾害管理部门应针对不同灾种的避险场所编制应急预案,明确指挥机构,划定疏散位置,编制使用手册与功能区划分分布图并向社会公示。应急避险场所应在出入口处及附近地段设置统一、规范的标志牌,提示应急避险场所的方位及距离、功能区划分详细说明、各类应急设施的分布等。避险场所的储备物资要有专人管理,并建立台账,定期更新。

5.抗灾

抗灾(disaster resisting)是在面临灾害威胁或灾害已经发生的情况下采取的应急措施,通常是针对灾害源或灾害载体的工程措施,也有针对承灾体采取的紧急加固保护措施。如洪水来临前或已经来临后对堤防的紧急加高加固,大风刮起时用绳索或打桩临时加固房屋设施,火灾发生后立即组织扑灭或隔离,干旱时的提水引水措施等。紧急抗灾时要特别注意关键地段和设施的防护和抢险。洪水中对水库大坝要重防护,确定泄洪的合理时机和流量。在面临地震威胁时要重点加强水、电、燃气等城市生命线系统的安全防护。在抗灾行动中保证指挥中心的安全和高效运作非常重要。为保减灾措施的贯彻落实和人员物资的及时调运,需要保证交通和有力的通信保障。

在对人民生命财产可能造成严重损害的突发性灾害中,抗灾还包括组织人员和重要物资器材的疏散,如在洪峰到来前除抢险人员外,将其他人员、粮食、货币和重要文件转移到安全地带;在地震到来前,将居民转移到空旷地带建立临时防震棚等。

因此,在发生重大灾害时,率先修复通往灾区的道路和通信系统也是抗灾抢险工作的重要内容。采取何种抗灾措施要根据灾害程度和特点而定,对于不可抗拒的巨灾,其工作主要是对承灾体采取保护或规避措施,首先是对人的保护,尤其是对弱势群体的保护。

抗灾工作必须遵循自然规律和社会规律。在发生巨灾时,难免会发生伤亡,抗灾抢险的目的是千方百计地减少人民生命和财产的损失。特殊情况下,能以个人的牺牲换来多数人的安全是值得颂扬的英雄行为,但不应提倡无谓的牺牲。

发生重大灾害时,抗灾抢险工作应由有关专业队伍组织,参与抢险的部队和志愿者都要服从灾害管理部门的统一指挥,不能各行其是。目前,我国法律已明确规定禁止未成年人参与扑救火灾。我们应该教育少年儿童懂得一些避险逃生的知识,在有条件的情况下,可以协助大人做一些辅助性工作,但不应组织他们参与危险性较大的抢险救援行动。

减灾工程(disaster mitigation engineering)是为达到减灾目的而实施的一系列工程活动的总称。其中,在灾前实施具有预防作用的工程称为防灾工程(disaster prevention engineering),二者常合称为防灾减灾工程(engineering of disaster prevention and reduction),是具有显著综合与交叉特征的新型学科。广义的防灾减灾工程涵盖各种自然灾害和人为灾害的发生条件和演变规律、监测和预报、工程防治和应急救援、恢复重建等的科学技术问题;狭义的防灾减灾工程主要指防治各种灾害的工程项目。目前,我国有10多所高等院校设有防灾减灾工程及防护工程专业,作为土木工程学科的二级学科招生。与灾害管理措施相比,工程措施相当于硬件,管理措施相当于软件。工程措施要与管理、法制、教育培训等非工程措施相结合,才能最大限度地发挥防灾减灾的效益。虽然工程措施需要较多资金和物质投入,但对于许多重大灾害,必要的投入还是应该的,有些甚至是必需的。没有相当数量的防灾减灾工程,一旦发生重大灾害,遭受的损失将是工程投资和运行成本的数倍甚至数百倍。

常见的防灾减灾工程有防震减灾工程、防洪减灾工程、地质灾害防灾减灾工程、抗旱节水减灾工程、防风减灾工程、防火减灾工程、防沙治沙减灾工程、水土保持工程、环境保护工程等。中华人民共和国成立以来,由于实施了一系列防灾减灾工程,在很大程度上减少了人员伤亡,减轻了灾害损失。如1976年唐山地震之后,组织进行了全国地震风险区划,要求新建工程项目必须符合所在地区的地震设防标准,对原有的建筑和设施普遍进行了加固。针对频繁发生的旱涝灾害,到2013年全国已建成97 246座水库,总库容8 104.1×108m^3;建成流量1rn^3/s以上水闸97 019座,堤防总长413 679km,农村供水工程588 746万处,地下水取水井9 749万眼。水土保持工程措施实施了20.03×10^4 km^2,植物保持措施实施了77.85×104km^2,建成淤地坝58 446座。国家实施的南水北调中线工程已在2014年年底前通水,在一定程度上缓解了华北地区严重缺水的局面。60多年来,在东北、华北和西北沿沙漠外围兴建了延伸数千公里的“三北防护林带”,在华北平原大面积营建了农田防护林网,在沿海营造防风林,有效地减轻了干旱、干热风和风暴潮的危害。

6.救援

救援(rescue)是在灾情发生后采取的尽可能减轻灾区损失的措施。在灾情严重的地区,单靠灾区自身的人力、物力已很难抗御,需要政府动员灾区以外和全社会的力量来支援和救助,以帮助灾区渡过难关,恢复生产和正常生活。

紧急救援的资源包括人力、物力和财力,救援行动分别来自政府、社会、团体、个人和国际社会等。按支援者与被支援者的关系又有职能支援、义务支援和契约支援之分。政府和减灾业务部门负有减灾救灾的职能;按照减灾法律,公民具有救助灾民的义务和道义;保险公司对投保户则具有按照保险契约执行赔付救助的责任。

救援首先是对人的救护,应该放在第一位,特别是医疗、食品和衣物、临时居住设施等,老幼病残人员要有组织地疏散转移,妥善安置;其次是对通信系统、生命线系统和交通运输设施的抢救和保护,这关系到整个救灾工作的组织指挥和全面展开;再次是对重要生产设施和公共场所的抢救与保护,这关系到生产和社会秩序的尽快恢复;最后才是对一般设施的抢救与保护。

在灾害中要注意加强对灾民的组织和教育,防止有人趁灾打劫、制造传播谣言。应特别注意,对救灾物资和救灾款要迅速、及时、公平地分配到灾民手中。对盗窃、哄抢或侵吞救灾物资和救灾款的犯罪分子要予以坚决打击和依法制裁。

(1)应急救援队伍的组成

灾害应急救援是指重大灾害发生时,对人民生命财产的保护、急救和对险情的应对。我国灾害应急救援队伍分为骨干队伍、专业队伍和志愿者队伍3大类。骨干队伍包括公安消防、特警以及武警、解放军、预备役、民兵等。其中,公安消防的职能早已超出消防灭火的范围,还要参加危险化学品泄漏、道路交通事故、地震及其次生灾害、建筑坍塌、重大安全生产事故、空难、爆炸及恐怖事件和群众遇险事件的救援工作;参与处置水旱灾害、气象灾害、地质灾害、森林和草原火灾等自然灾害,矿山、水上事故,重大环境污染、核与辐射事故和突发公共卫生事件等19类应急救援任务。专业队伍包括医疗急救、地震、水利、地质、能源、海洋、矿山、森林武警等部门。主要问题是分属不同行业和部门的专业应急救援队伍多是在计划经济体制下建立的,互不隶属,力量分散,功能单一,缺乏有效的联动机制,经常发生多头指挥、现场混乱、救援处置不力的情况。为此,需要统筹各类应急救援资源,进一步明确常态应急救援主体,构建统一的指挥调度平台,同时还要改进抢险救援装备。

应急救援贵在及时。虽然我国已组建覆盖主要灾种和不同部门的专业应急救援队伍,但在重大灾害发生时仍然是杯水车薪,一时难以覆盖到所有灾区。由于专业队伍到达现场需要一段时间甚至一时难以到达,容易错过最佳救援时机。这时,本地的救灾志愿者队伍就能充分发挥就地、及时和熟悉灾区情况的优势,迅速开展自救互救工作。据唐山地震抢救被压埋人员的统计,半小时内挖出人员救活率高达99.3%,第一天挖出的人员救活率为81%,第二天挖出的人员救活率急剧下降,仅为33.7%。大多数幸存者是依靠自救和互救逃生的。但对于非一般人力能解决的复杂且严重灾情,骨干队伍和专业队伍的抢险救援仍不可替代,经过专业训练的志愿者可以在专业人员的指导下协助开展救援工作。

我国已初步建立了庞大的志愿者队伍,仅北京市就有40多万人。除参与应急抢险和救援外,还可参与灾民安置、发放救灾物品、维持社会秩序等工作。志愿者队伍原则上应就地开展救援服务,缺乏专门技能的大量志愿者盲目奔赴异地灾区往往事与愿违,会给灾区增加负担。因此,需要对志愿者按照专业和特长分类登记注册,根据应急救援的需要进行专业培训,以便更好地发挥志愿者队伍在灾害应急救援中的作用。

(2)应急救援的原则和组织系统

首先要坚持"以人为本"的原则,把人的生命安全放在首位。其次要坚持时间观念和效率意识,力争在第一时间赶到现场,快速有效地控制局面,以尽可能低的代价,把损失降到尽可能最小的范围。最后要坚持多部门及社会力量的协同分工,整合各种减灾资源,发挥整体优势,形成应急合力,实现最佳效果。灾害应急救援系统由应急指挥中心、现场指挥中心、支持保障中心、媒体中心和信息管理中心组成,其职能分工如图1-7所示。

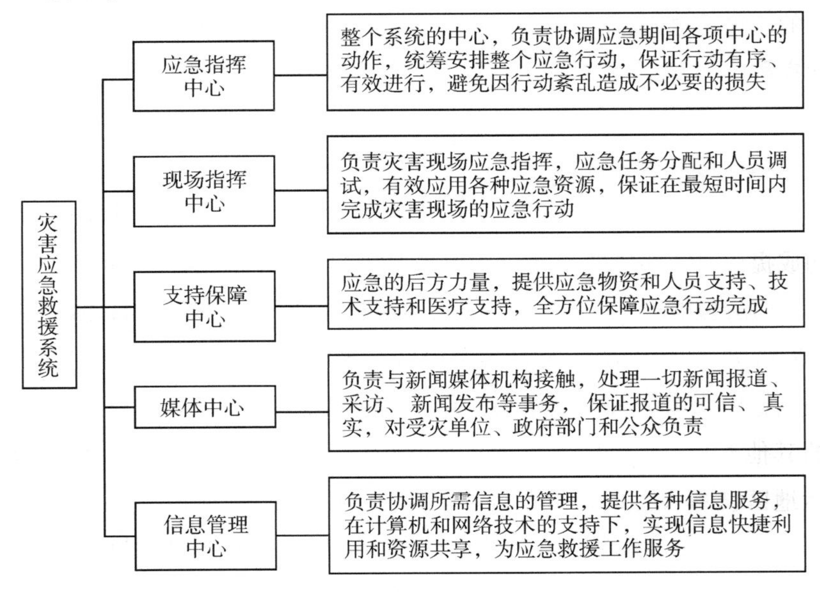

图1-7 灾害应急救援系统的组成

7.损失评估

(1)灾害损失的构成

灾害损失包括经济损失、社会损失和生态损失3个方面。

灾害经济损失是指因各种灾害事故导致的既得经济利益或预期经济利益的丧失,包括直接经济损失和间接经济损失。前者是指各种灾害事故发生过程中直接造成的现场经济损失,后者是指各种灾害事故发生时和发生后的非现场经济损失。

灾害社会损失包括灾害事故所造成的社会秩序混乱、灾民健康影响和心理创伤、生物多样性减少等。一些社会影响和生态影响可延续几十年甚至更长。有些损失可以功能替代法折算,但只仅供参考。

灾损评估是对事故所造成的经济损失和人员伤亡进行的定量估算,是决定救灾救济和恢复重建力度的主要依据。在灾害初期进行的估算为灾损预估,灾后进行的评估是最终灾损评估。由于灾害造成的社会损失和生态损失难以定量,通常只进行经济损失的定量评估,其中又以灾害现场的直接经济损失为主,间接经济损失、社会损失和生态损失只粗略估计或定性描述。

(2)灾害直接经济损失的评估

虽然把直接经济损失定义为灾害事故现场可以度量的经济利益损失,但是不同学者对于其内涵仍有争议。有人不赞成把人员伤亡列入直接经济损失,因为人的生命是无价的。灾害所造成的资源与环境损失也往往超出灾害现场且难以准确定量估算。不同灾种的具体计算方法更是千差万别。发达国家由于灾害保险覆盖面广,往往以灾后保险公司支付的赔偿作为直接经济损失;发展中国家灾害保险还不普遍,随着社会经济的发展和定量测算方法的改进,对灾害直接经济损失评估的范围也在逐步扩大。

郑功成提出的灾害直接经济损失计算公式为

灾害直接经济损失=人类创造的财富损失+自然人的生命与健康损失
+自然资源损失+相关费用损失

人类创造的财富损失表示含有人类劳动价值在内的各种物质财富或可以用货币计量的其他财富,在各项经济损失中最为直观且最能找到客观计量标准。经济越不发达地区,这一项在直接经济损失总量中的比重就越大。这项损失主要包括产量、产值、利润、物资的损失,房屋、企业设备、基础设施等固定资产的损失,家庭财产与银行存款的损失等。计算产值损失时,不仅要考虑产量的损失,还要考虑质量和价格的下降；对于难以贮存的农产品还存在因灾延误未能及时销售而损坏的问题；工业也需要对半成品或报废品的残值进行计算。计算利润损失时，因灾造成的成本上升是一个突出的因素，如停电以后不得不以燃油动力替代，道路损毁后不得不绕道通行。

虽然人的生命无价，人员伤亡并不单纯是一种经济损失，但在发生重大灾害时，对因灾伤亡人员进行抚恤、救济和补偿时仍然需要通过经济学的方法确定可操作的标准。从人的成长过程、劳动价值和社会属性来看，自然人具有经济属性，可以从抚养和教育成本、劳动能力与工资水平等方面对相关经济损失进行测算。其计算公式为

自然人的生命与健康损失＝医疗费+歇工工资+劳动力丧失费
+抚恤费与丧葬费+其他费用

自然资源损失是指自然形态，未经人类加工的物质财富损失，如土地资源、水资源、森林、草原等的损失。虽然估算的难度较大，但是仍可从这些自然资源的服务功能上进行估算，如土地生产力的下降或可利用面积的减少，水价和提水、输水、净化成本，森林和草原植被的生产功能等。

相关费用损失主要是灾害救助与恢复重建需付出的成本，如救援队伍组织与物资消耗，损毁房屋修缮或重建，伤病人员的安置、救助与治疗，灾区环境整治等。其计算公式为

灾害事故直接费用损失＝紧急抢救费+现场清理费+污染控制费+其他相关费用

其他相关费用包括交通、检验、调查和接待等。

(3)灾害间接经济损失的评估

灾害间接经济损失的评估远比直接经济损失评估的影响因素更多，难度更大。目前研究较多的是企业的灾害间接经济损失。1926 年，美国海因里希提出，把生产公司申请，由保险公司支付的损失作为直接损失；意外的财产损失和因灾停工造成的损失作为间接损失，并调研得出直接损失与间接损失的比例为 1∶4。此后，国内外有不少调研表明，灾害间接经济损失与直接经济损失的比例因不同灾种和产业有很大差异。

黄谕祥等在 1993 年首次提出灾害的间接经济损失包括间接停减产损失、中间投入积压增加损失和投资溢价损失 3 部分，并且利用了城市“投入—产出”表所表达的产业关联关系，估计了由于生产的连锁性造成灾害的进一步损失。王海滋等(1997)和李春华等(2012)先后以地震和洪水为例，把灾害间接经济损失分为减产停产损失、

产业关联损失和投资溢价损失3类,并构建了灾害经济损失及其构成关系的框图,如图1-8和图1-9所示。

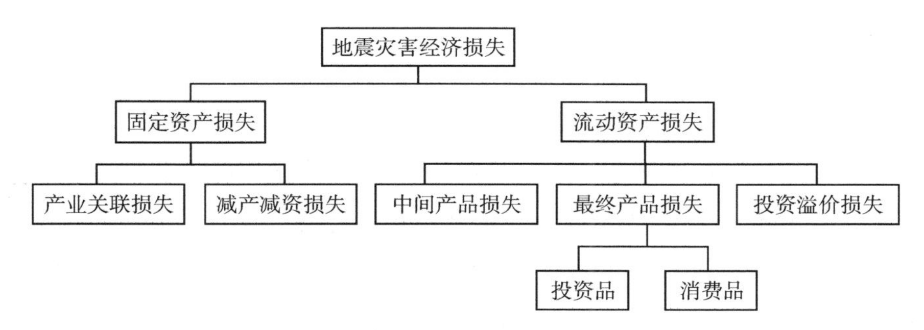

图1-8 地震灾害经济损失的构成及其关系

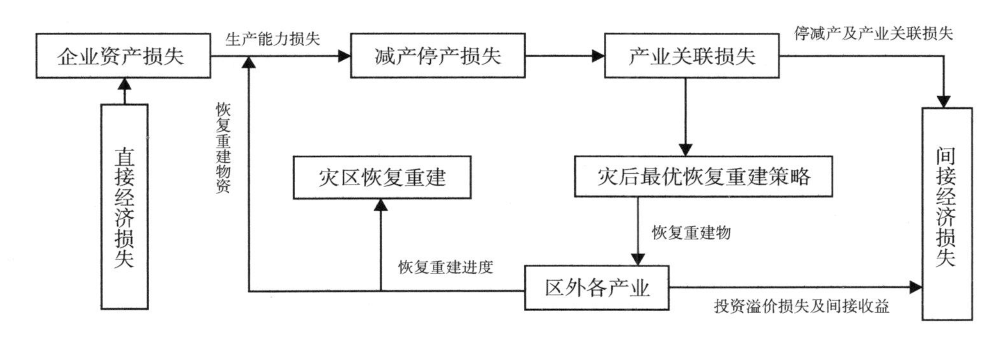

图1-9 洪灾经济损失的构成及其关系

与工业相比,农业灾害的间接经济损失评估更加复杂,这是由于农业生产的周期和产业链长,灾后的不确定因素较多。有时看来较重的自然灾害,若后期管理得当和气象条件有利,结果可能并未减产;有时看来似乎较轻的自然灾害,若管理不当或后期气象条件不利,最终减产程度出乎意料。农产品的价格还受到市场的影响,例如,2010年由于冬季冻害和春季霜冻灾害严重,华北果树普遍减产,但当年果品价格较高,许多农民反而增加了收入。有的丰收年,农民的农产品由于价格降低、卖不出去,实际收入反而下降。因此,对农业灾害的间接经济损失评估,需要考虑多种因素并进行跟踪评估。

8.灾后恢复重建

遭受严重的洪水、地震、火灾、台风等灾害摧残后,在灾害威胁基本过去、紧急抢救告一段落之后,应尽快转入恢复重建,使经济生活和社会生活迅速趋于正常。唐山地震后,国外有人曾认为这座城市将从地球上永远消失。在全国人民的支持和唐山人民的奋斗下,一座现代化的新唐山在短短几年之后又屹立起来了。汶川地震发生后,举全国之力恢复重建,每个重灾县由一个省或直辖市对口支援,使灾区生产和生活得以迅速恢复。

灾后恢复重建(recovery and reconstruction after disaster)中首要的是抢修和恢复对人民生活必不可少的生命线工程,包括交通干线、通信、供水、供电、供气等。这关系到防止发生次生灾害,外界援建人员物资的输入,灾区伤病员的及时医治及脆弱人群的疏散,灾后生产的恢复,与外界的正常联系和安定民心等。

灾民安置和生命线系统修复告一段落后应立即着手恢复生产,这是全面恢复灾区正常经济生活、增强灾区自救能力所必需的。恢复工作应进一步核实灾情,制定合乎实际的统一计划。集中人力、物力、财力和技术力量,首先恢复重点厂矿的生产,受灾较轻的,应边清理、边抢修、边生产,主要动员本企业力量恢复生产;损失大、恢复困难的,要经过全面调查,区别情况分别确定重建、改建或放弃的方案。恢复生产时必须重视防治污染配套工程的修复和建设。

(1)灾后恢复重建的内容和步骤

重建的全面恢复有应急响应阶段的恢复和灾后重建阶段的恢复两个阶段。

应急响应阶段的恢复是指在灾害发生后,对基本生活保障必需设施和服务功能的恢复,包括生命安全保障系统、基本生活支持系统、心理精神依托系统和组织交流活动系统,这个阶段的快速恢复是与应急救援同时进行的。通过应急响应阶段的恢复工作,灾民的基本生活得到保障,灾区的社会秩序初步稳定下来,但还远不能达到灾前的生产生活水平和社会稳定程度。这一阶段的恢复要求快速完成,但标准不必太高,能保证灾民的安全和基本生活需要就行。

灾后重建阶段的恢复是对受损区域进行全面建设,使所有受损对象恢复到灾前甚至更高的发展水平。在灾情得到基本控制、民生得到基本保障之后,就开始进入这一阶段。在全面恢复阶段,灾民对恢复重建的要求明显提高,要根据灾民的需求和可利用的资源,分清轻重缓急。要注重质量,不能操之过急。

(2)重大灾害的恢复重建规划

重大灾害使灾区的建筑、基础设施、公共服务、社会秩序和生态环境都遭受了巨大的破坏,全面恢复重建需要较长时期,必须编制恢复重建的总体规划和专项规划并分步实施。重大灾害的恢复重建规划需要由国家或省级政府在全面调研和专家研讨的基础上组织制定。如2010年国务院印发的玉树地震灾后恢复重建总体规划包括以下内容：

第一章　灾区概况和重建基础

第二章　总体要求和重建目标

第三章　重建分区和城乡布局

第四章　城乡居民住房

第五章　公共服务设施

第六章　基础设施

第七章　生态环境

第八章　特色产业和服务业

第九章　和谐家园

第十章　支持政策和保障措施

（3）实施规划需要注重的原则

灾后恢复重建工作千头万绪，但人力、财力和资源有限，必须根据灾民需求和现实可能排出优先顺序，重建工作要有时序性。图1-10是2004年印尼地震海啸的灾后工作程序，从图中可以看出，在紧急救援高潮过后就要实施安居工程，使灾民得到临时安置，灾区社会秩序才能得到初步恢复。灾民生活和生产的恢复要同时着手，有条件的先上，如出售尚存产品和田间作物的管理。有些生产活动需要在恢复水、电和原材料等的供应后才能进行。

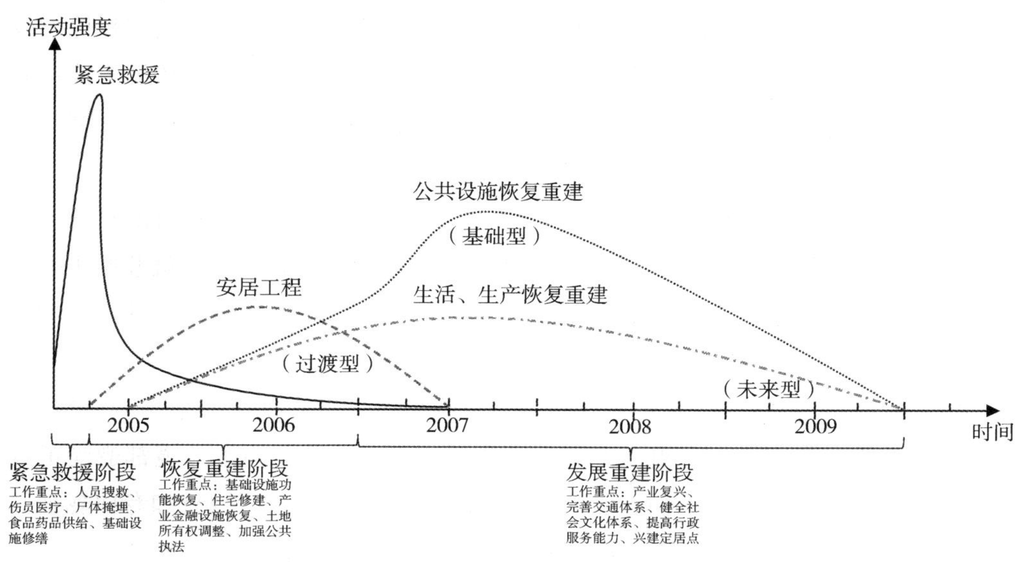

图1-10　印尼地震海啸的灾后工作程序

1)科学选址。灾后重建是在原址还是迁址,既要考虑当地的地质地貌、水文、气象、历史环境、生态环境、交通条件、人口分布、经济布局、民族与宗教等多种因素,还要考虑安全因素。选址要考虑未来的发展潜力,选择交通相对便利,资源条件相对有利,与本地区经济中心城市联系紧密的地点。另外,还要尽可能少占农田、不占良田。

2)恢复水平。应急救援阶段的恢复标准可以低些,能满足灾民基本生活需要即可。但到全面恢复阶段,恢复重建的标准应高于灾前的原有水平。这是因为住宅建筑和基础设施建设都要使用或运行至少几十年,随着社会经济的发展,人民对居住条件和公共服务的要求会越来越高。如果新建的住宅和基础设施过几年或十几年就不能适应新的需求而不得不推倒重建,那么就会造成巨大的浪费。如有的人口密集地区,灾后修建的公路不够宽,几年后就出现交通拥堵,不得不重新拓宽。恢复重建不能过于超前,更不能脱离实际,如在人烟稀少的山村修建太宽的公路就完全没有必要。

3)资源需求与调度。在紧急救助阶段,初步的恢复除政府调拨救灾物资外,还要充分利用本地资源,尤其是在外界救援物资到达之前,如农村可利用现有建材、木料、薄膜等搭建临时安置房,利用各家的存粮和菜田提供饮食。到全面恢复阶段,对建设物资的需求量大大增加,要尽可能挖掘本地资源潜力以降低成本,统筹调拨灾区以外资源,对于紧缺资源要责成有关企业加快生产。

4)融资问题。重大灾害发生后,灾区财政十分困难,灾民收入大幅下降甚至完全断绝。灾区恢复重建所需资金需要政府、企业和社会各界伸出援手。国家和地方政府在财政预算中应预留救灾与恢复重建的基金,平年储备,集中用于灾年。企业也应留有防灾资金并投保,应建立多种融资机制。组织灾民尽快恢复生产或以工代赈,增强灾区自身的经济实力,也能起到一定的融资效果。

(4)灾后的社会不稳定因素

重大灾害的发生往往会产生和诱发一系列社会矛盾,历史上曾出现过多次发生大灾之后爆发农民起义或战乱的情况。现代社会由于建立了完整的救援体系,一般不会发生大的动乱,但灾后仍然会出现大量的社会不稳定因素。

1)灾后恐慌。灾害带来的财产损失、亲人伤亡、社会秩序失控、信息不畅、基本生存需求得不到满足、知识和技能不足都可以引起灾民的恐慌。通过灾害链的连锁效应、谣言传播、从众心理和集群行为,这种恐慌还会在人群中放大甚至扩散到非灾区,如 2010 年日本的地震海啸灾害过后,我国部分地区疯传核污染扩散,碘盐被抢购一空。火灾、余震、滑坡与泥石流、疫病等次生、衍生灾害也会加剧灾民的恐慌。

2)恢复重建中的矛盾冲突。灾后恢复重建可分为救灾期、安置期、重建期和正常化4个阶段。救灾期确保生存是第一需求,各种矛盾被暂时掩盖。安置期各种矛盾开始显现,在重建期集中爆发并产生各种冲突,以利益冲突为核心,并伴随着管理冲突、文化冲突和个人冲突,如部分灾民要求追究灾中损毁房屋和基础设施的建设质量和政府监管责任。此外,煽动哄抢救灾物资、哄抬物价、出售劣质食品、药品、贪污侵占救灾款物、非法传播邪教并募集捐款等经济犯罪也可能增多。

3)加强灾后治安防控工作。加强灾后防控机制建设,首先要建立健全治安防控指挥协调并设立指挥平台和情报信息系统,广泛收集涉及社会稳定、治安动向、社情民意等内幕性、深层次、预警性、动态性的情报信息,注意案件高发地段,打造街面巡逻防控网、重点地区防控网、社区巡逻防控网、街面和单位内部巡防网等"四张网"。要突出重点人员及来自高危地区人员的管控,尤其是可能从事违法犯罪活动的治安危险分子,对社会极端不满、有报复社会苗头可能铤而走险的人员。

4)灾区政府的危机管理策略。加强社会监管,依法惩处可能引起社会恐慌的谣言传播者。加强市场管制,制止哄抬物价和囤积行为,尽可能提供充足的救灾物资,保证群众的基本生存需求。为保持灾区物价稳定,要积极发展生产,增加社会商品的总供给量;要充分运用经济和法律手段,进行价格调控,特别是要抓住带动物价指数上涨的"龙头"价格,切实管好"米袋子、菜篮子"等基本生活必需品的价格;政府支持,部门配合,综合治理,齐心协力,做好价格监督。其中,治理公路"三乱"(乱设卡、乱收费、乱罚款)要把防灾放在突出地位,确保通往灾区的物资快捷畅通运输。

确保信息畅通。本着及时、真实、透明的原则,正向引导舆论。充分利用媒体统一规范灾害信息基调,发布有利于政府危机公关的信息。对利用网络和手机传播谣言,煽动群众闹事的不良信息要及时封堵、删除并进行查处,澄清事实,稳定人心。

强化政府和第三方权威机构的公信力,消除群众疑虑。对于违背科学原理的谣传可以邀请权威专家进行宣讲澄清。灾区群众互助,普及救灾知识,提高自救互助和心理承受能力。

工作中要尊重少数民族的宗教信仰和风俗习惯,认真听取他们的诉求和意见,切实照顾群众利益,保护民族文化。对于恢复重建中出现的矛盾和冲突,要依托民族自治机构和有威望的民族宗教人士,做好少数民族和信教群众的思想工作。

(5)灾后生产的恢复

重大灾害发生后,不仅造成了人员伤亡、生产停顿、产品和设备损坏,还通过产业链影响到上下游企业的生产和市场消费。供电、供水的中断更直接影响到灾区人民的生活。尽快恢复受损企业与产业的生产,不仅可以减少灾区的经济损失,还直接关系到灾民的生活保障和社会稳定。

灾区恢复生产要把基础设施的恢复放在首位,这是因为电力和能源、供水、交通、通信等不仅是现代工农业生产最重要的生产要素,也是人民群众维持基本生活所必需的。首先要千方百计地恢复交通,只有打通被灾害事故封堵的道路,救援物资和人员才能进入,需要转移的灾民和伤病人员才能转移出去,恢复生产所需原料和生产资料才能运进来,产品才能运出去。紧接着要尽快恢复供电,在一时难以满足充分供电的情况下,可采取柴油发电、从相邻地区输电等变通办法。在用电紧张的情况下,要确保救援和医疗用电。在灾情有所缓解之后,再逐步恢复生产用电。通信系统和供水系统也要抓紧恢复,为改善灾民生活条件和逐步恢复生产提供保障。

灾区工业生产恢复是一个复杂的系统工程,要成立灾后恢复工业生产的统筹领导,制定抗灾复产工作方案、目标和实施办法并抓好落实,健全考核与奖惩制度。

全力以赴抓抢修。深入现场了解企业灾损和生产情况,做好厂房、设备的抢修、维护和保养,加快恢复水淹矿井的供电和排水设备检修,尽早排除尚存险情。

做好煤、电、油、气、运等生产要素的保障工作。积极联系并主动协调电力、通信、交通等部门,力争在最短时间内恢复。在电力供应全部恢复正常以前要做好有序用电、节约用电,优先保证重点企业、重点建设项目和矿山救灾排水用电、用油,限制高耗能、高污染企业用电。

受灾较轻企业应开足马力生产,能快则快、能超则超;受灾较重企业也要振奋精神抓好生产自救,早日实现满负荷生产。在电力供应尚未完全恢复正常的情况下,要科学安排、合理调度,尽可能利用节假日、气温回升时段及晚班组织生产,实行错峰、避峰生产。若停产企业不具备恢复生产的条件时要确保安全,尤其是矿山企业,绝不能盲目恢复生产。

(6)灾后种植业生产的恢复

抢收已成熟尚且能利用的农产品并及时上市。组织修复损毁农田、农机、水利设施和仓库。积极争取调拨化肥、种子、农药、地膜、柴油等物资,尽快联系农资部门调运和贷款购买急需生产资料。未成熟作物要根据灾害影响,抓紧抗旱、排涝、中耕、施肥、防治病虫害等各项管理。由于大量劳力忙于救灾和安置,各项技术措施要尽可能简便易行。绝收地块抓紧清理翻耕,根据灾后无霜期长度抢种能够成熟的早熟品种。为满足灾民和附近城镇需求,可种植速生叶菜和室内芽菜。绝收果园要彻底清理,对残留果树应进行根外施肥和土壤消毒,加强苗圃管理,提供重新栽植的树苗。灾后无霜期尚有60天以上的稻田可种植再生稻。

(7)灾后养殖业生产的恢复

对因灾死亡的畜禽和鱼类要挖坑深埋或焚烧进行无害化处理。尽快修复因灾损毁的畜舍、棚圈和鱼塘,并对其内部和周围环境进行彻底消毒。对存活畜禽和鱼类要进行重新分类合并饲养或养殖,调整饲料饵料配方,提高营养标准,促进动物迅速恢复体况。注意畜禽饮水清洁和通风防湿,防止使用受潮发霉饲料饵料,必要时可添加预防疾病的药物。主动对保留畜禽和鱼类实行免疫注射。积极协调农资部门调运和贷款购买恢复生产所需的种畜、种蛋、鱼苗、配方饲料和饵料、兽药、鱼药、疫苗等生产资料。残存可利用畜产品和水产品要在确保无害的前提下抓紧处理和上市。

9.救济和善后

在物质储备和货币储备都很少的农村,需要迅速开展救助,包括国家财政救助、社会救助、受灾单位和灾民自救、灾害保险救助等途径。

(1)国家财政救助

国家财政对自然灾害损失进行补偿的基本思路是以税收作为再分配工具实现社会保障,这是世界各国公认的原则。发展中国家由于市场机制尚不完善,灾害保险发育迟缓,政府财政应当在灾害救助中发挥主导作用。根据国际经验,在工业化中后期阶段,政府财政救助资金至少应占GDP的1.5%。目前,我国政府财政的灾害救助投入水平偏低,随着经济发展水平的不断提高,今后灾害救助财政投入将有明显的增加。政府财政救助由国家和地方分级管理,采取无偿救助与有偿使用并存,救灾与扶贫相结合。无偿救助资金用于紧急抢救灾民,保证灾民的最低生活;有偿资金主要用于灾后恢复生产。

(2)社会救助

政府财政救助虽然发挥着主导作用,但在发生重大灾害时,政府的财力仍然十分有限,难以承担灾害社会救助所有公共管理的责任。国家综合防灾减灾“十二五”规划提出要完善鼓励企事业单位、社会组织、志愿者等参与防灾减灾的政策措施,建立自然灾害救援救助征用补偿机制,形成全社会积极参与的良好氛围。充分发挥公益慈善机构等非政府组织在防灾减灾中的作用,完善自然灾害社会捐赠管理机制,加强捐赠款物的管理、使用和监督。自2008年汶川地震以来,我国对灾区的社会救助有明显的增加,但与发达国家相比,社会救助的规模和普遍程度还很小,特别是慈善机构的数量和规模都不大。国家应出台奖励政策和法规,扶持非政府公益组织的发展,鼓励国内外组织和个人对自然灾害的救助捐赠,同时严格管理捐赠资金,让捐赠者的爱心落到实处。

(3)受灾单位和灾民自救

由于我国还是一个发展中国家,受灾单位和灾民也不能完全依赖政府和社会团体的救助,要充分利用自身拥有减灾资源的作用,最大限度地减轻灾害损失,恢复正常的生产和生活。中华人民共和国成立初期就制定了“生产自救,节约度荒,群众互助,以工代赈并辅之以必要的救济”的救灾工作方针,包括平时储备的物资和资金用于恢复生产和购置必需的生活资料;将残留的建材和自有树木用于家园重建;非灾区的亲友给予帮助也是一种自救途径。农村居民要不误农时抓紧田间管理,农业绝收的可在当地政府指导下外出打工。地方政府还可以组织灾民参加当地列入计划的工程建设。

(4)灾害保险救助

灾害保险是发达国家灾后救助的主要途径,通过转移和分散风险,通常可以获得灾害直接损失50%以上的赔付。但发展中国家的市场机制还不完善,灾害保险覆盖面窄,尤其是贫困地区的农村。我们需要探索适合中国国情的灾害保险体制。2006年以来,我国新一轮的农业灾害政策性保险试点范围逐年扩大,取得了显著的成效,但在西部一些财政困难的省区覆盖面还偏小。

对于死亡率较高的大灾,如汶川地震及其次生灾害加剧了水土流失,造成水污染,城乡水井井壁坍塌或井管断裂,部分饮水、大量医疗垃圾、生活垃圾和人畜粪便污染物导致病毒、细菌滋生,直接影响饮用水安全。灾区人畜尸体若处理不及时或处理方法不当,也有可能引发疫病流行。因此,灾后对灾区必须及时进行环境整治,包括灾区卫生防疫和生态恢复两大部分。

历史上的重大灾害发生后,死于疫病的人数往往超过灾害中的直接死亡,这是因为古代社会缺乏及时有效的救援和医疗防疫知识。现代社会虽然应急救援能力和医疗防疫水平有了较大提高,但在重大灾害发生时,由于伤亡人数多、交通中断、当地基础设施和医疗机构受损,人畜尸体和大量污染物得不到及时处理,仍然会对灾民和救援者的健康和生命安全造成极大威胁。因此,在抢救灾民和临时安置后,要立即开展灾区的环境整治和卫生防疫工作。如在汶川地震中,绵阳市总结出10条卫生防疫措施:统筹指挥、整合资源,医疗卫生防疫覆盖到村;统一技术方案,规范应急处置;狠抓环境整治和消杀防疫,消除疾病隐患;注重能力恢复,加强疫情监测报告和分析;现场快检与实验室监测相结合,保证饮水安全;严格食品卫生监管,防止食源性疾病发生;进行应急接种,建立免疫屏障;开展卫生学评价,控制危险因素;开展病媒生物监测,防止媒介生物孳生;广泛开展健康教育,普及救灾防病知识。

农村灾后伤残和病人较多，又存在大量的污染源和致病源。灾民安置点应建立临时医疗点，村卫生员要在乡镇卫生院和外来医疗急救队的指导下，提供村民伤残病等情况，协助做好医疗救护和防疫工作。灾民临时住所的粪便、废水、垃圾都要妥善处理，在原有的排污系统恢复前，可将垃圾集中深埋，将粪便和污染物通过沟渠引到农田，避免在住所附近堆积。死亡的畜禽要喷洒消毒液、焚烧或深埋，进行无害化处理。要组织村民对住所周围环境进行经常消毒和消灭蚊蝇。

灾后要对灾区及周围环境的生态系统进行恢复。疏浚河道，修整受损农田，选择适宜的树种草种栽植以恢复植被。在生态恢复时要特别重视加强水源保护，加强饮用水水质监测，监管居民集中点的污水排放和生活垃圾处理，防止污染地下水。山区要尽快制定水土流失控制方案。救援初期，为抢救生命打通道路或修建临时安置灾民的住所，往往来不及采取充分的保护措施，把土直接推进山间与河谷。灾后重建时要及时清理沟谷，控制水土流失。灾后还要注意野生动物生存环境的恢复，清除生存环境连通的障碍，必要时应向珍稀野生动物栖息地提供适量的食物。灾区恢复重建活动要尽量减少对野生动物栖息地的干扰。

灾害善后工作需要从以下几个方面进行。

广义的灾害善后工作包括灾损评估、灾民安置、抚恤救助、恢复生产、重建家园、环境整治、保险理赔、总结经验和奖惩处理等一系列工作。狭义的灾害善后工作主要指前文所述之外，还有因灾致死伤残人员抚恤、灾区环境整治、灾后总结经验教训、对有关人员的奖惩等。发生重大灾害时，国家规定工人、职员因工负伤被确定为残废时，完全丧失劳动力不能工作，退职后饮食起居需人扶助者，发给因工残废抚恤费，至死亡为止。工人、职员因工死亡，除发给一次性抚恤金外，还按其供养的直系亲属人数，每月付给供养直系亲属抚恤费，至受供养人失去受供养条件为止。另外还规定了革命残废军人抚恤费，革命军人牺牲、病故抚恤费，国家工作人员伤亡、病故抚恤费等。农村居民因灾死亡或伤残，由村集体给予适当抚恤，无统一标准，当地民政部门通常也给予适当救助。

重大灾害发生和平息后，灾区的企事业单位和农村集体都应该及时总结，内容包括本次灾害事故发生的原因与造成的损失，应急响应的主要做法与效果，存在的问题与经验教训，加强安全减灾能力的主要措施。在此基础上，检查薄弱环节，盘查隐患并限期采取处置措施。对原有的预案进行补充和修订，改进防灾减灾管理。对抗灾救灾中涌现出来的先进人物和事迹进行表彰和奖励，对防灾和救灾中的消极行为与失误进行批评教育，对渎职者给予必要的行政处分，对构成犯罪的应提交司法部门依法处理。

不发生重大灾害的年份，企事业单位和农村集体也应该进行年度减灾工作总结，经常对员工和村民进行减灾知识和技能的培训，盘查和及时消除隐患。每次重大灾害的发生都会暴露出不少灾害事故隐患和减灾管理中存在的问题，地方政府对抗灾救灾中的先进人物和事迹应予以表彰奖励，但不能以此掩盖减灾工作中的失误，追求虚假政绩。重大灾害过后，应及时组织相关部门和专家研讨，从管理和技术两方面进行总结，举一反三，找出薄弱环节，及时消除隐患，修订原有预案，改进减灾管理。不少省、市还组织编撰减灾年鉴，记载本地区灾害发生概况和减灾活动的效果。

10.减灾法制建设

减灾法制（legality of disaster reduction）是减灾系统工程的重要组成部分，是防灾减灾工作顺利开展的前提，是公民生命财产安全和国民经济可持续健康发展的保障。中华人民共和国成立以来，我国的减灾法制不断完善。到 2003 年，涉灾法律行政法规已超过 170 部，覆盖各种常见灾害。既涵盖灾害监测预警、应急处置，也涵盖灾害救助、赔偿补偿和恢复重建等减灾环节；既涉及灾害应对人员、财政、物资保障，也涉及通信和交通支撑。初步建立起了具有中国特色的减灾法律制度体系，基本明确了政府、企业、社会、个人各方的权利义务，做到了有法可依。在综合类立法方面，2007 年公布的《中华人民共和国突发事件应对法》将突发事件分为自然灾害、事故灾难、公共卫生事件和社会安全事件 4 大类分别加以规范。《中华人民共和国刑法》《中华人民共和国治安管理处罚法》等法律中也有与自然灾害有关的内容条款。在各灾种立法方面，针对水旱灾害、气象灾害、地质灾害、生物灾害、危险品泄漏、食品安全、公共卫生、环境灾害、海洋灾害等，分别制定了一系列法律和行政法规。相关部门还出台了大量的部门规章，地方人大和政府也出台了大量的应对各灾种的地方性法规和地方政府规章。结合防灾减灾的各阶段工作，在有关规划、普查、测绘、救助、权责等方面的法律法规中都包含有减灾方面的内容。使有关灾害治理应对的人、财、物诸方面的保障，也有了较系统的法律规范。我国还参与了一些与灾害预防、处置、救助等相关的国际条约协定。

练习题

1.防灾减灾管理过程包括哪些基本环节？

2.为什么说防灾减灾是一项复杂的系统工程？

3.防灾减灾“一案三制”建设包括哪些内容?

4.灾前要做哪些减灾工作?

5.灾后的减灾工作包括哪些内容?

6.我国的防灾减灾法制建设有哪些成就,存在哪些问题?

第二章 自然灾害与防灾减灾工程

知识脉络图

- 自然灾害与防灾减灾工程
  - 地质灾害与防灾减灾工程
    - 地质灾害概述
    - 滑坡灾害与防灾减灾工程
    - 崩塌灾害与防灾减灾工程
    - 泥石流与防灾减灾工程
    - 地面沉降与防灾减灾工程
  - 地震灾害与防灾减灾工程
    - 地震灾害概述
    - 工程抗震设计
    - 减轻地震灾害的基本对策
  - 风灾与防灾减灾工程
    - 风灾概述
    - 防风减灾对策
  - 洪灾与防灾减灾工程
    - 洪灾概述
    - 我国主要的洪水灾害
    - 防洪形势与面临的挑战
    - 防洪工程规划与设计
  - 火灾与防灾减灾工程
    - 火灾概述
    - 火灾的科学应对
    - 森林火灾与防灾减灾工程
    - 城市建筑火灾与防灾减灾工程

第一节　地质灾害与防灾减灾工程

一、地质灾害概述

自然的变异和人为的作用都可能导致地质环境或地质体发生变化，当这种变化达到一定程度时，其产生的后果便会给人类社会造成危害，称之为地质灾害，如崩塌、滑坡、泥石流、地裂缝、地面沉降、地面塌陷、岩爆、坑道涌水、瓦斯爆炸、煤层自燃、黄土湿陷、岩土膨胀、砂土液化、土地冻融、水土流失、土地沙漠化及沼泽化、土壤盐碱化以及地震、火山、地热害等。

1.地质灾害的分类

凡是与内动力地质作用、外动力地质作用、人类工程动力作用有关的自然灾害，即以岩石圈自然地质作用为主导因素形成的自然灾害都属于地质灾害。地质灾害的分类采用三级分类体系，把地质灾害按照灾类、灾型、灾种三级层次进行划分或归类。灾类为一级结构，灾型为二级结构，灾种为三级结构。

(1)地质灾害的灾类

按照致灾地质作用的性质和发生位置划分灾类，可划分为地球内动力活动灾害类、斜坡岩土体运动(变形破坏)灾害类、地面变形破裂灾害类、矿山与地下工程灾害类、河湖水库灾害类、海洋及海岸带灾害类、特殊岩土灾害类、土地退化灾害类8个类别。

(2)地质灾害的灾型

按照成灾过程的快慢划分灾型，可划分为突变型地质灾害和缓变型地质灾害两类。突然发生并在较短时间内完成灾害活动过程的地质灾害称为突变型地质灾害；发生、发展过程缓慢，随时间延续累进发展的地质灾害称为缓变型地质灾害。

突变型地质灾害包括地震灾害、火山灾害、崩塌灾害、滑坡灾害、泥石流灾害、地面塌陷灾害、地裂缝灾害、矿井突水灾害、冲击地压灾害、瓦斯突出灾害、围岩岩爆及大变形灾害、河岸坍塌灾害、管涌灾害、河堤溃决灾害、海啸灾害、风暴潮灾害、海面异常升降灾害、黄土湿陷灾害、砂土液化灾害19个灾种。

缓变型地质灾害包括地面沉降灾害、煤层自燃灾害、矿井热害、河湖港口淤积灾害、水质恶化灾害、海水入侵灾害、海岸侵蚀灾害、海岸淤进灾害、软土触变灾害、膨胀土胀缩灾害、冻土冻融灾害、土地沙漠化灾害、土地盐渍化灾害、土地沼泽化灾害、水土流失灾害 15 个灾种。地质灾害的分类如表 2-1 所示。

表 2-1 地质灾害的分类

灾　类	灾　型	灾　种
地球内动力活动灾害类	突变型	地震灾害(原生灾害、次生灾害),火山灾害
	缓变型	
斜坡岩土体运动(变形破坏)灾害类	突变型	崩塌灾害(危岩、高边坡),滑坡灾害(土体滑坡、岩体滑坡),泥石流灾害(泥流、泥石流、水石流)
	缓变型	
地面变形破裂灾害类	突变型	地面塌陷灾害(岩溶塌陷、采空塌陷),地裂缝灾害(构造地裂缝、非构造地裂缝)
	缓变型	地面沉降灾害
矿山与地下工程灾害类	突变型	矿井突水灾害、冲击地压灾害、瓦斯突出灾害、围岩岩爆及大变形灾害
	缓变型	煤层自燃灾害、矿井热害
河湖水库灾害类	突变型	河岸坍塌灾害、管涌灾害、河堤溃决灾害
	缓变型	河湖港口淤积灾害、水质恶化灾害
海洋及海岸带灾害类	突变型	海啸灾害、风暴潮灾害、海面异常升降灾害
	缓变型	海水入侵灾害、海岸侵蚀灾害、海岸淤进灾害
特殊岩土灾害类	突变型	黄土湿陷灾害、砂土液化灾害
	缓变型	软土触变灾害、膨胀土胀缩灾害、冻土冻融灾害
土地退化灾害类	突变型	
	缓变型	土地沙漠化灾害、土地盐渍化灾害、土地沼泽化灾害、水土流失灾害

2.地质灾害灾度等级

根据一次灾害事件造成的伤亡人数和直接经济损失两项指标,把地质灾害灾度等级划分为特大灾害、大灾害、中灾害和小灾害 4 级。潜在地质灾害根据直接威胁人数和灾害期望损失值也划分为相应的 4 级灾害,如表 2-2 所示。

表 2-2　地质灾害灾度等级

指　标		特大灾害（Ⅰ级灾害）	大灾害（Ⅱ级灾害）	中灾害（Ⅲ级灾害）	小灾害（Ⅳ级灾害）
伤亡人数	死亡/人	>100	10~100	1~10	0
	重伤/人	>150	20~150	5~20	<5
直接经济损失	/万元	>1 000	500~1 000	50~500	<50
直接威胁人数	/人	>500	100~500	10~100	<10
灾害期望损失	/万元	>5 000	1 000~5 000	100~1 000	<100

在地质灾害等级划分中，地质灾害直接经济损失是指地质灾害发生过程中直接造成的现场经济损失。强调的是直接致灾原因，是地质灾害且经济损失发生在即时即地。地质灾害期望损失则是基于地质灾害发生概率计算出来的、在相当长时期内的年平均经济损失值。它不是实际发生的灾害经济损失，而是预测的经济损失。其计算公式为

$$S_q = \sum_{i=1}^{n} \sum_{j=1}^{k} G_{ij} J_{ij} J_i L_{ij}$$

式中，S_q为地质灾害期望损失；i 为受灾害事件危害的受灾体类型；j 为受灾体损毁程度等级；G_{ij}为评价区第 i 类受灾体遭受一定强度灾害危害后发生 j 级破坏的概率；J_{ij}为第 i 类受灾体发生 j 级破坏情况下的价值损失率；J_i为第 i 类受灾体的平均单价；L_{ij}为第 i 类受灾体发生 j 级破坏的数量。

在地质灾害等级划分中，伤亡人数和直接经济损失两项指标在地质灾害发生后确定灾情时使用。直接威胁人数和灾害期望损失两项指标在潜在地质灾害（尚未成灾的）防治分级时使用。

根据地质灾害动力活动的强度划分地质灾害灾变等级，主要用于地质灾害勘查、防治项目立项与设计以及项目管理。

地质灾害分级的原则是就高不就低，灾变界限值只要达到上一档次的下限时即定为上一档次灾害；只要灾变界限值中伤亡人数或直接经济损失有一项指标达到高档次，则按高档次定名灾害的级别。

二、滑坡灾害与防灾减灾工程

（一）滑坡灾害

滑坡（landslide）是指斜坡上的土体或者岩体受河流冲刷、地下水活动、地震及人工切坡等因素的影响，在重力作用下，沿着一定的软弱面或软弱带，整体或分散地顺

坡向下滑动的自然现象。滑坡的产生是斜坡上一部分岩土体的滑动力超过抗滑力的结果。滑动力一般由滑动面以上的斜坡外形决定,抗滑力则取决于滑动带泥土的抗剪强度。这种抗剪强度不仅受地质(岩性和构造)和地形地貌条件的影响,降雨、冲刷、振动或其他人为作用等外界因素及其变化都对滑坡的发生起着重要作用。一般来说,地质结构和地形地貌是内在条件,降雨、地震、冲刷等属于外部诱发因素。滑坡的发生也与组成斜坡的岩石和泥土的性质密切相关。

滑坡在我国每年造成数百至上千人的死亡,摧毁滑坡体下的村庄、房屋、水利和交通设施,掩埋矿区和耕地,破坏植被,并造成严重的水土流失。沿江发生的大滑坡还有可能形成堰塞湖,一旦溃决,下泄的洪水还严重威胁着下游人民的生命财产。

滑坡的空间分布主要与地质和气候等因素有关。通常下列地带是滑坡的易发和多发区:江、河、湖(水库)、海、沟的岸坡地带,地形高差大的峡谷地区,山区、铁路、公路、工程建筑物的边坡地段等;地质构造带中的断裂带、地震带等;易滑坡的岩、土分布区如松散覆盖层、黄土、泥岩、页岩、煤系地层、凝灰岩、片岩、板岩、千枚岩等;暴雨多发区或异常的强降雨地区。我国滑坡的地理分布以大兴安岭—太行山—巫山—雪峰山为界,东部滑坡分布较稀,西部滑坡分布较密集;又以大兴安岭—张家口—榆林—兰州—昌都一线为界,其东南部滑坡密集,西北部滑坡较稀;两线间为滑坡分布密集区,尤以秦岭—川西—滇西山地为极密集区。滑坡灾害频次最高的是四川省,约占全国同类灾害的25%。其次是陕西、云南、甘肃、青海、贵州等省,其中,四川、陕西、云南3省的滑坡、崩塌灾害占全国同类灾害的55.4%。

(二)滑坡灾害防治措施

整治滑坡的措施大体上分为两种情况:一是针对病因采取的措施,以制止滑动或控制滑坡发展为主;二是针对危害采取的措施。要避开滑坡危害,两者均须明确滑坡变形产生的基本条件、主要原因和变形过程,然后才能针对病因采取整治措施。对大型崩塌性滑坡集中地段,在选线中应以绕避为主。对一般的滑坡应迅速查清其性质和原因,一次性根治不留后患。对大型复杂的滑坡群,短期内不易彻底查清其性质的,应分期连续整治,先采取稳定坡体的临时措施,如地面排水或恢复山体平衡,包括减重或部分支撑等,在查清性质后应采取果断措施予以根治。

滑坡治理措施种类繁多,内容丰富,但均有局限性。不同的治理措施,工程效果和经济效益各异。主要的滑坡治理措施有以下几种。

1.绕避

在明确滑坡的前提下,选线选址时应做好方案比选。如果绕避比整治滑坡更具有经济技术合理性,那么应采取绕避。如成昆铁路沿线已发生的老滑坡106处,经比选后绕避80处,整治通过26处。在必须从滑坡附近通过时,应按照先后缘和前缘,后中间的顺序进行选线选址。后缘安全性大,整治工程小;前缘则应选择从缓坡滑面段上部通过;不得已时再从中部通过。

2.排水

排水措施的目的在于减少水体进入滑坡体内以及疏干滑坡体内的水,以减少滑坡的下滑力,其主要措施有以下几种。

(1)隧洞排水

可以利用洞探加工成排水隧洞。洞底设置在滑面以下的稳定地层中并做好底板隔水设计施工,其上做拱形衬砌并预留与排水孔相连的集水孔,或干砌不易软化的片块石做成排水盲洞。铁路部门普遍采用此技术,但多因滑坡或滑动造成破坏而失效,如熊家河滑坡,水害检查时发现底板和拱都被压破损失效,故没有改变滑坡逐步加速滑动的趋势。熊家河滑坡的排水设计施工如改用既抗滑又排水的抗滑排水锚洞是完全可行的,苏家坪滑坡曾有此措施方案构思,但因工程量远比其他抗滑工程大,施工困难,排水集水孔钻孔困难,最终也没有采用。

(2)钻孔排水

钻孔排水措施在国外已广泛使用,我国因成孔技术问题尚待推广。成昆铁路甘落老滑坡利用此种排水技术,已正常运营20多年无变形迹象。

(3)支撑盲沟

支撑盲沟措施是广泛采用的措施,设计施工时要从滑面以下稳定地层起明挖至地面,做好底部隔水处理,回填不易软化的块片石,使其既抗滑又排水。本措施只适用于浅层小型滑坡,特别对处理风化带滑坡具有较大效力。

3.削方减载

削方减载是把滑体清除,自然消除滑坡,这一原理较简单。我国劳动力资源丰富,故此措施在20世纪50年代广为采用,形式是以削方为主、辅以排水和局部支挡工程。但结果是许多大中型滑坡都发生了复活,其中,有宝成铁路小楚坝滑坡、车家山滑坡、小小坝滑坡等大型滑坡,20世纪50年代均减重近50%,1981年水害时均发生复活,之后又以抗滑桩和明洞进行整治。也有一些成功的,主要是地质环境较好的滑坡和浅小型滑坡。后来较少采用此措施整治滑坡,且对削方减载的条件有所要求:

1)要具备削方减载的地质环境条件。主要是滑坡周围地质稳定,不因削方引起新的塌方滑坡,恶化地质环境。

2)削方后要具有利于排水的条件,不因削方而导致地表水汇集。

3)要有弃方场地,不占好地,不因弃方污染环境而导致新的滑坡泥石流。现在购地造价高,环保要求高,往往会形成削方造价高于其他抗滑工程。

4.抗滑工程

抗滑工程种类较多,常用的抗滑工程措施是挡土墙,适用于一般地区、浸水区和地震区。墙身可采用石砌体、混凝土块砌体、片石混凝土或混凝土,基础必须置于滑面以下的稳定地中,墙背以良好填料填筑。挡土墙挖基工程较大,极易诱发滑坡,施工时需严格跳槽开挖,同时基础深度必须可靠。此类工程时有失稳事例发生,其原因主要是基础埋置过浅,滑坡绕墙基复活。

三、崩塌灾害与防灾减灾工程

(一)崩塌灾害

崩塌(又称为崩落、垮塌或塌方)(collapse)是较陡斜坡上的岩土体在重力作用下突然脱离山体崩落、滚动、堆积在坡脚(或沟谷)的地质现象。崩塌的物质称为崩塌体。崩塌体为土质者称为土崩;崩塌体为岩质者称为岩崩;大规模的岩崩称为山崩。

崩塌是山体斜坡地段的一种表生动力地质作用。崩塌的发育分布及其危害程度与地质环境背景条件、气象水文及植被条件、经济与工程活动及其强度有着极为密切的关系。其中,新构造运动是内因,不良气候条件是主要的诱发因素,不合理的人类经济或工程活动使得地质灾害的发生频率和成灾强度不断增高。它们的形成需有特定的地质条件,即一定是斜坡临空面易于滑动的岩、土体,有软弱结构面及地下水沿软弱面不断活动等基本地质条件。另外,还需要有一些常常导致崩塌发生的影响因素,如灾害性降雨、地震和人工活动等。

崩塌在我国分布非常广泛。我国西南山区和青藏高原东南部是滑坡、崩塌发生的重灾区,其中,四川是我国发生滑坡、崩塌次数最多的省份,约占全国滑坡、崩塌总数的1/4,其次是陕西、云南、甘肃、青海、贵州、湖北等省份,它们是我国滑坡、崩塌的主要分布区域。如果以秦岭—淮河一线为界,南方多于北方且差异性明显;以大兴安岭—太行山—云贵高原东缘一线为界,西部多于东部,差异性也很明显。以上川、陕、滇、甘、青、黔、鄂诸省份则是这两条界线共同划分的重叠区,即崩塌的主要分布区。

(二)崩塌灾害的防治措施

崩塌灾害的防治措施一般采用以防为主的原则。在选线时,应注意根据斜坡的具体条件,对有可能发生大中型崩塌的地段,有条件避绕时宜优先选择避绕方案。只有小型崩塌，才能防止其发生。

崩塌落石一般只涉及少数不稳定的岩块，它们通常并不改变斜坡的整体稳定性，也不会导致有关建筑物的毁灭性破坏。因此，防止崩塌落石造成道路中断、建筑物破坏和人身伤亡是整治崩塌的最终目的。也就是说，防治的目的并不一定要阻止崩塌落石的发生，而是要防止其带来危害。因此，根据崩塌危害的特点，其防治工程措施可分为防止崩塌发生的主动防治和避免崩塌造成危害的被动防治两种类型，如图2-1所示。

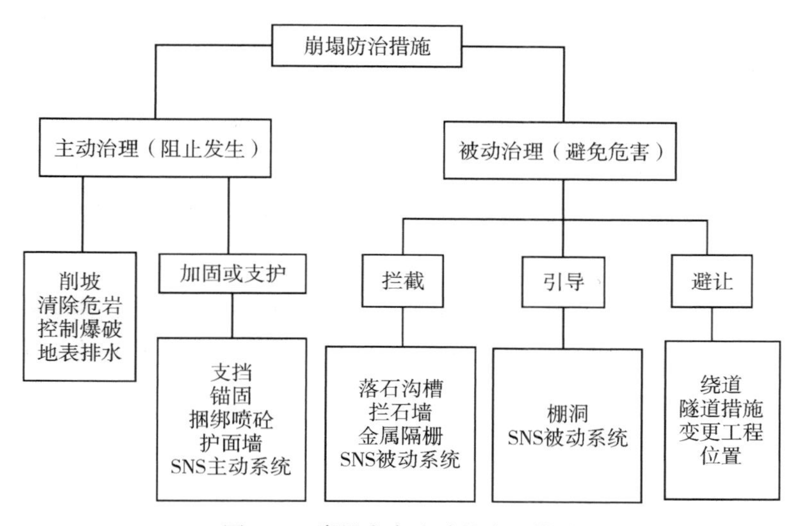

图 2-1　崩塌灾害防治的主要措施

从主动防治和被动防治两个方面，可采取如下具体防治措施。

1）支撑。支撑是指对悬于上方、以拉断形式坠落的悬臂状或拱桥状等危岩，采用墩、柱、墙或其组合形式支撑加固，达到治理的目的。

2）填充。填充是对软弱夹层风化形成的岩腔进行填充，以起到防止进一步风化和支撑的作用。

3）锚固。在裂隙较为密集的卸荷裂隙区和危岩区，清除部分危岩体，用锚杆加挂网来锚固危岩体，以达到减缓卸荷裂隙的产生和卸荷裂隙区的扩展，达到加固已经形成的危岩体的目的。这是防治崩塌最常用的方法，也是适用性最普遍的方法。在设计加固工程时，要充分考虑边坡岩体的结构与裂隙面的特征和卸荷裂隙的扩展特征。将卸荷裂隙扩展的牵引带作为重点加固区，布置锚固工程（图 2-1）。牵引区加固后可以阻止或减缓扩展区卸荷裂隙的扩张以及卸荷裂隙区的扩展。

4）护坡、削坡。护坡是对于破碎岩体坡面，采用喷射混凝土的方式进行加固。削坡是指对危岩体上部削坡,减轻上部荷载,增加危岩体的稳定性。削坡减载的费用比锚固和灌浆的费用小得多,但有时会对斜坡下方的建筑物造成一定损害,同时也破坏了自然景观。

5)清除。对于规模小、危险程度高的危岩体,通常采用爆破或手工方式,彻底消除崩塌隐患,防止造成灾害。

6)遮挡。采用明洞或棚洞防治,一方面可遮挡崩落的石块,另一方面可加固边坡下部而起到稳定和支撑的作用,一般适用于中小型崩塌。

7)拦截。在危岩带下方的斜坡大致沿等高线修建拦石墙,以拦截上方危岩掉落石块。拦石墙可以是刚性的,也可以是柔性的。

8)线路绕避。对于可能发生大规模崩塌的地段,即使采用坚固的建筑物进行加固,也经受不了大型崩塌的破坏,铁路或公路等基础设施建设必须设法绕避。根据当地的具体情况或绕到河谷对岸、远离崩塌体,或移至稳定山体内以隧道方式通过。

9)辅助治理措施。辅助治理措施主要有:排水,修建完善的地表排水系统,将地表径流汇集起来,通过排水沟系统排出坡外;灌浆勾缝,封闭裂缝粘接结构面,增强岩体的完整性并防止外界环境对岩体强度的弱化。

四、泥石流与防灾减灾工程

(一)泥石流灾害

泥石流(mud-rock flow)是指山区沟谷由暴雨、冰雪融水等水源激发,形成含有大量泥沙、石块的特殊洪流。典型的泥石流一般由形成区、沟通区和堆积区 3 部分组成。

泥石流的形成必须同时具备 3 个条件:便于集水集物的陡峻地形地貌;丰富的松散固体物质;短时间内有大量水源。丰富的松散固体物质和一定的坡度是泥石流形成的内在因素,坡度太陡,风化物难以积累;坡度太小,下泄的重力小于摩擦力,也不易发生,通常发生泥石流的沟谷坡降在 5%~40%。一定强度的降雨是激发泥石流的外在动力因素。地形和降雨均属自然因素,而丰富的松散固体物质除与地质、气候等自然因素有关外,还与人类活动密切相关。地质条件及地形条件是缓变条件,而强降水则是突变条件。

我国泥石流的分布明显受地形、地质和降水条件的控制,集中分布在两个带上:一个是青藏高原及次一级的高原与盆地之间的接触带;另一个是上述高原、盆地与东部低山丘陵或平原的过渡带。我国发生泥石流规模大、频率高、危害严重的地区主要有:滇西北、滇东北山区;川西地区;陕南秦岭—大巴山区;西藏喜马拉雅山地区;辽东南山地区;甘南及白龙江流域。

泥石流的危害与滑坡相似,对山区村镇、交通设施、矿山、耕地和植被的危害极大。

(二)泥石流灾害防治措施

治理泥石流常用的措施包括工程措施和生物措施,两者结合称为综合措施。

1.生物措施

采用植树造林、种植草皮及合理耕种等方法,使流域内形成一种多结构的地面保护层,以拦截降水,增加入渗及汇水阻力,保护表土免受侵蚀。当植物群落形成后,不仅能防治泥石流,而且还改变了水分和大气循环,对当地农业、林业都有好处。

2.工程措施

工程措施主要有蓄水、引水工程,支挡工程,拦截泥石流措施等。

(1)蓄水、引水工程

蓄水、引水工程包括调洪水库、截水沟和引水渠等。工程建于形成区内,其作用是拦截部分或大部分洪水、削减洪峰,以控制暴发泥石流的水动力条件,同时还可灌溉农田、发电或供生活用水等。大型引水渠应修建稳固而矮小的截流坝作为渠首,避免经过崩塌地段,应从崩塌的后缘外侧通过。

(2)支挡工程

支挡工程主要有挡土墙、护坡等。在形成区内崩塌、滑坡严重地段,可于坡脚处修建挡墙或护坡,以稳定斜坡。此外,当流域内某地段因山体不稳,树木难以“定居”时,应先辅以建筑物稳定山体,生物措施才能有效。

(3)拦截泥石流措施

拦截泥石流措施主要用于修建拦挡坝。拦挡坝基本有两种类型:一种是高坝,它有比较大的库容,能保证发生最大泥石流时全部拦蓄。当坝体逐渐淤满物质时,予以清除或将坝体加高。此种坝体按水库设计,修建有溢洪道,在我国黄土地区修建较多,称为拦泥库。另一种为低坝,也称为砂坊、谷坊或埝,这种坝体高度较小,泥石流直接从坝面流过。

泥石流沟谷中坝体下游冲刷剧烈,在堆积物上的孤立坝体很容易被冲垮,因而拦挡坝一般都成群建筑,并由下游坝回淤的泥沙来保护上游坝体。因此,要正确选择坝与坝之间的距离。拦挡坝的间距由坝高及回淤坡度决定。在布置时可先确定坝的位置,然后计算坝的冲击高度。也可先决定坝高,再计算坝的间距。为降低拦挡坝工程造价及便于修筑，一般都是修建3~5m高的堤坝。主要采用砂浆砌块石重力坝、干砌块石坝、混凝土拱坝、格栅坝和护面土坝等形式的拦挡坝拦截泥石流。

(4)泥石流排导措施

泥石流排导措施主要包括排导沟、渡槽、急流槽、导流堤等，多建在流通区和堆积区。最常见的排导工程是设有导流堤的排导沟(泄洪道)。它们的作用是调整流向，防止漫流，以保护附近的居民点、工矿点和交通线路。

(5)储淤工程

储淤工程包括拦淤库和储淤场。前者设置于流通区，就是修筑拦挡坝，形成泥石流库。后者一般设置于堆积区后缘，工程通常由导流堤、拦淤堤和溢流堰组成。它们的作用是在一定期限内、一定程度上将泥石流固体物质拦挡、储存在指定地段或山区居民点，从而削减下泄的固体物质总量及洪峰流量。

3.综合措施

在泥石流防治中，最好采用生物措施和工程措施相结合的办法，这种方法称为综合措施。这样既可做到当年见效，又可在较短时间内防止泥石流的发生。

五、地面沉降与防灾减灾工程

(一)地面沉降灾害

地面沉降和地裂缝属于缓变型地质灾害，主要发生在平原。地面沉降(landsink)是在自然和人为因素的作用下，由于地壳表层土体压缩导致的区域性地面标高降低的现象。地面沉降通常发生在现代冲积平原、三角洲平原和断陷盆地，成灾面积大且难以治理。

按照发生地面沉降的地质环境可将沉降地质分为3种类型：现代冲积平原型，如我国东部的几个大平原；三角洲平原型，如长江三角洲的常州、无锡、苏州、嘉兴、萧山等城市；断陷盆地型，又分为近海式和内陆式两类。近海式是指滨海平原，如宁波；内陆式是湖冲积平原，如西安市和大同市。

地质条件是发生沉降的基础，但诱发沉降的原因主要是由于人类活动，尤其是大量开采地下水而导致地面沉降。我国发生地面沉降的地区，地下含水层主要由中砂、细砂和粉细砂组成，很少有粗砂，尤其是滨海平原的含水层颗粒较细，含水性能较差。在自然条件下，含水砂层空隙充满水，与周围岩层基本处于压力平衡状态。当含水砂层中的水被部分或全部抽取后，周围岩层的压力将高于含水砂层并挤压使其体积缩小。软土层的排水固结所发生的是永久性形变，不可恢复，是造成地面沉降的主要原因。

（二）地面沉降灾害防治措施

1.地面沉降勘察

地面沉降勘察有两种情况：一是勘察地区已发生了地面沉降，二是勘察地区有可能会发生地面沉降。两种情况的勘察内容是有区别的。对于前者，主要是调查地面沉降的原因，预测地面沉降的发展趋势并提出控制和治理方案；对于后者，主要是预测地面沉降的可能性和估算沉降量。

地面沉降勘察内容包括地面沉降量观测、地面沉降水准测量和对已发生地面沉降地区的调查3个方面。

（1）地面沉降量观测

地面沉降量观测是以高精度的水准测量为基础的。由于地面沉降的发展和变化一般都较缓慢，用常规水准测量方法已满足不了精度要求，因此地面沉降观测应能满足专门的水准测量精度要求。

（2）地面沉降水准测量

进行地面沉降水准测量时一般需要设置3种标点，即基准标、地面沉降标和分层沉降标。基准标也称为背景标，设置在地面沉降所不影响的范围，作为衡量地面沉降基准的标点；地面沉降标用于观测地面升降的地面水准点；分层沉降标用于观测某一深度处土层的沉降幅度的观测标。地面沉降水准测量的方法和要求应按照现行国家标准《国家一、二等水准测量规范》（GB12897—1991）规定执行。一般在沉降速率大时用二等精度水准，沉降缓慢时用一等精度水准。

（3）对已发生地面沉降地区的调查

对已发生地面沉降地区进行调查研究，其成果可综合反映到以地面沉降为主要特征的专门环境地质分区图上，从该图可以看出地下水的开采量、回灌量、水位变化、地质结构与地面沉降的关系。

2.地面沉降监测

对可能发生地面沉降的地区，主要是要预测地面沉降的发展趋势，即预测地面的沉降量和沉降过程。国内外有不少资料对地面沉降提供了多种计算方法，归纳起来大致有理论计算方法、半理论半经验方法和经验方法3种。由于地面沉降区地质条件和各种边界条件的复杂性，采用半理论半经验方法或经验方法，经实践证明是较简单实用的计算方法。通常采用的地面沉降监测方法有以下几种。

1）在地面沉降区或研究区内布设水准测量点定期进行测量，监测地面沉降的变形。

2)监测含水层地下水的抽排量、回灌量及地下水位的变化,观测地面沉降。

3)用室内试验(常规试验、微观结构研究、高压固结、三轴剪切、长期流变、孔隙水压力消散、室内模型试验等)和野外试验(抽水试验、回灌试验、静力触探等),探索地面沉降的发生、发展规律,并运用试验取得的数据进行经验性、理论性预测。

4)在地面沉降区及附近设立相对沉降、孔隙水压力和基岩等标志,监测各勘察地区岩土层和含水层的变形及地下水位的动态变化。

3.地面沉降防治措施

地面沉降在经济发达地区可能会导致基础建设下部受损,造成严重的经济、财产损失。最具有代表性的地面沉降是由人为原因造成的,由于人为抽取地下水,导致含水层系统受压缩而产生地面沉降。针对这种情况,必须采取措施减少地下水的使用量,增加地面水补给。因此,随时正确监测地面和地下水位沉降,并提供标准的数据对于预测和预报地面沉降至关重要。我国虽然对地面沉降提出了工程和非工程两大类措施,但是并没有形成系统性的防治方法。美国地质调查局的精度研究员根据地面沉降的特点以及实际情况,采用以下几种方法来减缓地面沉降的速度并修复地面沉降,把损失降到最低。

(1)含水层存储和修复技术

为了满足供水和改善水质的要求,含水层存储和修复技术在美国各州得以广泛应用。在圣克拉拉山谷,目前需水量仍然很大,但由于地表水的引入,回灌得以实施,使得地下水抽汲量减少,从而防止了地下水位的继续下降。另外,该区水资源管理局在当地的河流上建立了 5 个蓄水坝用以收集雨水,这样就增加了河水对流经区地下水的补给。这个地区是美国第一个被发现也是第一个采取有效措施并在 1969 年前后终止沉降的地区。同样的情况还有美国亚利桑那州的中南部,通过引入科罗拉多河的河水,减少了地下水的需求强度,从而缓解了地面沉降。

(2)转变土地使用类型

为了防止地面沉降,将土地使用由农业用地型向城市用地型转变,以降低需水强度,防止地下水位的进一步下降。美国佛罗里达州的泥沼区使用这种方法防止有机土的进一步分解,减缓有机质氧化的速度,使地面发生沉降的速度降低,地基更加稳定。

(3)节水

利用含水层组储藏和运输地下水要优于造价高昂的地表蓄水和输水系统。美国研究人员采用先进合理的地下水运输方法，做出地下水使用的远景规划。节水是制止地面沉降的一项重要措施，例如，美国圣琼斯地区，目前人均用水量只有1920年的1/5，远低于过去作为农业用地时的用水量。

（4）加固堤防

对沿海城市进行海岸加固，建造堤防防止洪水泛滥和海水入侵。例如，在美国加利福尼亚州境内三角洲地区，大面积的人工堤坝及人工岛有效地保护了这个三角洲，使之免遭海水的入侵，同时还维持了有利的淡水坡度，保护了淡水源。

（5）立法保护地下水

美国对地下水的使用进行立法，使水资源有一个合理的使用环境。如在美国圣克拉拉山谷成立了一个专门的水资源管理机构来管理该区的水，使地表水和地下水得到了长期有效的综合利用。美国许多地区甚至采取法制措施来防治地面沉降，例如，1980年通过了《亚利桑那地下水管理法案》。其基本目标是加强对已衰竭含水层组的管理，把有限的地下水资源进行最合理的分配，开发新的水资源供应来增加亚利桑那的地下水资源。

（6）减少落水洞产生的影响

美国已有的案例表明，落水洞的活动与地下水的抽取有直接关系，控制地下水位的波动可以防止落水洞的形成。例如，美国佛罗里达西南水资源管理区与其他水资源机构通力合作，设立了佛罗里达中西部地下水的临界水位。最低水位的提出将会改良一些诱发条件，减少落水洞产生的影响。

第二节　地震灾害与防灾减灾工程

一、地震灾害概述

地震和火山喷发都是地球构造运动引起的地质巨灾，对人类生命财产的危害极大。

地震（earthquake）是地壳的一种运动形式，是地球内部介质局部发生急剧破裂而产生的震波，在一定范围内引起地面振动的现象。地球表面板块之间相互挤压碰撞，造成板块边沿及板块内部产生错动和破裂，是引起地面震动（即地震）的主要原因。地震的空间结构包括震源、震中、震中距和地震波。根据地震的形成原因，可分为构造地震、火山地震、陷落地震和诱发地震 4 种类型，绝大多数地震属于构造地震。

我国地震活动主要分布在 5 个地区的 23 条地震带，如表 2-3 所示。华北地震区，主要在太行山两侧、汾渭河谷、阴山—燕山一带、山东中部和渤海湾；华南地震区，包括沿海的广东、福建等地；西北地震区，主要在甘肃河西走廊、青海、宁夏、天山南北麓；西南地震区，主要是西藏、四川西部和云南中西部；台湾地震区主要分布在台湾岛及其附近海域地区。

表 2-3 中国的地震区与地震带

地震区	地震带
华北地震区	郯城—营口地震带，华北平原地震带，汾渭地震带，银川—河套地震带
华南地震区	东南沿海外带，东南沿海内带，右江地震带，雪峰—武夷地震带
西北地震区	阿尔泰—戈壁阿尔泰地震带，北天山地震带，南天山地震带
西南地震区	喜马拉雅山地震带，那加山—阿拉干山地震带，怒江—萨尔温江地震带，冈底斯—唐古拉山地震带，可可西里—金沙江地震带，柴达木地震带，阿尔金—祁连山地震带，西昆仑地震带
台湾地震区	台西地震带，钓鱼岛—赤尾屿地震带

发生地震时，地球内部岩层破裂引起振动的地方称为震源，垂直向上到地表的距离称为震源深度。震源深度在 60km 以内的地震为浅源地震；震源深度在 60～300km 的地震为中源地震；震源深度在 300km 以上的地震为深源地震。震源在地表水平面上的垂直投影称为震中。地面上的任一点到达震中的距离称为震中距，震中距越小，影响或破坏越重。

按照与震中的距离，震中距小于 100km 的地震为地方震，100～1 000km 为近震，大于 1 000km 为远震。

地震波是一种弹性波，包括体波和面波。体波又分为纵波和横波。纵波的传播速度最快，会引起地面上下颠簸；横波的传播速度较慢，但影响范围更大，可使地面水平晃动，破坏力大。纵波一般先于横波几十秒到一两分钟到达震区，震区居民可利用这个间隔期迅速决定应采取的措施。

震级是表征地震强度大小的等级，根据所释放的地震波能量大小来确定。国际通用的里氏震级共分 9 个等级，每增大一级，释放的能量增大 32 倍。按震级大小分为弱震(<3 级),有感地震(≥3 级且≤4.5 级),中强震(>4.5 级且<6 级)和强震(≥6 级)。大于等于 8 级的地震又称为巨大地震。

烈度是指地震发生后对地面和建筑物的影响与破坏程度。通常震级越高,震源越浅,离震中越近,地层构造越不稳定(尤其是地质断裂带),烈度越大。我国位于环太平洋和地中海—喜马拉雅等全球两大地震带交汇部,是世界上地震灾害十分频繁和严重的国家。

二、工程抗震设计

(一)建筑抗震设防的目的和要求

工程结构抗震设防的基本目的就是在一定的经济条件下,最大限度地限制或减轻工程结构的地震破坏,避免人员伤亡,减少经济损失。为实现这一目的,近年来许多国家和地区的抗震设计规范将“小震不坏、中震可修、大震不倒”作为工程结构抗震设计的基本准则。我国《建筑抗震设计规范》(GB50011—2010)明确提出了 3 个水准的抗震设防要求。第一水准:当遭受低于本地区抗震设防烈度的多遇地震影响时,主体结构不受损坏或不需修理可继续使用;第二水准:当遭受相当于本地区抗震设防烈度的设防地震影响时,可能发生损坏,但经一般性修理仍可继续使用;第三水准:当遭受高于本地区抗震设防烈度的罕遇地震影响时,不至于倒塌或发生危及生命的严重破坏。另外,使用功能或其他方面有专门要求的建筑,具有更高的抗震设防要求。

(二)建筑抗震设防的分类和设防标准

1.建筑抗震设防的分类

破坏所造成的后果不同,因此有必要对不同用途的建筑物采取不同的设防标准。我国《建筑工程抗震设防分类标准》(GB50223—2008)将建筑物按其用途的重要性分为 4 类:甲类建筑指重大建筑工程和地震时可能发生严重次生灾害的建筑,这类建筑的破坏会导致严重后果,须经有国家规定的批准权限部门批准;乙类建筑指地震时使用功能不能中断或需尽快恢复的建筑,如城市中的生命线工程,一般包括供水、供电、交通、消防、通信、救护、供气、供热等系统的核心建筑;丙类建筑指一般建筑,包括除甲、乙、丁类建筑外的一般工业与民用建筑;丁类建筑指次要建筑,包括一般仓库、人员较少的辅助建筑物等。

2.各抗震设防类别建筑的设防标准

1)甲类建筑。地震作用应高于本地区抗震设防烈度的要求,其值应按批准的地震安全性评价结果确定。当抗震设防烈度为 6~8 度时,应符合本地区抗震设防烈度提高1度的要求;当抗震设防烈度为9度时,应符合比9度抗震设防更高的要求。

2)乙类建筑。地震作用应符合本地区抗震设防烈度的要求。一般情况下,当抗震设防烈度为6~8度时,应符合本地区抗震设防烈度提高1度的要求;当抗震设防烈度为9度时,应符合比9度抗震设防更高的要求。对较小的乙类建筑,当其结构改用抗震性能较好的结构类型时,应允许仍按照本地区抗震设防烈度的要求采取抗震措施。

3)丙类建筑。地震作用和抗震措施均应符合本地区抗震设防烈度的要求。

4)丁类建筑。一般情况下,地震作用仍应符合本地区抗震设防烈度的要求。应允许比本地区抗震设防烈度要求适当降低,但抗震设防烈度为6度时不应降低。抗震设防烈度为6度时,除按《建筑抗震设计规范》(GB50011—2010)的具体规定外,对乙、丙、丁类建筑可不进行地震作用计算。

(三)建筑抗震的设计方法

在进行建筑抗震设计时,我国通过简化的两阶段设计方法来实现。

1.第一阶段设计

采用第一水准烈度的地震动参数,计算出结构在弹性状态下的地震作用效应,与风、重力等荷载效应组合,并引入承载力抗震调整系数,进行构件截面设计,从而满足第一水准的强度要求;同时,采用同一地震动参数计算出结构的弹性层间位移角,使其不超过规定的限值。另外,应采用相应的抗震结构措施,以保证结构具有相应的延性、变形能力和塑性耗能能力,从而自动满足第二水准的变形要求。

2.第二阶段设计

采用第三水准烈度的地震动参数,计算出结构的弹塑性层间位移角,满足规定的要求,并采取必要的抗震构造措施,从而满足第三水准的防倒塌要求。

(四)抗震概念设计

1.建筑抗震概念设计的定义

建筑抗震概念设计(seismic concept design of buildings)是指根据地震灾害和工程经验等形成的基本设计原则和设计思想,进行建筑和结构总体布置并确定细部构造的过程。概念设计的依据是震害和工程经验所形成的基本设计原则和思想,设计内容包括建筑场地的选择、建筑体形、结构体系布置和抗震构造设计等。

2.建筑抗震概念设计的内容

建筑抗震概念设计的内容一般包括建筑场地选择、建筑形状选择、抗震结构体系选择、结构构件选择、非结构构件选择等几部分。

(1)建筑场地选择

大量的震害经验表明,建筑场地的地质条件和地形对建筑物的震害存在显著的影响。因此,建筑场地的选择对于建筑物的抗震具有十分重要的影响,一般通过场地选择和地基处理来减轻地震灾害和对建筑物的破坏。对于场地选择的基本原则可以概括为:选择有利地段,避开不利地段,不在危险地段建造甲、乙和丙类建筑。一般认为,对于抗震有利的地段是指地震时地面没有残余变形的坚硬或开阔、平坦、密实、均匀的硬土范围或者地区;对于抗震不利的地段是指可能产生明显的残余变形或者地基失效的某一范围或者地区;危险地段是指可能发生严重的地面残余变形的某范围或地区。如果必须在不利地段和危险地段进行工程建设,那么应该采取必要的措施,例如,进行详细的场地勘察和场地评价,并采取必要的抗震设计措施加以保证。《建筑抗震设计规范》(GB50011—2010)对于建筑的有利地段、不利地段和危险地段给出了明确的规定,表 2-4 对于建筑场地的选择具有重要的指导意义。

表 2-4 建筑的有利地段、不利地段和危险地段

类　型	规　定
有利地段	稳定基岩、坚硬土,开阔、平坦、密实、均匀的中硬土
不利地段	软弱土,液化土,条状突出的山嘴,高耸孤立的山区,非岩质陡坡,河岸和边坡边缘,岩性、状态明显不均匀的土层等
危险地段	地震时可能发生滑坡、崩塌、地陷、地裂、泥石流等,地震断裂带上可能发生地表位错的部位

为了考虑建筑场地对于结构抗震的影响,仅仅对建筑场地进行上述简单的类型划分并不能反映建筑场地的实际情况。通常必须将建筑场地按照某些指标或者描述进行划分,以便在建筑抗震设计中采取合理的设计参数和有关的抗震构造措施。建筑场地的覆盖层厚度,一般情况下是按照地面到剪切波速大于 500m/s 的土层的顶面距离来确定的。但是,当地面 5m 以下存在剪切波速大于相邻上层土层剪切波速 25 倍的土层,且其下岩土的剪切波速均不小于 400m/s 时,可按地面到该土层顶面的距离确定。对于剪切波速大于 500m/s 的孤石透镜体应视同周围体,土层的火山岩硬夹层应视为刚体,其厚度计算应从覆盖层厚度中扣除。土层剪切波可以通过对建筑场地的地质勘查测量确定,也可以根据经验按照土的类型(表 2-5)确定。

表 2-5 土的类型划分和剪切波速的范围

土的类型	岩土名称和性状	土层剪切波速(u_s)范围/(m/s)
岩石	坚硬、较硬且完整的岩石	$u_s>800$
坚硬土或软质岩石	破碎和较破碎的岩石或软和较软的岩石,密实的碎石土	$800\geqslant u_s>500$
中硬土	中密、稍密的碎石土,密实、中密的砾、粗、中砂,*fak*>150 的黏性土和粉土,坚硬黄土	$500\geqslant u_s>250$
中软土	稍密的砾、粗、中砂,除松散的细、粉砂,*fak*≤150 的黏性土和粉土,*fak*>130 的填土,可塑新黄土	$250\geqslant u_s>150$
软弱土	淤泥和淤泥质土,松散的砂,新近沉积的黏性土和粉土,*fak*≤130的填土,流塑黄土	$u_s\leqslant 150$

注:*fak* 为由载荷试验等方法得到的地基承载力特征值,u_s为岩土剪切波速。

关于局部地形条件的影响,从国内几次大地震的宏观调查资料来看,岩质地形与非岩质地形有所不同。对云南通海地震的大量宏观调查结果表明,非岩质地形对烈度的影响比岩质地形的影响更为显著。如通海和东川的许多岩石地基上很陡的山坡,震害也未见有明显的加重。因此,对于岩石地基的陡坡、陡坎等,规范中未列为不利地段;但对于岩石地基高度达数十米的条状突出的山脊和高耸孤立的山丘,由于鞭鞘效应明显,震动有所加大,烈度仍有增高的趋势。

(2)建筑形状选择

建筑形状关系到结构的体形,结构体形对建筑物抗震性能有明显的影响。震害表明,形状比较简单的建筑在遭遇地震时一般破坏较轻,这是因为形状简单的建筑受力性能明确,传力途径简捷,设计时容易分析建筑的实际地震反应和结构内力分布,结构的构造措施也易于处理。因此,建筑形状选择应遵循以下要求。

1)简单和复杂的平面图形可通过平面形状的凹凸来区别。简单的平面图形多为凸形,即在图形内任意两点间的连线不与边界相交,如方形、矩形、圆形、椭圆形、正多边形等。复杂的图形常有凹角,在图形内任意两点间的边线可能同边界相交,如 L 形、T 形、U 形、十字形和其他带有伸出翼缘的形状,容易形成抗震的薄弱环节。

2)建筑体形复杂会导致结构体系沿竖向强度与刚度分布不均匀,在地震作用下,某一层间或某一部位率先屈服而出现较大的弹塑性变形。例如,立面突然收进的建筑或局部突出的建筑,会在凹角处产生应力集中;大底盘建筑的低层裙房与高层主楼相连,体形突变会引起刚度突变,在裙房与主楼交接处塑性变形集中。

3)刚度中心和质量中心应一致。房屋中抗侧力构件合力作用点的位置称为质量中心。地震时,如果刚度中心和质量中心不重合,会产生扭转效应,使远离刚度中心的构件产生较大应力而受到严重破坏。例如,前述具有伸出翼缘的复杂平面形状的建筑,伸出端往往破坏较重。又如,刚度偏心的建筑,有的建筑虽然外形规则对称,但抗侧力系统不对称,如将抗侧刚度很大的钢筋混凝土芯筒或钢筋混凝土墙偏设,会造成刚度中心偏离质量中心,产生扭转效应。再如,在建筑上将质量较大的特殊设备、高架游泳池等偏设,将造成质量中心偏离刚度中心,同样也会产生扭转效应。

4)复杂体形建筑物的处理。对于体形复杂的建筑物可采取下面两种处理办法:一是设置建筑防震缝,将建筑物分隔成规则的单元,但设缝会影响建筑立面效果,容易引起相邻单元之间的碰撞;二是不设防震缝,但应对建筑物进行细致的抗震分析,估计其局部应力、变形集中及扭转影响,判明易损部位,采取加强措施,提高结构的抗变形能力。

(3)抗震结构体系选择

抗震结构体系的主要功能为承担侧向地震作用,合理选取抗震结构体系是抗震设计中的关键问题,直接影响着建筑的安全性和经济性。在选择抗震结构体系时,应从以下几方面加以考虑。

1)结构屈服机制。结构屈服机制可以根据地震中构件出现屈服的位置和次序划分为层间屈服机制和总体屈服机制两种基本类型。层间屈服机制是指结构的竖向构件先于水平构件屈服,塑性铰首先出现在柱上,只要某一层柱上下端出现塑性铰,该楼层就会整体侧向屈服,发生层间破坏,如弱柱型框架、强梁型联肢剪力墙等;总体屈服机制是指结构的水平构件先于竖向构件屈服,塑性铰首先出现在梁上,即使大部分梁甚至全部梁上出现塑性铰,结构也不会形成破坏机构,如强柱型框架、弱梁型联肢剪力墙等。总体屈服机制有较强的耗能能力,在水平构件屈服的情况下,仍能维持相对稳定的竖向承载力,可以继续经历变形而不倒塌,其抗震性能优于层间屈服机制。

2)多道抗震防线。结构的抗震能力依赖于组成结构的各部分的吸能和耗能能力,在抗震结构体系中,吸收和消耗地震输入能量的各部分称为抗震防线。一个良好的抗震结构体系应尽量设置多道防线,当某部分结构出现破坏,降低或丧失抗震能力时,其余部分仍能继续抵抗地震的作用。具有多道防线的结构,要求结构具有良好的延性和耗能能力,要求结构具有尽可能多的抗震赘余度。结构的吸能和耗能能力,主要依靠结构或构件在预定部位产生塑性铰,若结构没有足够的超静定次数,一旦某部位形成塑性铰后,会使结构变成可变体系而丧失整体的稳定。另外,应控制塑性铰出现在恰当位置,塑性铰的形成不应危及整体结构的安全。框架—抗震墙结构是具有多道防线的结构体系,它的主要抗侧力构件抗震墙是第一道防线。当抗震墙部分在地震作用下遭到损坏,刚度退化退出工作时,框架部分就起到第二道防线的作用,此时可以继续承受水平地震作用和竖向荷载。还有些结构本身只有一道防线,若采取某些措施,改善受力状态,可增加抗震防线。如框架结构只有一道防线,若在框架中设置填充墙,可利用填充墙的强度和刚度再增设一道防线。在强烈地震作用下,填充墙首先开裂,吸收和消耗部分地震能量,然后退出工作,此为第一道防线;随着地震反复作用,框架经历较大变形,梁柱出现塑性铰,可看作第二道防线。

(4)结构构件选择

结构体系是由各类构件连接而成,抗震结构构件应具备必要的强度、适当的刚度、良好的延性和可靠的连接,并应注意强度、刚度和延性之间的合理均衡。结构构件要有足够的强度,其抗剪、抗弯、抗压、抗扭等强度均应满足抗震承载力的要求。要合理选择截面,合理配筋,在满足强度要求的同时,还要做到经济可行。在构件强度计算和构造处理上要避免剪切破坏先于弯曲破坏,混凝土压溃先于钢筋屈服,钢筋锚固失效先于构件破坏,以便更好地发挥构件的耗能能力。

1)结构构件的刚度要适当。构件刚度太小,地震作用下结构变形过大,会导致结构构件的破坏;构件刚度太大,会降低构件延性,增大地震作用,还要消耗大量材料。抗震结构要在刚柔之间寻找合理的方案。

2)结构构件应具有良好的延性,即具有良好的变形能力和耗能能力。从某种意义上来说,结构抗震的本质就是延性。提高延性可以增加结构抗震潜力,增强结构的抗倒塌能力。采取合理构造措施可以提高和改善构件延性,如砌体结构,具有较大的刚度和一定的强度,但延性较差,若在砌体中设置圈梁和构造柱,将墙体横竖相箍,可以大大提高变形能力。又如钢筋混凝土抗震墙,刚度大、强度高但延性不足,若在抗震墙中用竖缝把墙体划分成若干并列墙段,可以改善墙体的变形能力,做到强度、刚度和延性的合理匹配。

3)构件之间要有可靠的连接,保证结构空间的整体性。构件的连接应具有必备的强度和一定的延性,使之能满足传递地震力的强度要求和适应地震对大变形的延性要求。

(5)非结构构件选择

非结构构件一般是指附属于主体结构的构件,如围护墙内的隔墙、女儿墙、装饰贴面、玻璃幕墙、吊顶等。这些构件若构造不当或处理不妥,地震时往往会发生局部倒塌或装饰物脱落,砸伤人员,砸坏设备,影响主体结构的安全。非结构构件按其是否参与主体结构工作,大致分为以下两类。

1)结构构件的墙体。如围护墙、内隔墙、框架填充墙等。在地震作用下,这些构件或多或少地参与了主体结构的工作,改变了整个结构的强度、刚度和延性,直接影响了结构的抗震性能。设计时要考虑其对结构抗震的有利和不利影响,采取妥善措施。例如,框架填充墙的设置增大了结构的质量和刚度,但由于墙体参与抗震,分担了一部分水平地震力,减小了整个结构的侧移。在构造上应当加强框架与填充墙的联系,使非结构构件的填充墙成为主震结构的一部分。又如,框架结构留窗洞时,常将窗台下墙体嵌砌于两柱之间,由于这部分墙体对框架柱的刚性约束,窗台以上形成短柱,地震时会发生脆性剪切破坏。为避免这一现象的发生,可采取墙体柔性连接方案,削弱墙柱之间的联系,防止嵌固作用的出现。

2)附属构件或装饰物。这些构件不参与主体结构的工作。对于附属构件,如女儿墙、雨篷等,应采取措施加强本身的整体性,并与主体结构加强连接和锚固,避免地震时倒塌伤人。对于装饰物,如建筑贴面、玻璃幕墙、吊顶等,应增强其与主体结构的可靠连接,必要时采用柔性连接,使主体结构的变形不会导致贴面和装饰的损坏。

三、减轻地震灾害的基本对策

为了减轻地震灾害造成的经济损失,保障人们生命和财产安全,中华人民共和国第八届全国人民代表大会常务委员会第二十九次会议于1997年12月29日通过《中华人民共和国防震减灾法》(以下简称《防震减灾法》),该法于1998年3月1日起施行。这部法律对地震监测预报、地震灾害预防、地震应急、震后救灾与重建4个环节的防震减灾活动做出了详细规定。

《防震减灾法》明确提出我国防震减灾工作实行以预防为主、防御与救助相结合的方针。这一方针准确地反映了我国防震减灾工作发展历史的特点,是对政府部门在防震减灾活动中工作中心的明确界定。防震减灾法确立了政府部门在防震减灾活动中的工作职责,确立了政府部门在履行防震减灾工作中必须遵循的若干基本法律原则,如必须与经济和社会协调发展原则、依靠科技进步原则、加强政府的领导原则和政府职能部门分工负责的原则。同时,按照政府部门在防震减灾工作中必须遵循的方针和原则,设定了防震减灾的若干基本法律制度,如地震重点监视防御区制度、地震预报统一发布制度、地震安全性评价制度、破坏性地震应急预案制订、震情和灾情速报制度、地震灾害调查评估制度、紧急应急措施制度、紧急征用制度等,并且围绕上述一系列防震减灾基本法律制度,对地震监测预报、地震灾害预防、地震应急、地震救灾与重建中最重要的社会关系,通过确立政府部门工作职责和明确公民有关权利义务的方式予以法制化。防震减灾工作方针是在总结几十年来我国防震减灾工作经验教训的基础上确立的,具有科学性,能够在实践中作为防震减灾各项工作的指导原则。

"预防为主"的思想,是1966年河北邢台地震后首先由周恩来总理倡导的。根据周总理当时的多次讲话和指示中所强调的基本要点,1975年做了统一修改,强调要"依靠广大群众做好预测预防工作"。实践表明,这个方针的基本精神是正确的,它的以预防为主的核心思想,一直指引着我国地震工作健康发展。

我国政府一贯重视减轻自然灾害,特别是对地震这类突发性灾害尤为关注。唐山大地震的教训表明,要减少一次大地震发生造成的巨大人员伤亡和财产损失,必须坚决贯彻以预防为主的指导思想,认真做好震前防御工作。但是,地震是一种自然现象,地震的发生和造成灾害是不可能完全避免的,所以在做好震前防御工作的同时,还必须有效地实施灾后救助,这种救助既可以帮助减少人员伤亡和财产损失,又可以使灾后的人民生活得以尽快恢复。防震减灾工作方针的制定,首先必须着眼于灾害;其次,这个工作方针必须覆盖灾害的全过程。所以进入20世纪90年代,防震减灾工作方针调整为"实行预防为主,防御与救助相结合"。《防震减灾法》肯定了被实践证明的行之有效的防震减灾工作方针,作为政府部门履行防震减灾工作职责的基本指导思想。

目前,减轻地震灾害的对策从宏观上可分为工程性措施和非工程性措施,两者相辅相成,缺一不可。工程性措施主要是通过加强各类工程的抗震能力来减少地震给人民生命和财产造成的损失;非工程性措施是通过增强全社会的防震减灾意识,提高公民在地震灾害中自救和互救的能力,以减轻地震灾害造成的影响。

1.工程性措施

工程性措施主要包括地震预测预报、地震转移分散和工程抗震3个方面。

(1)地震预测预报

地震预测预报主要是根据对地震地质、地震活动性、地震前兆异常和环境因素等多种情况,通过多种科学手段进行预测研究,对可能造成灾害的破坏性地震的发生时间、地点、强度进行分析、预测和发布。预报按照可能发生地震的时间可分为4类:长期预报,预报几年内至几十年内将发生的地震;中期预报,预报几个月至几年内将发生的地震;短期预报,预报几天至几个月内将发生的地震;临时预报,预报几天之内将发生的地震。

国家对地震预报实行统一的发布制度。其发布方式可以政府文件或者通过广播、电视、报刊等宣传媒介向社会公告。准确的地震预报可以提高政府和全社会防震减灾工作的效率,减少地震灾害给人民生命和财产造成的巨大损失,保障社会主义现代化建设的顺利进行。地震的短期预报和临时预报由省、自治区、直辖市人民政府按照国务院规定的程序发布。任何单位或者从事地震工作的专业人员关于短期地震预测或者临震预测的意见,应当报国务院地震行政主管部门或者县级以上地方人民政府负责管理地震工作的部门或者机构,不得擅自向社会扩散,以免造成人们不必要的恐慌,影响社会的安定。目前,地震预报还存在着许多难以解决的问题,预报的水平仅是“偶有成功,错漏甚多”,致使未能及时防范,未能将损失减至最低。中外大多数破坏性的地震,或是错报(报而未震),或是漏报(震前未预报),对人民生活、社会秩序产生了严重的影响。

我国早在1966年就开始在邢台地震现场进行地震预测研究的科学实践,20世纪70代初开始了对地震的研究。从1980开始,将全国地震活动的趋势分析预报和一两年内可能发生强震的重点危险地区及需要加强监视的地区列为每年一度的全国研讨会主要研究议题。多年来,我国在地震预报工作方面取得了一定的成绩,如1975年辽宁海城地震就是我国地震工作者短临预报地震的成功范例。

在总结地震预报工作经验的基础上,1988年6月7日由国务院批准、国家地震局发布的《发布地震预报的规定》,是我国防震减灾领域中的第一个行政法规。该规定将地震预报分为长期预报、中期预报、短期预报和临震预报,并规定了地震预报的发布权限。同时,还对地震预报意见的宣传和报道管理做了规定。实践证明,《发布地震预报的规定》对于加强我国地震预报管理工作起到了积极的保障作用。但是,由于在实践中经常出现多渠道发布地震预报的情况,给社会生活造成了混乱和不良后果。因此,《防震减灾法》对地震预报工作进一步做了原则性的规定。主要是确立地震预报统一发布制度,并对地震预报的发布程序进一步予以明确,对不符合地震预报发布程序要求的地震预测意见严格按照法律的规定进行处理。

为了进一步做好我国地震的预报工作,在加强我国防震减灾工作的管理过程中,除了依据《防震减灾法》和《发布地震预报的规定》认真做好各项地震预报工作之外,还应不断总结地震预报工作的经验,争取尽早制定一部全面调整地震预报工作各个方面关系的《地震预报工作条例》。同时,在相关的刑事立法中还应该对恶意传播地震谣言、制造社会混乱的行为设定必要的法律制裁措施。

(2)地震转移分散

地震转移分散是把可能在人口密集的大城市发生的大地震,通过能量转移,诱发至荒无人烟的山区或远离大陆的深海,或通过能量释放把一次破坏性的大地震化为无数次非破坏性的小震。这种方法目前尚在探索,未有应用。即使成功,其实用价值也不大。如一个 7 级地震,需要多处不致造成破坏的 4 级地震才能释放其能量,其经济投入不可想象。

(3)工程抗震

鉴于地震预报和地震转移分散均不能很好地实现,因此工程抗震成为目前最有效的、最根本的措施。工程抗震是通过工程技术提高城市综合抗御地震的能力和提高各类建筑的耐震性能,当突发性地震发生时,把地震灾害减少至较轻的程度。工程抗震的内容非常丰富,包括地震危险性分析和地震区划、工程结构抗震、工程结构减震控制等。《防震减灾法》对工程性防御措施提出了规范化的法律要求。

新建工程必须遵守有关法律规定,主要有以下两方面的内容。

1)新建工程必须符合抗震设防要求。根据《防震减灾法》的规定,凡是新建、扩建、改建的建设工程,必须达到抗震设防要求。具体分为 3 种情况:一是重大建设工程和可能发生严重次生灾害的建设工程,必须进行地震安全性评价,并根据地震安全性评价的结果,确定抗震设防要求,进行抗震设防。二是重大建设工程和可能发生严重次生灾害的建设工程之外的建设工程,必须按照国家颁布的地震烈度区划图或者地震动参数区划图规定的抗震设防要求进行抗震设防。三是核电站和核设施建设工程,受地震破坏后可能引发放射性污染的严重次生灾害,必须认真进行地震安全性评价,并依法进行严格的抗震设防。

《防震减灾法》还对重大建设工程和可能发生严重次生灾害的建设工程明确划定了范围。重大建设工程是指对社会有重大价值或者有重大影响的工程;可能发生严重次生灾害的建设工程是指受地震破坏后可能引发水灾、火灾、爆炸或者强腐蚀性物质大量泄漏和其他严重次生灾害的建设工程,包括水库、大坝堤防、储油、储气、储存易燃易爆、剧毒或者强腐蚀性物质以及其他可能发生严重次生灾害的建设工程。

为了加强对抗震设防要求认定的权威性,《防震减灾法》第十八条第一款规定,“国务院地震行政主管部门负责制定地震烈度区划图或者地震动参数区划图,并负责对地震安全性评价结果的审定工作”。

2)新建工程必须遵循抗震设计规范。抗震设计规范与抗震设防要求一样,都是建设工程必须遵循的基本法律规定。《防震减灾法》第十九条明确规定,“建设工程必须按照抗震设防要求和抗震设计规范进行抗震设计,并按照抗震设计进行施工”。为了保证抗震设计规范的权威性,《防震减灾法》规定抗震设计规范由专门的国家机关负责制定,主要包括两种情况:第一,国务院建设行政主管部门制定各类房屋建筑及其附属设施和城市市政设施建设工程的抗震设计;第二,国务院铁路、交通、民用航空、水利和其他有关专业主管部门负责制定公路、港口、码头、机场、水利工程和其他专业建设工程的抗震设计规范。

《防震减灾法》不仅对新建工程提出了最基本的法律要求,对已建工程也提出了相应的法律要求,这一要求的主要内容是只要符合《防震减灾法》所规定的条件的已建工程,必须依法进行抗震加固。抗震加固是增强已建工程抗御地震灾害能力的重要手段。《防震减灾法》对于需要进行抗震加固的已建工程的范围和性质做了具体要求。根据该法第二十条的规定,需要进行抗震加固的已建工程包括已经建成的建筑物、构筑物,即属于重大建设工程的建筑物、构筑物;可能发生严重次生灾害的建筑物、构筑物;有重大文物价值和纪念意义的建筑物、构筑物;地震重点监视防御区的建筑物、构筑物等。属于上述种类的已建工程,只要是未采取抗震设防措施的,就应当按照国家有关规定进行抗震性能鉴定,并采取必要的抗震加固措施。

次生灾害防御必须遵守有关法律的规定。《防震减灾法》对地震可能引起的次生灾害源的防范提出了法律要求,主要是在第二十一条设定了有关地方人民政府有责任采取相应措施有效防范地震可能引起的火灾、水灾、山体滑坡、放射性、污染、疫情等次生灾害源。工程抗震是地震灾害预防的主要工程性措施。

《防震减灾法》规定,对于新建、扩建和改建的建设工程,必须按照国家颁布的地震烈度区划图或地震动参数区划图规定的抗震设防要求进行抗震设防。

2.非工程性措施

非工程性措施主要是指各级人民政府以及有关社会组织采取的工程性预防生产措施之外的依法减灾活动,包括建立健全防震减灾工作体系,制定防震减灾规划,开展防震减灾宣传、教育、培训、演习、科研以及推进地震灾害保险,做好赈灾资金和物资储备等工作。非工程性措施主要包括以下几个方面。

(1)编制防震减灾规划

《防震减灾法》第二十二条规定,根据震情和震害预测结果,国务院地震行政主管部门和县级以上地方人民政府负责管理地震工作的部门或者机构,应当会同同级有关部门编制防震减灾规划,报本级人民政府批准后实施。修改防震减灾规划,应当报经原批准机关批准。

（2）加强防震减灾宣传教育

《防震减灾法》第二十三条规定，各级人民政府应当组织有关部门开展防震减灾知识的宣传教育，增强公民的防震减灾意识，提高公民在地震灾害中的自救、互救能力；加强对有关专业人员的培训，提高抢险救灾能力。

（3）防震救灾资金和物资储备

《防震减灾法》第二十四条规定，县级以上地方人民政府应当根据实际需要与可能，在本级财政预算和物资储备中安排适当的抗震救灾资金和物资。

（4）建立地震灾害保险制度

《防震减灾法》第二十五条规定，国家鼓励单位和个人参加地震灾害保险。

第三节　风灾与防灾减灾工程

一、风灾概述

（一）风的类型与特性

风就是空气的流动，这是由于地球上高纬度与低纬度所接受的太阳辐射强度不同而造成的温差，从而形成气压梯度，空气从高气压处向低气压处流动就形成了风。自然界中常见的造成灾害的风的类型主要有热带气旋、寒潮风暴、季风和龙卷风。

1.热带气旋

热带气旋在世界十大自然灾害中排名第一，是发生在热带或副热带洋面上伴有狂风暴雨的低压涡旋，是一种强大而深厚的热带天气系统，也是热带低压、热带风暴、台风或飓风的总称。热带气旋的形成随地区不同而异，它主要是由太阳辐射在热带洋面所产生的大量热能转变成为动能（风能和海浪能）而产生的。海洋水面受日照影响，往往在赤道及低纬度地区生成热而湿的水汽，水汽向上升起形成庞大的水汽柱和低气压。热低压区和稳定的高压区气压之差产生空气流动，由于平衡产生相互补充的力使之形成螺旋状流动，气压高低相差越大，旋转流动的速度越快。从卫星上拍摄的照片来看，热带气旋是一大片具有螺旋状结构的云团，达到台风强度时，云团中心通常都有一个直径几千米的无云区，称为台风眼，那里天气晴朗，风力微弱，与台风眼外的狂风暴雨形成强烈的反差。

热带气旋的生命史一般都要经过发生阶段、发展阶段、成熟阶段和衰亡阶段，从形成到衰亡的过程中，其强度也在不断变化。

气象部门将不同强度的热带气旋冠以不同的名称：按其强度分为4个等级和不同名称。中心附近的平均最大风力6～7级（风速10.8～17.1m/s）称为热带压；中心附近的平均最大风力8～9级（风速17.2～24.4m/s）称为热带风暴；中心附近的平均最大风力10～11级（风速24.5～32.6m/s）称为强热带风暴；中心附近的平均最大风力大于等于12级（风速32.7m/s）称为台风。

为了便于分别和预防，我国从1959年起开始对台风进行编号。凡是东经180°、赤道以北的太平洋和南海地区范围内有台风形成或侵入，就按照它出现的先后，顺次进行编号。例如，1999年发生的第一次台风编号为9901，第二次台风编号为9902……依此类推。这种对台风进行编号的办法，目前已被许多国家和地区的气象台所采用。有的国家考虑到国际上台风英文名称沿用已久的习惯，除了编号以外，同时还标明该次台风的英文名称。我国于2000年开始采用该台风命名的方式。

热带气旋尤其是达到台风强度的热带气旋具有很强的破坏力，狂风会掀翻船只、摧毁房屋和其他设施，巨浪能冲破海堤，暴雨能引起山洪暴发。1991年，孟加拉国强热带风暴致死大约14.3万人；2005年，“卡特里娜”飓风横扫美国墨西哥湾沿岸，造成100万居民流离失所；2008年，缅甸遭受热带风暴“纳尔吉斯”的猛烈袭击，洪水淹没面积达到5 000km^2，受灾人数达到2 400万人，占缅甸总人口的近一半，使77 738人遇难，55 917人失踪。

2.寒潮风暴

寒潮风暴是来自极地或寒带向中纬度侵入的强烈冷空气。它来势猛烈，所经之地短期内气温急降，可引发大风、雪灾等灾害，是我国冬季的主要灾害性天气。寒潮冷空气来源地主要有两个：一是来自欧亚大陆北面的寒冷海洋，二是直接来自欧亚大陆。由于极地或寒带气温低，大气的密度就要大大增加，空气不断收缩下沉，使气压增高，这样便形成一个势力强大、深厚宽广的冷高压气团。当这个冷高压势力增强到一定程度时，就会像决了堤的海潮一样，一泻千里，暴发寒潮。入侵我国的寒潮主要有以下3条路径。

1）西路。西路是从西伯利亚西部进入我国新疆，经河西走廊向东南推进。

2）中路。中路是从西伯利亚中部和蒙古进入我国后，经河套地区和华中地区南下。

3）东路加西路。东路加西路是指东路冷空气从河套地区下游南下，西路冷空气从青海东部南下，两股冷空气常在黄土高原东侧，黄河、长江之间汇合，汇合时造成大范围的雨雪天气，接着两股冷空气合并南下，出现大风和明显的雨雪天气。

3.季风

由于大陆及邻近海洋之间存在的温度差异而形成大范围盛行的、风向随季节有显著变化的风系，具有这种大气环流特征的风称为季风。

季风的形成是由冬夏季海洋和陆地温度差异所致的。季风在夏季由海洋吹向大陆，在冬季由大陆吹向海洋。季风活动范围很广，影响着地球1/4的面积和1/2人口的生活。西太平洋、南亚、东亚、非洲和澳大利亚北部都是季风活动明显的地区，尤以印度季风和东亚季风最为显著。中美洲的太平洋沿岸也有小范围季风区，而欧洲和北美洲则没有明显的季风现象。在我国为东南季风和西南季风。

4.龙卷风

龙卷风是在极不稳定天气下由空气强烈对流运动而产生的一种伴随着高速旋转的漏斗状云柱的强风涡旋，其中心附近风速可达100~200m/s，最大风速300m/s，比台风（产生于海上）近中心最大风速大好几倍，其破坏性极强。龙卷风外貌奇特，它上部是一块乌黑或浓灰的积雨云，下部是下垂着的形如大象鼻子的漏斗状云柱。

龙卷风俗称“龙吸水”，它是从雷雨云底伸向地面或水面的一种范围很小而风力极大的强风涡旋。在龙卷风中心附近，水平风速可达100m/s以上，极端情况，可达300m/s。如此罕见的巨大的风，造成的破坏异常惊人。当它触及地面时，可以把人畜卷到空中，能“倒拔垂杨柳”，甚至可以像利剑似的把坚固的高楼大厦削掉一角。1925年，美国曾出现过一次强大的龙卷风，造成2 000多人伤亡。1956年9月24日，上海曾出现过一次龙卷风，把一个三四层楼高的110吨的储油罐举到15米的空中，然后把它甩到100多米外的地方。

5.其他风灾

能形成灾害的其他风灾还有雷暴大风、“黑风”等。

雷暴大风天气是强雷暴云的产物。强雷暴云又称为“强风暴云”，主要是指那些伴有大风、冰雹、龙卷风等灾害天气的雷暴。强风暴云体的前部是上升气流，后部是下沉气流。由于后部下降的雨、冰雹等降水物强烈蒸发，使下沉的气流变得比周围空气冷。这种急速下沉的冷空气就形成一个冷空气堆，气象上称为“雷暴高压”，使气流迅速向四周散开。因此，当强风暴云来临的瞬间，风向突变，风力猛增，往往由静风突然变为狂风大作，暴雨、冰雹俱下。这种雷暴大风突发性强，持续时间相对较短，一般风力为8~12级，有很强的破坏力。当强风暴云中伴有大冰雹和龙卷风时，其破坏性就更大。

“黑风”是一种强烈的沙尘暴或沙暴，现在常用的是“沙尘暴”一词。它是由强风将地面大量的浮尘细沙吹起后卷入空中，使空气混浊、能见度较低的一种恶劣天气现象。内蒙古一带的沙尘暴又称为“黄毛风”。发生黑风的条件有两个：一是要有足够强大而持续的风力；二是大风经过地区植被稀疏，土质干燥松软。因此，我国阿拉善高原、内蒙古北部、河西走廊、塔里木盆地、柴达木盆地及黄土高原北部等地是最易出现黑风的地区。春季，这些地区气温回升很快，低层空气很不稳定，空气极易扰动，能把沙土卷向空中。据研究，当风速达到 7m/s 左右时，即可明显起沙。尤其是当冷风过境时，大风更使得大量沙粒、尘土扬向天空，有时沙尘气层厚度可高达 4～5m。然后，随高空气流向西南飘移，其浮尘部分常常可以扩散到几千千米远的地方。黑风所到之处，飞沙走石，日光昏暗，能见度很差。这种天气对航空和交通运输及农牧业生产等均有严重影响。1983 年 4 月 27 日，内蒙古西中部出现了一次强黑风天气，呼和浩特市下午 3 时天空即一片橙黄，百米之外视物不清，室内需点灯。风过之处，吹断电杆，通信中断，火车停驶。尤其是在毛乌素沙漠的鄂托克前旗，午后起风，瞬间飞沙走石，最大风速达到 31m/s。对面不见人，造成 11 头（只）牲畜死亡，3 万多头（只）牲畜被风沙掩埋，跑散丢失牲畜 10 万余头（只），沙埋或吹坏水井 5 000 余眼。北京地区受沙尘暴侵袭已有多年，目前正在联合西北各省区共同建造防风固沙林及改善植被。

（二）风灾造成的损失

风灾发生频繁、危害严重，造成的损失非常大，风灾的危害大致可分为以下几种。

1.大风

飓风级的风力足以损坏以至摧毁陆地上的建筑、桥梁、车辆等，特别是在建筑物没有被加固的地区，造成的破坏会更大。大风亦可以把杂物吹到半空，使户外环境变得非常危险。

2.风暴潮

风暴潮造成的水面上升可以淹没沿海地区，倘若适逢天文高潮，危害就更大。风暴潮往往是在热带气旋的各种破坏之中夺去生命最多的一种灾害。

3.大雨

大雨可引起河水泛滥、泥石流及山泥倾泻。风灾也可造成诸多间接危害，常见的有引起疾病，破坏基建系统，破坏农业，引致粮食短缺等。

（三）风对建筑物的破坏作用

由于高层建筑和高耸结构的主要特点是高度较高和水平方向的刚度较小，因此，水平风荷载会引起较大的结构反应。风对建筑物的破坏作用主要有以下几点。

1.对房屋建筑结构的破坏

风对房屋建筑结构的破坏主要表现在以下几个方面。

1)对高层结构的破坏作用。例如,1926 年,一次大风使得美国一座叫 Meyer-Kiser 的 10 多层大楼的钢框架发生塑性变形,造成围护结构严重破坏,大楼在风暴中严重摇晃。

2)对简易房屋,尤其是轻屋盖房屋造成破坏。例如,2003 年,一次台风袭击深圳,一民工棚倒塌,造成 7 人死亡、10 余人受伤。又如,9914 号台风在厦门登陆,有 3 000m^2左右的轻型屋盖被吹落。

3)对外墙饰面、门窗玻璃及玻璃幕墙的破坏。例如,1971 年 9 月完成的美国波士顿约翰汉考克大楼(John Hancock Building),高 60 层 241m,自 1972 年夏天至 1973 年 1 月,由于大风的作用,大约有 16 块窗玻璃破碎,49 块窗玻璃严重损坏,100 块窗玻璃开裂,后来不得不调换了所有的 10 348 块玻璃,价值 700 万美元以上,超过了原玻璃的价值。同时,还采取了其他措施,增加了造价。使得该建筑不仅在使用上被耽误了三年半,而且造价从预算的 7 500 万美元上升到了 15 800 万美元。2005 年,飓风“卡特里娜”也造成美国部分高层建筑的破坏,建筑的围护结构(玻璃幕墙)严重受损,不得不在灾后替换所有的玻璃幕墙。

2.对高耸结构的破坏

高耸结构主要涉及一些桅杆和电视塔,其中桅杆结构更容易遭受风灾害。桅杆结构具有经济实用和美观的特点,但它的刚度小,在风荷载下会产生较大幅度的振动,从而容易导致桅杆的疲劳或破坏,且结构安全、可靠度较差。近 50 年来,世界范围内发生了数十起桅杆倒塌事故。例如,1955 年 11 月,前捷克斯洛伐克一桅杆在风速达 30m/s 时因失稳而破坏;1963 年,英国约克郡高 386m 的钢管电视桅杆被风吹倒;1985 年,前联邦德国一座高 298m 的无线电视桅杆受阵风倒塌;1988 年,美国密苏里一座高 610m 的电视桅杆受阵风倒塌,造成 3 人死亡。

3.对供电线结构和公交线路的破坏

供电线路的电线杆埋得浅,在大风中容易被刮倒,会造成停电事故,严重影响生产和生活。例如,1988 年 8807 号台风袭击杭州,一夜之间美丽的杭州面目全非,数以万计的树木被刮倒,水泥电线杆被折断、电线被吹断,电信和输电线路中断,造成全市严重停电、停水,铁路和市内交通一度中断。又如,9914 号台风登陆厦门,市区路灯电线杆倒塌 151 根,灯具脱落 1 500 多套,公交路牌损坏 56 块,人行道损坏 6 700m,严重影响市内交通,造成了巨大的经济损失。

4.对大跨度桥梁结构的破坏作用

桥梁的风毁事故最早可以追溯到 1818 年,苏格兰的 Dryburgh Abbey 桥首先因风的作用而遭到毁坏。随后,到 1940 年,相继有 11 座桥受到不同程度的破坏,其中,英国苏格兰的 Tay 桥的倒塌造成了 75 人死亡的惨剧。近几年来,我国随着大跨度桥梁的建设,桥梁的风害也时有发生。例如,广东南海公路斜拉桥施工中吊机被大风吹倒;江西九江长江公路铁路两用钢拱桥吊杆的涡激共振,上海杨浦斜拉桥缆索的涡振和风雨振使索套损坏等。这些桥梁风害事故的出现,使人们越来越意识到桥梁风害问题的重要性。

5.对广告牌、标语牌等附属建筑物的破坏

广告牌、标语牌常建在主建筑物的顶部,受风面积相对较大,而根部抗弯能力往往不足,遇大风即倒翻。在大风中广告牌吹翻砸伤行人的事故屡见不鲜。

二、防风减灾对策

根据历年防风的经验和教训,总结了以下几方面的防止风灾对策。

1)建设预防设施,在北方大陆内地建造防风固沙林,在沿海地区建造防风护岸植被,使其起到减少风力及大风对城市的破坏作用。

2)加强气象预报的建设,在经常发生风灾的地区,建立预报、预警体制。能提前预测强风活动的规律及其发生的地区,要通知有关单位做好防风准备,最大限度地减小风灾可能引起的损失。

3)城市应编制风灾影响区划,建立合理有效的应对策略,如避风疏散规划等。

4)加强工程结构设计,针对生命线工程易损构件的防风易损性分析,及时加固并进行防风设计。

5)针对各地区的风荷载特性研究,如地区风压分布、地面粗糙度划分、高层建筑风效应等。

6)对于工程结构,力求选择合理的建筑体形(如流线形、截锥状体形等)采取有效的抗风措施(透空并群等),使用先进的风振控制装置(如主动、半主动及被动控制装置等),以有效减小强风荷载对结构的影响。

第四节 洪灾与防灾减灾工程

一、洪灾概述

洪涝灾害是当今世界上最主要的自然灾害之一。我国是世界上洪涝灾害发生最频繁的国家之一,有2/3的国土面积、半数以上的人口、35%的耕地、2/3的工农业总产值受到洪水的严重影响。

据统计,自公元前206年至1949年中,我国发生较大洪涝灾害共计1 092次,平均每两年左右就发生1次。1990年以来,全国年均洪涝灾害损失在1 100亿元左右,约占同期全国GDP的2%。遇到发生流域性大洪水的年份,如1991年、1994年、1996年和1998年,该比例可达到3%~4%。由于洪水对人民生命财产、国民经济建设构成严重威胁,影响社会经济的稳定和发展,因此江河防洪古往今来都是关系人民安危和国家兴衰的大事。从某种意义上来讲,我国的历史也是一部与洪水抗争的历史。在这漫漫历史长河中,我国人民积累了丰富的抗洪经验,特别是中华人民共和国成立以后,我国积极进行江河治理和防洪工程建设,取得了巨大的成就。近年来,人口增长和经济发展迅速、人类对自然界的开发进一步加剧、城市化进程明显加快,致使全球性气候变暖、水资源和水环境问题日益突出,使新时期的防洪形势更加严峻,防洪任务也更加繁重。由此可见,防洪将是一项长期持久的斗争。为了有效地抗御洪水,使洪灾带来的损失减小到最低程度,我们必须清楚地了解洪水,认识洪水,并且掌握防洪的基本知识。

洪水是一种自然水文现象。暴雨、急骤融冰化雪、风暴潮等自然因素引起的江河湖海水量迅速增加或水位迅猛上涨都会形成洪水。而当洪水超过人们的防御能力时,就会给人类生产、生活和生命财产造成危害和损失,这就是洪水灾害。

我国幅员辽阔,形成洪水的气候和自然地理条件千差万别,影响洪水形成过程的人类活动情况也各不相同,因而具有多种类型的洪水。按成因不同,我国的洪水可分为暴雨洪水(含山洪、泥石流),风暴潮,冰凌洪水,冰川洪水,融雪洪水和溃坝洪水等多种类型。虽然上述各种类型的洪水均有发生,但主要还是暴雨洪水。历年来,严重的洪水灾害主要是由暴雨洪水造成的,其次是风暴潮、冰凌洪水等。

洪水、洪灾现象是自然和人文两方面因素共同作用的结果,自然因素是产生洪水的最直接原因,人文因素则可以削减或加剧洪水。洪水形成的最主要原因是暴雨和大雨,特别是降雨强度大、影响面积较广、历时较长的阵雨。从这个意义上来说,洪水是雨水降落到地面,经过汇流等集中汇合的径流。成灾洪水除气象因素(降水、冰凌、气温等)外,还有非气象因素,其中主要是地震等自然因素和人为的阻塞河道、侵占蓄滞洪区、围垦湖泊洼地等。无论是从洪水发生的频次,还是从造成的灾情来看,气象因素都是造成洪灾的主要因素。

(一)暴雨洪水

1.暴雨洪水的成因

暴雨洪水的主要成因是大强度、长时间的集中降雨。按暴雨的成因,暴雨洪水可分为雷暴雨洪水、台风暴雨洪水和锋面暴雨洪水。山洪和泥石流也多由暴雨引起。

我国大部分地区在大陆季风气候的影响下,降雨时间集中,强度很大。汛期(东部地区的北方一般在6—9月,南方一般在5—8月)集中全年雨量的60%~80%,而汛期中雨量最大的一个月的降雨量占全年的25%~50%,这一个月的降雨又往往是几次大暴雨的结果。大范围暴雨主要由两种天气系统所形成:一种是西风带低值系统,包括锋、气候、切变线、低涡和槽等,影响全国大部分地区;另一种是低纬度热带天气系统,主要是热带风暴和台风,影响东南沿海和华南各省。另外,干旱和半干旱地带的局部地区热力性雷阵雨也可能形成小面积、短时的特大暴雨。地形对暴雨的分布影响很大,山地与平原的交界处或盆地周边的迎风面往往是暴雨最集中的地带。中国大陆阶梯形地势中第二阶梯与第三阶梯的过渡地带,正是暴雨集中分布和频次很高的地带。自东北地区的大兴安岭、医巫闾山到燕山、太行山、伏牛山、巫山、雪峰山的东南侧、四川盆地的西北侧,以东南沿海山地的迎风面成为中国特大暴雨的主要分布地带,如1935年7月鄂西五峰大暴雨、1963年8月海河南系大暴雨以及1975年8月淮河上游大暴雨等,都发生在这一地带。

除一般暴雨外,还有江淮流域的梅雨和东南沿海的台风雨。梅雨天气经常出现在湖北宜昌以东北纬26°~40°的长江中下游和淮河流域,一般在6月中旬至7月上旬梅雨天气开始,来自西北的冷空气与偏南方向的夏季风之间形成梅雨锋系,这种梅雨锋系受鄂霍库次克海高压的阻塞作用,呈静止状态停留在江淮一带,因而形成连续性的阴雨天气。来自南中国海的低空急流和西南季风是梅雨天气的重要水汽来源。梅雨天气的主要特征是长时间的连续降雨,相对湿度大,日照时间短,地面风力小。这个时期正值江淮一带梅子黄熟,故称为梅雨。梅雨期的早晚和长短以及降雨量的大小，对长江中下游和淮河流域的旱涝都有很大影响。1931年和1954年江淮特大洪灾就是由梅雨来临早、结束迟、雨期长、降水多造成的。

热带风暴和台风主要生成于菲律宾以东洋面加罗林群岛、关岛附近和南海一带，大部分出现在副热带高压的南侧。一般年份，5月南海出现热带风暴或台风，登陆地点偏南，偶尔会影响我国大陆沿海地区；6—8月的热带风暴或台风登陆于东南沿海的机会最多，有的年份华北、东北地区也有台风登陆；9月热带风暴或台风大都在温州以南登陆，主要是广东沿海一带；10月中旬以后，除海南以外，我国大陆沿海一般不再有热带风暴或台风登陆。热带风暴或台风登陆后，除在沿海形成暴雨洪水外，少数台风深入内地往往还会产生特大暴雨，1963年8月的海河南系大暴雨和1975年8月淮河上游大暴雨都是受台风影响而发生的。

2.暴雨洪水的特点

我国的暴雨洪水主要有以下3个特点。

(1)各地暴雨洪水出现的时序有一定的规律

夏季集中出现的雨带，一般呈东西向，南北来回移动。集中雨带常出现在西太平洋副热带高压的西北侧，雨带的移动与副热带高压脊的位置变动密切相关。一般年份，4月初至6月初，副热带高压脊线在北纬150°，暴雨洪水多出现在珠江流域，南岭以南进入前汛期；6月中旬到7月初，副热带高压脊跳至北纬20°~25°，雨带北移至江淮流域，南岭以南前汛期结束，江淮梅雨开始；7月中下旬副热带高压脊第二次北跳至北纬30°附近，雨带移至黄河流域，江淮梅雨结束，黄河两岸雨季开始；7月下旬至8月中旬，副热带高压脊第三次北跳，跃过北纬30°到达最北位置，雨带也到达海滦流域、河套地区和东北一带，此时，华南受副热带高压脊以南的东风带影响，低层的赤道合线上，热带气旋扰动经常出现，热带风暴和台风不断登陆，酿成第3个降水高峰期，副热带高压脊部控制下的地区则出现伏旱，其范围可扩大到陕甘交界处；8月下旬，副热带高压脊开始南撤，华北、华中雨季相继结束，有些年份在结束前出现秋涝。以上是我国的汛期降水，也是暴雨洪水集中出现南北移动的正常过程，如果副热带高压脊在某一位置上发生迟到、早退或停滞不前，均将产生干旱或洪涝灾害。

(2)暴雨洪水集中程度高

我国实测最大降雨1h达到401mm(内蒙古土地)，最大6h降雨达到830mm(河南林庄)，最大24h降雨达到1 672mm(台湾新寮)，不同历时的最大点暴雨纪录相当接近甚至超过世界各地相应的最大纪录。这种强度高、覆盖面广的暴雨，经常会形成极大的洪峰流量，造成洪水严重泛滥。历史上长江流域1998年大洪水、黄河流域1933年大洪水、珠江的西北江流1915年大洪水、海河流域1963年大洪水、淮河流域1975年大洪水及嫩江和松花江1998年特大洪水等，都是暴雨洪水。

（3）严重的洪水灾害存在着周期性变化

从暴雨洪水发生的历史规律来看，造成严重洪水灾害的历史特大洪水存在着周期性的变化。根据全国6 000多个河段历史洪水调查资料分析来看，近代主要江河发生过的大洪水，历史上几乎都出现过极为类似的洪水，其成因和分布情况极为相似。例如，1963年8月海河南系大洪水与1668年同一地区发生的特大洪水十分相似；1931年与1954年长江下游与淮河流域的特大洪水，其气象成因和暴雨洪水的时空分布基本相同。一般认为，暴雨洪水有重复发生的规律性，大洪水也存在着相对集中的时期。从历史资料中不同年代发生特大洪水的次数分析，20世纪30年代、50年代及90年代是我国洪涝灾害发生最为频繁的时期。

（二）风暴潮

风暴潮也称为风暴增水、风暴海啸、气象海啸等，是指由强烈大气扰动（如热带气旋、温带气旋等）引起的海面异常升降，由此危害人类生命财产安全的现象。风暴潮分为由热带气旋引起的热带风暴潮和由温带气旋引起的温带风暴潮两大类。在我国，热带风暴潮即是通常所说的台风风暴潮，温带风暴潮则是在北部海区中寒潮大风引起的风暴潮。台风风暴潮主要由气压降低和强风作用引起，这种风暴潮在我国沿海从南到北都有发生，在东南沿海发生频次较多、增水量较大。其发生的季节与台风同步，一年四季都有可能，而以台风盛行的7—9月机会最多。温带风暴潮主要出现在莱州湾和渤海湾沿岸一带，与寒潮大风季节同步，主要发生在春秋和冬季。两者比较，台风风暴潮发生的地域范围更广，出现的频次更多，增水的量值更高。

风暴潮的突出特点是出现海面异常升高，因此表示风暴潮强度的基本指标用增水值。据此可以把风暴潮分为4个等级：风暴增水，增水值小于1m；弱风暴潮，增水值为1~2m；强风暴潮，增水值为2~3m；特强风暴潮，增水值大于3m。

我国位于太平洋西岸，是世界上风暴潮影响比较大的国家之一。台风季节长、频次多、强度大；冬夏过渡季节寒潮在北部海区又十分活跃；广阔的大陆架海区有助于风暴潮的发展。这些因素使我国成为多风暴潮的国家之一，且风暴潮增水值之大也位居世界前列。从统计规律来看，我国的风暴潮有以下几个特点：①各潮位站平均每年发生风暴潮15次左右，其中，福建、广东和广西沿海次数尤多，平均每年2~3次。

②台风风暴潮增水,东南沿海频次最多,量值最大。最大增水记录为 594m,于 1980 年 7 月 22 日出现在广东雷州半岛东海岸的南渡水文站。北部沿海也有台风风暴潮发生,频次很少,量值较小。③台风风暴潮最大增水值多出现在 7—9 月。④寒潮大风诱发的温带风暴潮最大增水记录为 377m,于 1969 年 4 月 23 日出现在山东小清河口的羊角沟。

形成于热带海洋上的台风(风)每年在全世界都会造成巨大的损失,全球因灾死亡人数的 60%是由热带风暴(台风、飓风)引发的洪水、风暴潮、巨浪以及风暴本身的大风灾害所造成的。

风暴潮洪水不仅具有一般洪水淹没土地的危害,还因海水中含有盐,有腐蚀作用,对受其浸淹的耕地、建筑物和其他物品的危害比一般洪水更大。此外,风暴潮作用于建筑物的波浪冲击力很大,其破坏作用也非一般洪水可比。根据我国历年防汛抗灾实践和关于风暴潮灾害的大量历史记载,风暴潮洪水造成的损失之大尤为突出。在改革开放和经济发展的新形势下,威胁沿海及河口地区安全的风暴潮问题尤为突出。

(三)冰凌洪水

冰凌洪水一般发生在我国的北方河流,在冬春季节气温开始上升期间,江河中大量冰凌壅积形成的冰塞或冰坝,冰凌对水流阻塞及冰凌瓦解河床、水位大幅升高而形成的洪水,称为冰凌洪水,又称为凌汛。

我国西部、华北和东北地区的中小河流,冬季水流量一般都很小,有些河道甚至因上游水库拦蓄而断流,因而不产生冰凌洪水。少数河流虽在下游积冰,但解冻缓慢,上游来水小,也不致形成有害的冰凌洪水。只有黄河干流和松花江的冰凌洪水危害比较大。黄河的冰凌洪水集中在上游的宁蒙河段和下游的山东河段;松花江冰凌洪水集中在哈尔滨以下河段。

与暴雨洪水相比,冰凌洪水主要有以下几个特点:①流量小而水位高。冰凌使水流受阻流速减小,水位壅高,因而同流量的凌汛水位高于暴雨洪水水位。②凌汛洪峰流量沿程递增。在凌汛期,由于河槽蓄水量逐段释放叠加,洪峰最大流量沿程不断增大。③冰坝上游水位上涨幅度大、涨速快。④冰排撞击,破坏力大。⑤抢险护堤困难较大。由于以上特点,冰凌洪水经常形成冰塞、冰坝,急剧抬高水位,造成决口,破坏力很强。

(四)其他类型的洪水

除上述洪水类型以外,还有冰川洪水、融雪洪水和溃坝洪水等多种类型,但这些类型洪水的发生次数与频率都远远小于暴雨洪水与风暴潮，破坏力相对来说也比较小。

1.冰川洪水

冰川洪水是以冰川融水为主要来源所形成的洪水。气温升高使冰雪融化，气温越高，冰川洪水流量越大。我国的天山、昆仑山、祁连山和喜马拉雅山北坡等高山地区有丰富的永久积雪和现代冰川。夏季气温高，积雪和冰川开始融化，最容易形成冰川洪水。

2.融雪洪水

一般发生在4—5月，最迟6月就结束。融雪洪水主要分布在新疆阿勒泰和东北地区的一些河流。

3.溃坝洪水

溃坝洪水是指水坝在蓄水状态下突然崩塌而形成的向下游急速推进的巨大洪流。习惯上把因地震滑坡或冰川堵塞河道引起水位上涨后，堵塞处突然崩溃而暴发的洪水也归入溃坝洪水。

4.雨雪混合洪水

由降雨和融雪混合而成的洪水被称为雨雪混合洪水。

（五）灾害产生的人为因素分析

人类世世代代遭受洪水的侵扰，祖祖辈辈求治水灾的良策。时至今日，尽管人类已经拥有了相当强大的改造自然的能力，增加了若干制约自然灾害的新手段，但洪水灾害却仍然难以控制。究其原因，除全球环境变化、自然大势的作用外，人类活动对自然环境的破坏也不容忽视。

1.毁林开荒

森林被盲目砍伐后，一方面在暴雨之后不能蓄水于山上，使洪峰来势迅猛，峰高量大，增加了水灾的频率。另一方面，加重了水土流失，使水库淤积、库容减小，同时使得下游河道淤积抬升，河道调洪和排洪能力减弱。我国近40年来由于各种原因形成了几次毁林开荒高潮，以长江流域为例，由于森林大量被砍伐，水土流失面积不断扩大，全流域水土流失面积已由20世纪50年代的3.6×105km^2增加到20世纪80年代的56×10km^2，年土壤侵蚀总量已达到2.24Gt，超过了黄河流域的土壤侵蚀总量，这是长江下游河道河床抬高的原因之一。从洞庭湖区域陵矾站水文资料也可以看出，由于淤积和湖区围垦，在相同的洪峰流量下，20世纪80年代的水位比60年代的水位高出2~3m，洪水威胁明显增加。

2.城市化的影响

一方面,近年来城市发展迅速,城市建设面积不断扩大,不透水地面也在不断增加。降雨后,地表径流汇流速度因此而加快,洪峰出现时间提前,洪峰流量成倍增长。另一方面,城市的“热岛效应”使得城区的降暴雨频率与强度提高,增加了洪水的成灾因素。此外,新建城区多向临时滞纳洪水的低洼地区发展,必要的排洪设施建设滞后,有些城郊的排洪河道变成了市内的排污沟,且清淤不力,人为提供了洪涝的成灾条件。城市人口密集、经济发达,洪水灾害造成的损失十分显著。

3.泄洪湖泊急剧减少

湖泊对削减江河洪峰起着重要作用。近 30 多年来,我国周围湖泊垦田发展较快,仅湖南、湖北、江西、安徽、江苏五省围垦湖泊的面积比洞庭湖还要大。素称“千湖之省”的湖北,湖泊面积损失了 70%。湖南洞庭湖围垦掉了 $5\times10^3 km^2$,现在仅剩湖面 $2.84\times10^3 km^2$。湖泊的围垦增加了土地面积,有所得益,但从防洪角度来看,湖泊的围垦损失了洪水的调蓄容积,人们不得不依靠修建山区水库、加高河流堤防、开辟滞洪区等措施来补偿。

4.发展带来了新的致灾因素

1985 年辽河水灾,加上洪涝大风、冰雹等灾害,辽宁全省受灾耕地 $16\times10 km^2$,为当地耕地面积的 40%。其实该年度辽河洪水量不足 2 000m^3/s,只有河道允许泄量的 40%。这次水灾的发生,主要原因就是在河滩地盲目建设。又如,荆江分洪区在 1952 年新建时,区内只有 17 万人口,一次分洪只需移民 6 万人,现在区内共有 47 万人,固定资产 17 亿元,事实上很难继续启动移民工程。

5.工程的修建也带来了新的致灾因素

修建水库,汛期集中的暴雨洪水经过水库调蓄,再安全而有计划地向下游排放,既可免灾又可兴利,特别是将同一流域干、支流上的水库联合运用,效果更为明显。不过由于水文、地震等系列观测资料不足,有些水库设计标准偏低,我国 20 世纪 60—70 年代设计建造的许多水库库容不足,在洪水期间会发生漫顶溃坝。还有部分水库大坝抗震强度不够,强震后坝体出现裂缝和滑坡、移滑等险情,构成了新的潜在威胁。此外,修建水库带来环境灾害的事例也不容忽视,在水库下游干旱地区出现沙化灾害的事例,无论是在我国还是在其他国家都有发生。堤防的修建一方面可以约束常见洪水的泛滥;另一方面,一旦洪水决堤而出,灾情会更加严重。特别是在下游河床逐年淤高的高含沙河流上,不断增高的堤防本身就表明其致灾能量也随之不断聚积。

二、我国主要的洪水灾害

洪水灾害是可持续发展的重要制约因素，严重影响着国家或地区的自然生态、经济和社会的可持续发展。频繁的洪灾破坏了原有的自然生态系统，影响了农业生产的发展，也威胁到了动物和植物的生存，同时也破坏了原有的水利和饮水系统，使水质恶化，进而影响到人类的生存环境。不仅如此，洪灾还直接威胁洪泛区人民的生命财产安全，造成农田减产或绝收、房屋倒塌、工厂停产或破坏、交通中断，给当地的经济带来了巨大的损失。洪灾往往还导致人民生活环境的重大改变，引起诸多社会问题，进而影响国家经济收入乃至国民经济政策和国家重大方针的调整。

确定洪灾的发生必须具备3个条件：一是存在诱发洪灾的主因，即灾害性洪水。二是存在洪水危害的对象，即洪水淹没区内有人居住或分布有社会财产，并因被洪水淹没受到了损害。三是人们在洪灾威胁面前，采取回避、适应或防御洪水的对策。由此可见，影响洪水灾害的因素可归结为自然因素和社会因素两个方面。天气系统的变化、暴雨时间和地域分布的不均匀、热带风暴和台风的影响、地形地貌的变化等称为自然因素，是产生洪水、形成洪灾的根源。洪水灾害的不断加重却是社会经济发展的结果，谓之社会因素。

历史上，黄河、长江、珠江、海河、淮河、辽河、松花江等流域都发生过特大洪水，给当地人民的生命财产带来了巨大损失。洪水灾害对生产力的破坏很大，往往会引起社会不安定。洪水灾害对我国社会的影响，自古至今都十分突出，下面分别介绍几大流域的洪水灾害。

（一）黄河洪灾

据历史记载，黄河自公元前602至1938年中，决口泛滥的年份有543年，决溢次数达到1 590余次，重要的改道26次，曾经有6次大的河道迁移，洪水灾害延续数千年。1855年铜瓦厢（在今河南省兰考县）决口，形成当今的河道。此后的130多年中，较大的堤防决口114次，洪水泛滥北抵金堤，徒骇河和卫河，南达淮河和小清河。20世纪以来，1933年黄河大洪水，南北两岸决口50余处，淹晋鲁豫3省6个县，受灾面积11 000km^2，受灾人口达到364万人，死亡1.8万人，估计受灾损失达23亿银圆。1935年，洪水在兰考下游决口，苏、鲁等27个县受淹，受灾人口达340万人。1938年，国民党军队在花园口扒开黄河，造成黄河沿颍河至正阳关入淮，使豫东、皖北、苏北44个县市54 000km^2 的地区成为一片汪洋，受灾人口达1 250万人，300多万人离乡逃难，89万人死亡。

(二)长江洪灾

长江的洪灾主要集中在中下游的平原地区,其成灾原因是洪水来量大,河湖蓄泄能力不足。20 世纪 80 年代河道的安全泄量,荆江河段为 6 000~68 000m³/s,城陵矶河段不足 60 000m³/s,汉口约70 000m³/s,自 1877 年有实测记录以来超过 60 000m³/s 的有 24 次,大于 80 000m³/s 的有 8 次,城陵矶以下,如 1931 年、1935 年、1954 年的几个大洪水年,合成洪峰流量都在100 000m³/s 以上。这些洪水都大大超过了河道的安全泄量,造成了严重的洪水灾害。20 世纪先后发生了几次灾情极其严重的大洪水,如 1931 年全江型大洪水,平原潮区几乎全部受灾,淹没耕地 5 000 万亩,受灾人数达 2 800万人,死亡 14.5 万人,汉口被淹 3 个月之久,江汉平原、洞庭湖区和太湖流域灾情最为严重,洪灾损失估计约为 13.5 亿银圆。1935 年,汉水、澧水发生特大洪水,中下游地区 6 省受灾,受灾面积 29 000km²,淹没农田 2 200 多万亩,受灾人口 1 000 余万人,死亡 14 万余人。再如 1954 年全流域性的特大洪水,长江干流主要湖区洪水水位绝大部分达到了历史最高纪录,通过紧张的抢险防汛,虽然保住了荆江大堤和武汉主要市区,但淹没农田 4 755 万亩,受灾人口 1 880 余万人,京广铁路不能正常通车达 100 天,使整个国家的经济发展受到严重影响。

(三)淮河洪灾

自 12 世纪末以来,由于黄河夺占了淮河的入海河道,使淮河流域分为淮河与沂沭泗河两个水系。

淮河水系处于中国南北气候的过渡地带,降雨量很不稳定。全流域性的大洪水一般由梅雨形成,局部地区的大洪水往往由台风形成。20 世纪内曾发生过 1931 年和 1954 年两次全流域性的特大洪水,洪泽湖上游地区最大 30d 洪水总量均超过 500 亿立方米。1931 年全流域淹地 7 700 万亩,死亡 75 万人,干支流普遍溃决泛滥,里运河东堤多处决口并开放归海坝,淮北平原和里下河一片汪洋。1954 年,治淮工程初见成效,三河闸控制了洪泽湖下泄洪水,里运河东堤确保安全,广大平原免除了洪灾,但是上中游灾情仍然十分严重,成灾农田达 6 400 万亩,受灾人口达 2 000 多万人。沂沭泗水系地处我国暴雨洪水最为集中的地区之一,在中华人民共和国成立以前,苏北与鲁南地区几乎年年遭灾。全流域因洪涝共淹耕地3 400万亩。1974 年 8 月,沂沭泗河发生 100 年一遇的大洪水,在水库和下游河道超标准运行下,下游的主要堤防虽未发生重大决口,但局部地区的灾情仍十分严重。

(四)海河洪灾

20 世纪,海河流域南、北系各河都发生过特大洪水,北系(永定河、北运河、潮白河等)以1939年7月洪水为最大,永定河左堤在梁各庄决口改道,京山铁路中断,大清河白洋淀千里长堤溃决;南系(漳卫河、子牙河、大清河等)以1963年8月洪水为最大,8月4日暴雨中心24h降雨达950mm。这两次大洪水,在平原地区属于50年一遇,个别水系如子牙河超过100年一遇。

(五)珠江洪灾

珠江上、中游主要受暴雨洪水的影响,三角洲地区则受江河洪水和风暴潮的双重影响。据历史资料粗略统计,自汉代以来珠江流域发生较大范围的洪灾40次,相邻的韩江、闽江、赣江和湘江等流域也同时发生大洪水或特大洪水,受灾人口约600万人。其中,珠江三角洲受淹农田648万亩,受灾人口379万人,死伤10余万人,广州市被淹。此外,风暴潮也常使珠江三角洲海堤溃决成灾。

20世纪90年代以来,我国先后发生了1991年江淮大水,1994年珠江大水,1995年辽河、浑河和第二松花江大水,1996年七大江河流域大范围洪水。1998年6月,我国的长江、嫩江、松花江、西江与闽江等流域同时发生特大洪水,这次洪水,影响范围最广,持续时间也最长,洪涝灾害十分严重,全国共有29个省(自治区、直辖市)遭受到了不同程度的洪涝灾害。据统计,全国农田受灾面积约3.34亿亩,成灾面积约2.07亿亩,死亡4 150人,倒塌房屋685万间,直接经济损失2 551亿元,灾情超过多年平均水平,属洪涝灾害偏重年份。其中,江西、湖南、湖北、黑龙江、安徽、内蒙古、吉林等省区受灾最为严重。

进入21世纪,我国仍然遭受了不同程度的洪涝灾害。特别是2006年夏季,受大陆暖湿气流和台风登陆的共同影响,我国江南、华南各省份多次出现强降雨过程,有5次台风登陆。这些台风及其所带来的强降雨,使一些地区发生严重的山洪泥石流、滑坡等自然灾害,造成了较大人员伤亡和财产损失。

2006年洪涝灾害总体上比历史同期偏重,主要体现在以下4个方面:①洪涝灾害中,经济损失比历史同期偏重,经济损失已经高达919亿元,历史同期是800亿元左右。但死亡人口少于历史同期,因洪涝灾害造成的死亡人口为1 231人,历史同期为1 800多人。②山洪灾害,包括山体滑坡、泥石流灾害损失严重。特别是由此造成死亡的人数偏多。在因灾死亡的1 231人中,有1 137人是因为滑坡和泥石流灾害造成的,占总数的92%。③一些地区重复受灾,比较严重的有福建、湖南、广东、广西等地,特别是福建,4次遭受了台风和强降雨的袭击。④多灾并发,风、雨、内涝、地质灾害同时出现。正因为有以上4个特点,致使2006年的灾害明显重于历史同期。

三、防洪形势与面临的挑战

(一)防洪建设与防洪能力

由于洪水灾害对国计民生有重大影响,历朝历代都把防洪抗灾作为国家基本建设的大事,予以特别重视。从大禹治水开始,几千年来,劳动人民前仆后继地与洪水搏斗,谱写了人类改造自然的壮丽篇章。但是,由于长期的封建统治,特别是19世纪中叶我国为半封建半殖民地社会以后,民生凋敝,国势衰微,洪水灾害日益严重。中华人民共和国成立以后,我国防灾减灾事业才有了长足发展并取得了巨大成就。

我国政府十分重视对黄河的治理,上游修建了龙羊峡和刘家峡两级水库,配合堤防工程,兰州市与宁蒙河段已分别能够抵御100年一遇和50年一遇洪水,下游防洪工程设防标准由30年一遇提高到60年一遇。除1951年凌汛曾在下游附近发生一次大决口外,到现在为止,黄河未曾发生过大决口。20世纪90年代在黄河中下游修建了以防洪、拦沙为主要功用的小浪底工程,基本上保证了黄河的安全;为了更好地防御长江洪水,在历经40多年的论证之后,长江三峡工程终于建成,它的坝顶高程185m,正常蓄水位175m,总库容393亿m^3,具有防洪库容221.5亿m^3。在宜昌以上地区发生100年一遇洪水时,可使荆江下泄流量不超过60 000m^3/s,不需使用荆江分洪区。发生千年一遇洪水时,配合荆江分洪区的运用,可使荆江河段下泄流量不超过80 000m^3/s,沙市不超过防洪保证水位45m。在遭遇1931年、1935年、1954年那样的大洪水时,可减少分蓄洪区淹没耕地各约300万亩,也可不使用荆江分洪区,这标志着长江流域设防工程进入了一个崭新的阶段。

对于淮河,我国政府加高加固了干流两岸的堤防,整治河道,修建各类水库3 500多座(其中,大型水库17座),重点加高加固了淮北大堤、洪湖大堤和里运河大堤,使上中游主要支流的防洪标准有所提高,建成了南四湖与骆马湖的控制工程。这些工程使本水系主要地区的防洪标准达到20年一遇。

根据海河流域的特点,我国政府采取了“上蓄、中疏、下排、适当滞蓄”的防洪方法进行全面治理:共修建各类水库1 700多座,开挖疏浚河道,各河分流入海,改变了过去集中由天津入海的局面;加高加固了堤防,各水系形成了蓄泄兼筹的防洪体系,各骨干河道防洪标准已达20~50年一遇。

对珠江流域的防洪重点珠三角地区,进行了圩区调整,联圩修闸,全面加强了西江下游、北江下游及其三角洲的江河和海堤堤防,并在上游兴修水库。现已建成大中型水库300多座,控制了部分洪水。其中北江上的飞来峡工程,结合防护广州市的北江大堤可防御200年一遇的洪水。东江上已建成了新丰江、枫树坝和白盆珠等水库,基本控制了东江的主要洪水来源。

中华人民共和国成立以来,虽然我国政府在防洪工程建设上取得了巨大的成就,但是要完全消除洪灾是不可能的。这是因为防洪标准本身就是一个动态的概念,其标准的制定与当时、当地的社会和经济发展水平是相适应的,而一个地区的社会经济水平是不断发展的,这就要求洪水设防标准随社会经济的发展而逐渐提高。从我国目前的情况来看,几大流域和几百个城市的防洪标准都不够高。在已建成的水利工程中,有不少已老化失修,带病运行,加上近年来自然环境的人为破坏,洪水情势也出现了新的变化。因此,洪灾的潜在威胁仍然很大,我国的防洪形势仍然很严峻,防洪任务还十分艰巨,必须从长计议、科学治理。

(二)防洪存在的主要问题与面临的挑战

1.防洪存在的主要问题

规划中的控制性防洪枢纽工程还未全部建成,仅靠堤防或水库防洪不能调控大洪水。控制性防洪枢纽建设进度的滞后,导致部分河段堤防工程的过度建设,出现大量洪水流入河道的现象(也称洪水归槽),加大了河道洪水流量,增加了防洪风险。

堤防工程(包括江堤和海堤)堤线长,漫长的堤线给防守带来了极大的困难,现有堤防大多兴建于20世纪50—60年代,堤防标准低,普遍存在着堤顶高程不够、堤身单薄的现象,部分堤防不同程度地存在渗水、冒沙及穿堤建筑物老化失修等隐患和部分迎流顶冲、急流迫岸的险工险段,虽历经加高培厚和除险加固,但仍难完全消除隐患。同时,随着河道的变迁及其他因素的影响,新的险情又不断出现。

城市防洪建设滞后,防洪能力低,规划范围内的一些国家重点防洪城市的城区防洪工程体系还未形成,部分堤防工程尚在建设中,一些城市的防洪(潮)堤也未达标,防洪能力亟待提高。

现有侵占河滩地、违章建设、肆意倾倒沙石及无序围垦现象仍在发生,影响了河道泄洪功能的正常发挥;桥梁、码头及其他跨河建筑物的兴建,减小了河道的有效过流断面,造成局部河段泄洪不畅、水位壅高。

中上游山区和丘陵区水土流失现象以及喀斯特山区石漠化现象严重,山地灾害时有发生。由于林草植被屡遭破坏,土层变浅变薄,水旱灾害频繁,暴雨期间地表径流汇流迅速,引起洪水暴涨暴落。水土流失还导致大量泥沙随洪水下泄,淤塞河道、水库,削弱了河道的泄洪能力,减小了水库的有效库容。水土流失面积较大,导致治理工作难度大。

与《中华人民共和国防洪法》配套的有关条例与实施细则尚未出台,流域性的水文遥测站网、洪水预报预警系统及防洪决策支持系统还未形成，非工程防洪措施的滞后，往往使防洪决策陷入被动，是防洪抢险薄弱环节。

2.防洪面临的挑战

多年的防洪建设虽然取得了巨大的成就，但与国家《防洪标准》(B50201—1994)社会经济持续发展的要求相比，还存在着一定的差距，防洪仍面临着严峻的挑战。这些挑战既来自自然，也来自人类社会。

1)暴雨洪水频繁，防洪任务长期而复杂。由于气候环境及地形地貌特点，决定了流域暴雨频繁，洪水峰高、量大、历时长的特性，在热带气旋频繁季节，存在发生特大洪水遭遇风暴潮顶托的风险。加上人口、资源与环境的巨大压力，决定了防洪任务的复杂性、长期性。

2)人类活动加重了防洪压力。水土流失引起河道泄洪能力降低。在上游及中游的部分地区，水土流失比较严重，为短期的经济利益而进行的乱采滥伐，更加剧了水土流失。水土流失的加剧直接导致土壤蓄水能力下降，降雨流量增大，汇流时间缩短，这就使洪水过程向陡涨陡落的形态发展，加大了洪水的破坏力。同时，河水含沙量增大，大量泥沙淤积于河道中，降低了河道的行洪能力，壅高了水位，从而增大了发生洪涝灾害的风险。

堤防工程的建设引发洪水归槽下泄，加大了下游地区的防洪压力。河道滞蓄洪水的能力降低，下游河段的洪峰流量明显加大。在上游来水相当的情况下，下游洪水的洪峰流量明显增大，其原因主要是洪水归槽的影响。

涉水建筑物数量增加影响行洪。例如，在改革开放初期，珠江三角洲地区的主要桥梁有60多座，到2000年，已发展到200多座，这些桥梁多筑于河道的狭窄处，阻流壅水影响明显。

城市化进程加快，排涝压力加大。随着城市化进程的加快，城市排涝要求不断提高，过去的农田排涝体系已明显不适应城市化的需要；城市建设使其地面条件发生了较大的变化，暴雨下渗能力减弱，暴雨流量加大，汇流时间缩短，加重了涝灾；向外江大量排涝，加大了外江的泄洪压力，相应地增加了洪灾风险。

3)社会经济发展快、防洪建设任务艰巨。江河流域的平原地区一般经济相对发达，例如，仅占珠江流域面积约5%的平原地区，所创造的产值约占该流域国内生产总值的60%。其中，珠江三角洲平原是珠江流域经济最发达的地区，也是全国经济发展最快、城市化水平最高的地区之一，但是，这些地区地势低、河道比降缓、集雨面积大，所承担的泄洪任务繁重，还同时面临着风暴潮的威胁。

随着社会经济的发展，国家、集体与个人财富的积累，洪水损失也在不断增加。当前的防洪设施现状，难以满足社会经济发展对防洪安全的要求，防洪建设任务十分艰巨。

四、防洪工程规划与设计

(一)防洪标准

1.确定防洪标准的因素

防洪设计标准是指通过采取各种措施后使防护对象达到的防洪能力，一般以江河的某一段所能防御的一定重现期的洪水表示。防洪标准的高低取决于防护对象在国民经济中所处的地位和重要性。我国许多受洪水威胁的地区人口稠密，财富集中，又常是交通枢纽地带，一旦被洪水淹没，将遭受巨大的经济损失并带来严重的社会影响，因此，客观上要求达到的防洪标准往往很高。防洪标准也受制于人们控制自然的实际可能性，包括工程技术的难易程度、所需投入的多少等。一般来说，要求通过控制使其完全符合人们的愿望是难以做到的。进行江河治理，只能根据一定的投入，力求最大限度地适应各方面的需求，并使可能受到的损失和影响限制在国民经济与社会发展所能承受的范围之内。防洪标准越高，需要的投入越多，承担的风险越小。相反，标准越低，投入越少，承担的风险就越大。所用的防洪标准实质上是国家在一定时期内技术政策和经济政策的具体体现，在防洪规划中要根据任务要求，结合国家或地区经济状况和工程条件，通过技术论证确定。

自中华人民共和国成立以来，为满足大规模防洪建设的需要，相关管理部门对防护对象的防洪标准，先后做过一些规定。考虑到我国现阶段的社会经济条件，水利部于 1994 年重新颁布了《防洪标准》。随着社会经济的发展、国家财力的增强、防洪安全要求的提高，我国的防洪标准也已相应地进行修订。《防洪标准》把防洪对象分成了 9 类：城市、乡村、工矿企业、交通运输设施、水利水电工程、动力设施、通信设施及文明古迹和旅游设施。还指出，各类防护对象的防洪标准，应根据防洪安全的要求，并考虑经济、政治、社会、环境等因素，综合论证确定。

2.具体防洪标准

目前，我国和世界上许多国家都是分别按防护对象的重要程度和洪灾损失情况，统一规定了适当的防洪安全度，确定适度的防洪标准，以该标准相应的洪水作为防洪规划设计、施工和管理的依据。此防洪标准是指防护对象防御洪水能力相应的洪水标准，统一采用洪水的重现期表示，如 50 年一遇、100 年一遇等。表 2-6、表 2-7、表 2-8 分别是城市、工矿企业和乡村防护区的等级防洪标准。

表 2-6　城市的等级和防洪标准

等级	重要性	非农业人口/万人	防洪标准(重现期/年)
Ⅰ	特别重要的城市	≥150	≥200
Ⅱ	重要的城市	150~50	200~100
Ⅲ	中等城市	50~20	100~50
Ⅳ	一般城镇	≤20	50~20

表 2-7　工矿企业的等级和防洪标准

等级	工矿企业规模	防洪标准(重现期/年)
Ⅰ	特大型	200~100
Ⅱ	大型	100~50
Ⅲ	中型	50~20
Ⅳ	小型	20~10

注:辅助厂区(或车间)和生活区可以单独进行防护的,其防洪标准可适当降低。

表 2-8　乡村防护区的等级和防洪标准

等级	防护区人口/万人	防护区耕地面积/万亩	防洪标准(重现期/年)
Ⅰ	≥150	≥300	100~50
Ⅱ	150~50	300~100	50~30
Ⅲ	50~20	100~30	30~20
Ⅳ	≤20	≤30	20~10

为保证水库和大坝等永久性水工建筑物的安全,《防洪标准》又规定了校核标准。设计洪水所对应的是正常运用的洪水标准,用它来决定工程的设计洪水位、设计泄流量等。一旦永久性水工建筑物出现超过设计标准的洪水时,就到了短时期的“非常运用条件”,非常运用洪水标准所对应的洪水称为校核洪水。在非常运用洪水期,主要水工建筑物不允许破坏,但允许一些次要建筑物被破坏。因此,《防洪标准》规定在进行设计时要提供两种标准的洪水情况进行设计与校核,以保证在两种运用条件下主要建筑物都不被破坏。表 2-9 是水库工程水工建筑物的防洪标准。

(二)防洪规划

防洪规划是指为防治某一流域、河段或者区域的洪涝灾害而制定的总体部署,是江河、湖泊治理和防洪工程设施建设的基本依据。其特点:①防洪规划是一种安排或计划,它规定的是一个时期内的防洪工作。②防洪规划是在深入研究有关流域、河段或者区域的自然与社会特点、水文气象资料、洪灾损失的历史经验和现有防洪能力等各种情况,在广泛调查研究的基础上,通过综合比较论证而制定的,它反映的是对某一流域或区域防洪工作的总体要求,对该地区的防洪工作具有普遍意义。③防洪规划的主要内容是拟定防洪标准和选择优化的防洪系统,包括对现有河流、湖泊的治理计划及兴修新的防洪工程的战略部署等。④相对于流域或区域的综合规划而言,防洪规划是一项专业规划。

表 2-9　水库工程水工建筑物的防洪标准

<table>
<tr><th rowspan="4">水工建筑物级别</th><th colspan="5">防洪标准(重现期/年)</th></tr>
<tr><th colspan="3">山区、丘陵区</th><th colspan="2">平原区、滨海区</th></tr>
<tr><th rowspan="2">设计</th><th colspan="2">校核</th><th rowspan="2">设计</th><th rowspan="2">校核</th></tr>
<tr><th>混凝土坝浆砌和石坝及其他水工建筑物</th><th>土坝、堆石坝</th></tr>
<tr><td>1</td><td>1 000~500</td><td>5 000~2 000</td><td>可能最大洪水(PMF)或10 000~5 000</td><td>300~100</td><td>2 000~1 000</td></tr>
<tr><td>2</td><td>500~100</td><td>2 000~1 000</td><td>5 000~2 000</td><td>100~50</td><td>1 000~300</td></tr>
<tr><td>3</td><td>100~50</td><td>1 000~500</td><td>2 000~1 000</td><td>50~20</td><td>300~100</td></tr>
<tr><td>4</td><td>50~30</td><td>500~200</td><td>1 000~300</td><td>20~10</td><td>100~50</td></tr>
<tr><td>5</td><td>30~20</td><td>200~100</td><td>300~200</td><td>10</td><td>50~20</td></tr>
</table>

防洪规划作为一项专业规划,应当服从总体发展规划;一定区域的防洪规划应当服从整个流域的防洪规划。综合规划是指综合研究一个流域或区域的水资源开发利用和水害防治的规划。综合规划是根据水具有多种功能的特点,在综合考虑了社会经济发展的需要和可能,统筹兼顾各方面的利益、协调各种关系的基础上,以综合开发利用水资源、兴利除害为基本出发点制定的。其确定的开发目标和方针,选定的治理开发的总体方案、主要工程布局与实施程序都体现了开发和利用水资源与防治水害相结合,开发利用和保护水资源服从防洪总体安排的原则。因此,综合规划对防洪规划具有指导意义。防洪规划应当在综合规划的基础上编制,与综合规划相协调。根据洪水的流域性特点,制定区域性的防洪规划也必须以流域的防洪规划为基础。

防洪规划是防洪工程建设的前期工作,它是指在江河流域或某一特定区域内,着重就防治洪水灾害所专门制订的总体防洪方案,一般结合流域规划或地区水利规划进行,它本身可分为流域的、区域的与单项工程的防洪规划。防洪规划属于一种战略性计划,对河道治理及防洪设施的建设具有长期的指导作用。

(三)防洪减灾的主要措施

在我国,主要河流均位于中部及东部地区,西部地区属于干旱少雨地区,更兼地广人稀。因此,洪涝灾害主要发生在中部及东部地区。我国洪水有凌汛、桃汛(北方河流),春汛、伏汛、秋汛等,但防洪的主要对象是每年雨季的雨洪以及台风暴雨洪水。因为雨洪往往峰高量大,汛期长达数月,而台风暴雨洪水则来势迅猛,历时短雨量集中,更有狂风巨浪,二者均易酿成大灾。但是,洪水是否成灾,还要根据河床及堤防的状况而定。如果河床泄洪能力强,堤防坚固,即使洪水较大,一般不会形成泛滥;反之,若河床浅窄、曲折、泥沙淤塞、堤防残破等,则安全泄量(即在河水不发生漫溢或堤防不发生溃决的前提下,河床所能通过的最大流量)较小,即使遇到一般洪水也有可能漫溢或决堤。所以,洪水成灾是由于洪峰流量超过了河床的安全泄量,水位被迫壅高而超过了安全洪水位,或冲决堤防,从而泛滥成灾。由此可见,防洪的主要任务:按照规定的防洪标准,因地制宜地采取恰当的工程措施,以削减洪峰流量,或者加大河床的过水能力,并加固堤防,在遇到不超过设计洪水的洪峰时,下泄洪水流量不超过河床的安全泄量,确保堤防安全度汛。

各种防洪措施要因地制宜地兼施并用,互相配合。往往是全流域上、中、下游统一规划,蓄泄兼筹,综合治理,还要尽量兼顾水利部门的需要。在选择防洪措施方案以及决定工程主要参数时,都应进行必要的计算,并在此基础上进行一定的方案分析比较,切忌草率从事。防洪措施可分为工程措施与非工程措施两大类。防洪工程措施主要包括建设控制性工程,建设堤防工程与整治江河湖泊,划定蓄滞洪区与洪泛区,治理水土流失,防治山洪灾害,治涝工程;防洪非工程措施主要包括流域防洪减灾体系联合调度以及其他非工程防洪减灾措施等。

1.防洪工程措施

(1)建设控制性工程

水库是水资源开发利用的一项重要的综合性工程措施,是一种非常有效的蓄洪工程。水库具有调蓄洪水的能力,同时可以利用水库的防洪库容与兴利库容结合,有效库容调节河川径流,发挥水库的综合效益。在防洪规划中,大江大河通常利用有利地形、合理布置干支流水库,共同对一定范围内的洪水发挥有效的控制作用。特别是一些控制性水库,更多地承担着调控洪水的任务,其防洪任务主要是针对上中游型和全流域型洪水,削减下游防洪控制断面洪水,对整个流域的防洪起着决定性的作用。例如。湘江上游的耒河有一座水库叫东江水库,是个大型水库,有 81 亿的库容。在 2006 年第 4 号强热带风暴登陆的时候,湖南普降强降雨,耒河发生了超纪录的洪水。

因水库提前预量，预留了一定的防洪库容，洪水发生时，立即进入预定的调度程序，阻拦着部分洪水。正是因为水库的调度，才使下游的耒阳市免遭洪灾。如果没有东江水库的拦蓄，耒阳市洪水位将比实际发生的水位要高出 8m。

（2）建设堤防工程与整治江河湖泊

1）修筑堤防。筑堤是平原地区为了扩大洪水河床、加大蓄洪能力，并防护两岸免受洪灾而广泛采取的一种行之有效的工程措施。沿河筑堤，行洪，可加大河道泄洪能力。这一措施对防御常遇洪水较为经济，容易实行。但是，筑堤也带来了一些负面影响，如可能使原来散落洪泛区的泥沙淤积在河道，抬高河床。筑堤还会缩窄河槽，造成同流量相应水位的抬高，如果漫堤和溃决，造成的损害会远大于洪水自然泛滥的情形，即对于超过堤防标准的洪水而言，堤防对洪水可能带来负效应。需要特别指出的是，由于我国的堤防工程基本上是经过几十年的不断修建逐步形成的，加上我国汛期长，防洪战线长，防洪标准低，非工程措施不够完善等原因，这就使得在考虑筑堤防洪时必须与防汛抢险紧密结合起来，才能真正发挥已建堤防的作用。具体来说，就是在每年汛前维修加固堤防，发现并消除隐患；洪峰来临时监视水情，及时堵漏、护岸或突击加高培厚堤防；汛后修复险工，堵塞决口等。堤防险情一般包括漏洞，管涌（泡泉、翻沙、鼓水），渗水，穿堤建筑物接触冲刷，漫溢，风浪，滑坡，崩岸，裂缝，跌窝与堤防决口等。当险情发生时，应根据出险情况进行具体分析，然后决定实施抢险方案。如果发生重大险情，应迅速成立抢险专门组织，分析判断险情和出险原因，研究抢险方案，筹集人力物料，立即全力以赴地投入抢险，若重大险情得不到及时处理，往往会在很短的时间内造成严重后果。

对于新建堤防，要严格按照设计标准进行建设，并保证施工质量。一般来说，筑堤要尽可能选在地势较高、土质较好的地段。对于透水性较强的地基，应考虑防渗及增强堤围稳定性的专门措施。对位于强地震区和险工险段的堤防，应采取必要的防震和护险措施。

城市防洪和沿海防风暴潮重点地区，也多采用修筑堤防的工程措施。

2）疏浚与整治河道。疏浚与整治河道是河流综合开发中的一项综合性工程措施。可根据防洪、航运、供水等方面的要求及天然河道的演变规律，合理进行河道的局部整治。就防洪而言，其目的是为了使河床平顺通畅，提高河道宣泄洪水的能力，并稳定河势，护滩保堤。通常的做法包括拓宽和浚深河槽，裁弯取直消除阻碍水流的障碍等。疏浚是用人力机械和炸药来进行作业，整治则是通过修造建筑物来影响或改变水流流态，二者常互相配合使用。内河航道工程也要疏浚与整治河道，但其目的是为了改善枯水通航条件,而防洪却是为了提高洪水河床的过水能力。因此,它们的具体工程布置与要求不同,但在一定程度上可以互相结合兼顾。河道整治还可以通过修建挖导工程、丁坝挑流、险工险段的坝垛或护岸工程等来控制河道流势、保护堤岸安全。堤防只有通过与河道整治措施有机结合,才能稳定和充分发挥作用。

3)蓄滞洪区与洪泛区划定与管理。防洪区是指洪水泛滥可能淹及的地区,可划分为洪泛区、蓄滞洪区和防洪保护区。洪泛区是指尚无工程设施保护的洪水泛滥所及的地区。蓄滞洪区是指包括分洪口在内的河堤背水面以外临时储存洪水的低洼地区及湖泊等。防洪保护区是指在防洪标准内受防洪工程设施保护的地区。结合区域防洪工程规划的实际情况,划定某些低洼地区为蓄滞洪区或洪泛区。尤其在平原地区依靠加高堤防、整治河道来提高江河的防洪能力是有一定限度的,一般只能解决常遇洪水。对于较大的罕遇洪水,还必须修建水库或分蓄洪工程进行控制调节,才能保障行洪安全。

分洪、滞洪与蓄洪是中国长期使用的3项防洪措施,这三者的目的都是为了减少某一河段的洪水流量,使其控制在河床安全泄量以下。分洪是在过水能力不足的河段上游适当地点,修建分洪闸,开挖分洪水道(又称减河),将超过本河段安全泄量的部分洪水引走,以减轻本河段的泄洪负担。分洪水道可兼作为航运或灌溉的渠道。滞洪是利用水库、湖泊、洼地等暂时滞留一部分洪水,以削减洪峰流量,洪峰一过,即将滞留的洪水放归原河下泄,以腾空蓄水容积迎接下次洪峰。蓄洪则是蓄留一部分或全部洪水,待枯水期供水利部门使用,也同样起到削减洪峰流量的作用。

分蓄洪区只在出现大洪水时才应急使用。对于分洪口下游的重点保护河段启用分蓄洪区可承纳河道的超额洪量,等于提高了该重点防护河段的防洪标准。中华人民共和国成立以来,经过几十年的防洪建设,河道行洪能力有了很大的提高,分蓄洪区的使用机会大大减少,分蓄洪区内经济发展很快,人口急剧增加,有些甚至修建了工厂,扩大了城镇。因此,使用分蓄洪区的损失和困难越来越大。如何保证分蓄洪区居民的安全,并妥善解决分洪的种种矛盾,是保证江河防洪安全的重大问题。

在本小节建设控制性工程知识点中,所介绍的水库调洪包括了蓄洪与滞洪两方面。蓄洪或滞洪的水库可以结合水利部门的需要,综合利用。有些天然湖泊,常起着重要的滞洪作用,如洞庭湖就对长江的洪水有着调蓄作用。有些地区盲目围垦湖滩地,常会削弱湖泊的滞洪作用,必须慎重对待,必要时应废田还湖。

4)治理水土流失。水土保持是针对高原及山丘地区水土流失现象而采取的根本性治山治水措施,对减少洪水灾害很有帮助。水土保持既是改变山区、丘陵区的自然和经济面貌,建立良好生态环境,发展农业生产的一项根本性措施,也是防止水土流失,保护和合理利用水土资源的重要内容,还是治理江河、保持水利设施有效利用的关键因素。水土流失是因大规模破坏植被而引起的自然环境严重破坏现象,不仅会导致水库、湖泊、河道中下游严重淤积,降低防洪工程的作用,还会改变自然生态,加剧洪旱灾害发生的频次。水土流失地区旱季山泉枯竭、溪涧断流,易成旱灾;雨季又地面径流量大、汇集快,冲刷侵蚀裸露的地面,携带大量泥沙,形成浊流滚滚,下游河床因而泥沙淤塞、泄水不畅,易成洪灾。因此,要与当地农业基本建设相结合,综合治理并合理开发水土资源。如广泛利用荒山、荒坡、荒滩及"十边地"植树种草,封山育林,甚至退田还林,改进农牧生产技术,合理放牧、修筑梯田,大量修建谷坊、塘坝、小型水库等拦沙蓄水工程,等等。这些措施有利于把雨水尽量截留在雨区,减少山洪,增加枯水期径流,保护地面土壤,防止冲刷,减少下游河床淤积。这不仅对防洪有利,还能增加山区灌溉水源,改善下游河流通航条件,美化环境等。总之,搞好水土保持是防洪工程建设的一项根本性措施,应给予高度重视。

5)防治山洪灾害。全国多个省(自治区)内均有山洪灾害发生,尤以西南部的云南、贵州最为严重。山洪灾害具有灾害范围小、发生频率高、突发性强、伤亡严重、破坏作用大的特点,往往会造成毁灭性破坏。因此,规划要对威胁乡镇、农村和淹没一般农田的山洪按一定标准设防,对威胁县城、国(省)道、铁路等交通生命线和大型工矿企业的山洪按较高标准设防。

山洪可能诱发山体滑坡、崩塌和泥石流的地区以及其他山洪多发地区的县级以上地方人民政府,应当组织负责地质矿产管理工作的部门、水务主管部门和其他有关部门对山体滑坡、崩塌和泥石流隐患进行全面调查,划定重点防治区,采取防治措施。山洪灾害防治应遵循"防治结合、以防为主"的原则,以非工程措施为主,非工程措施与工程措施相结合。工程措施有山洪沟治理、泥石流沟治理、滑坡治理等措施。山洪沟的主要工程措施有新建水库和堤围、整治河道、修筑(整治)保护区排洪渠和水土保持等;泥石流沟治理的主要工程措施有稳坡工程、拦挡工程、排导工程和生物工程等;滑坡治理的主要工程措施有排水、削坡、减重反压、抗滑挡墙、抗滑桩、锚固(预应力锚固)和抗滑键等。

6)治涝工程。形成涝灾的因素有两点:①因降水集中,地面径流集聚在盆地、平原或沿江沿湖洼地,积水过多或地下水位过高;②积水区排水系统不健全,或因外河、外湖洪水顶托倒灌,使积水不能及时排出,或者地下水位不能及时降低。这两方面合并起来,就会妨碍农作物正常生长,以致减产或失收;或使工矿区、城市淹水而妨碍人民正常的生产和生活,成为涝灾。必须注意的是,农作物对短时间淹水有一定的耐受能力,在未明显妨碍作物生长之前,淹水也可能不成灾。治涝的任务:尽量阻止易涝地区以外的山洪、坡水等向本区汇集,并防御外河、外湖洪水倒灌;健全排水系统,使之能及时排除设计暴雨范围以内的雨水,并及时降低地下水位。

2.防洪非工程措施

由于任何防洪工程措施都是在一定的经济技术条件下修建的,其采用的防洪标准必须考虑经济上合理、技术上可行。因此,防洪工程防御洪水的能力总是有限的,一般只能防御防洪标准以下的洪水,不能防御超标准的稀遇洪水。洪水是一种自然现象,其发生和发展带有一定的随机性,当出现超过工程防洪标准的稀遇洪水时,在采用工程措施的同时,采取各种可能的防洪非工程措施来减轻洪灾的影响是十分必要的,也是切实可行的。

防洪非工程措施,就是通过法令、政策、行政管理、经济手段和直接利用蓄泄防洪工程以外的其他技术手段来减少洪灾损失的措施。

防洪非工程措施并不能减少洪水的来量或增加洪水的出路,而是更多地利用自然和社会条件去适应洪水特性,减少洪水的破坏,降低洪灾造成的损失。其基本内容主要有:①防洪设施的管理。除工程管理外,还要管好河道和天然湖泊,对河湖洲滩的利用要严格控制,保持正常的蓄泄能力。②对分蓄洪区或一般洪泛区进行特殊的管理。③对洪水经常泛滥地区的生产、生活设施建设进行指导。④建立洪水预报预警系统,以便更有效地进行洪水调度和及时采取应变计划,拟定居民的应急撤离计划和对策。⑤制订超标准洪水的紧急实施方案,设立各类洪水标志,建立应变组织,准备必要设备和物资,确定撤退方式、路线、次序和安置计划。⑥实行防洪保险。这属于减轻洪水泛滥影响的措施,洪水保险具有社会互相救助的性质,即社会以投保者按年(或)一定支出来补偿少数受灾者的集中损失,以改变洪灾损失的分担方式,减少洪灾影响。⑦建立救灾基金和救灾组织,以及临时维持社会秩序的群众组织等。多年的实践表明:只有把防洪工程措施与防洪非工程措施紧密结合,才能缩小洪水泛滥的范围,大幅度地减少洪灾损失和人口伤亡。

作为非工程措施中的一项关键技术,洪水预报预警系统越来越受到人们的重视,它对防御洪水和减少洪灾损失具有特别重要的作用。有了洪水预报,才能据此制订防洪方案,并抢在洪峰到来之前,采取必要的防洪措施,如水库开闸腾空库容、迅速加高加固堤防,转移可能受淹的群众和物资,动用必要的防洪设施等,把洪水灾害减小到最低限度。前面曾经提到的 1998 年 8 月长江中下游特大洪水,由于及时准确的洪水预报,对葛洲坝水库、清江隔河岩水库和漳河水岸进行了科学调度,使三峡以上来的洪水和清江、沮江河洪水的洪峰互相错开,极大地降低了荆江河段的洪峰水位,避免了荆江分洪损失。

根据国内外的防洪经验,一个流域发生洪水,所造成的损失大小与发布洪水预报、预警的预见期的长短成正比。预见期长,抗洪抢险准备时间充裕,洪灾损失就小。我国目前基本上在大中河流都设置了水文报汛网,大致有两种:一种是较先进的水文自动测报系统;另一种是由雨量站通过有线或无线通信,把雨情报给防汛部门,防汛部门再根据降雨和径流模型,经计算分析,预报流域各站洪水。传统的测报方法一般速度都比较慢。近年来,一些利用水文气象基本资料和数学模型,并广泛应用现代电子技术如遥感、遥控、卫星定位和通信的新型洪水预报预测系统正在兴起,其预报速度快、精度高、有效期长,是今后洪水预报预测的发展方向。

3.体系联合调度

防洪减灾体系是根据流域的自然地理条件、洪水特点及主要防洪保护区的分布情况,经科学论证后,提出各防洪区及流域的防洪总体布局。它由多种防洪工程措施或非工程措施组成。例如,珠江流域按照“堤库结合,以泄为主,泄蓄兼施”的防洪方针提出的西江和北江中下游、东江中下游、郁江中下游和柳江中下游等防洪工程体布局,工程措施与非工程措施组成的流域防洪减灾体系。防洪工程体系由各防洪保护区的堤防工程,防洪枢纽工程(水库),蓄滞洪区及若干分洪水道、河口整治工程共同组成。

建立健全的流域防洪减灾体系,通过科学的调配,可以最大限度地发挥各项防洪工程措施或非工程措施的作用,提高防洪能力。例如,广东省北江的防洪体系由飞来峡水库、北江大堤及潖江天然滞洪区组成。根据广州市防洪规划,广州市 2010 年防洪标准最终目标为防御 300 年一遇洪水。由于本地区大部分为平原,地势较低,单靠堤防或单靠水库都达不到防御 300 年一遇洪水的防洪目标,必须依靠完整的防洪体系。根据北江流域防洪规划,北江下游防洪体系由飞来峡水库、以北江大堤为主的堤防,潖江天然滞洪区以及芦苞、西南分洪道所构成的堤库结合,泄、蓄、滞、分兼施的防洪工程体系组成。整个防洪工程体系中,北江大堤以防御为主,芦苞水闸、西南水闸担负分洪任务,用以减轻北江大堤的防洪压力;飞来峡水库起削峰作用,并与潖江天然滞洪区联合运用;北江石角站为控制平台,将 300 年一遇洪水洪峰削减为 100 年一遇。

健全符合流域实际情况、满足国家经济发展和人民群众生命财产安全要求的防洪体系，保障社会经济的可持续发展。在发生常遇洪水和较大洪水时，能保障经济发展和社会安全；在遭遇大洪水或特大洪水时，经济活动和社会生活不致发生大的动荡，生态环境不会遭到严重破坏，可持续发展进程不会受到重大干扰。

4.抢险与堤防加固

长期以来，堤防是我国最主要的防洪工程措施，而这些堤防工程，除小部分为近几年新建外，其余大部分工程，都是经过多年的历史逐渐形成的，有的从地方性的小堤围经多年逐步扩展到区域性的大联围，从低矮的低标准断面逐渐增厚加高。由于受经费及技术水平的限制，设计标准较低，先天不足造成大量因堤基、堤身、穿堤建筑物地基问题（如强透水层地基管涌、软土地基沉陷、堤岸冲刷塌岸、堤身漏水等）而产生的险工险段和工程隐患，造成洪水期险情不断。遭遇1998年的特大洪水后，各级各部门加大了对水利建设的投入，除新建堤防外，还对原有堤防进行除险加固，大大地提高了堤防工程防洪抗灾的能力。

5.其他工程防洪减灾对策

在其他工程建设中，除前述各项工程措施外，还应注意以下问题。

1）重要工程设施，尽量避免建在水库的下游。

2）建筑物、构筑物的设计和施工要符合防御洪水及风暴潮的需要。

3）城市、村镇和其他居民点以及工厂、矿山、铁路和公路干线的布局，应当避开山洪威胁；已经建在受山洪威胁地方的，应当采取防御措施。

4）平原、洼地、水网圩区、山谷、盆地等易涝地区应当采取相应的除涝治涝措施，完善排水系统，发展耐涝农作物种类和品种，开展洪涝、干旱、盐碱综合治理。城市应当加强对城区排涝管网、泵站的建设和管理。

5）建筑物、构筑物禁止建在河道、湖泊管理范围内，以免妨碍行洪。禁止从事倾倒垃圾、渣土等影响河势稳定、危害河岸堤防安全和其他妨碍河道行洪的活动。

6）建设跨河、穿河、穿堤、临河的桥梁、码头、道路、渡口、管道、缆线、取水、排水等工程设施，应当符合防洪标准、岸线规划、航运要求和其他技术要求，不得危害堤防安全，影响河势稳定，妨碍行洪畅通。其可行性研究报告按照国家规定的基本建设程序报请批准前，其中的工程建设方案应当经有关水务主管部门根据防洪要求审查同意。

7）管理区内土地，跨越河道、湖泊空间或者穿越河床的，建设单位应当经有关水务主管部门对该工程设施建设的位置和界限审查批准后，方可依法办理开工手续。安排施工时，应当按照水务主管部门审查批准的位置和界限进行。

8）洪泛区洪区内建设非防洪建设项目，洪水对建设项目可能产生的影响和建设项目对防洪可能产生的影响做出评价,编制洪水影响评价报告,提出防御措施。建设项目可行性研究报告按照国家规定,基本建设报请批准时,应当附有关水务主管部门审查批准的洪水影响评估报告。

(四)防洪减灾工程

流域的防洪工程体系由各防洪保护区的堤防工程、防洪枢纽工程(水库)、蓄洪区及若干分洪水道、河口整治工程共同组成。堤防工程是江河洪水的主要屏障,防洪工程也是古今中外最广泛采用的一种防洪工程措施。以下重点介绍堤防工程规划与设计的基本知识。

1.设计标准

防洪标准是指通过综合采取各种措施后使防护对象达到的防洪能力。根据堤防工程的防洪标准,可确定堤防工程的级别,如表2-10所示。

表2-10 堤防工程的级别

防洪标准(重现期/年)	≥100	<100,且≥50	<50,且≥30	<30,且≥20	<20,且≥10
堤防工程级别	1	2	3	4	5

对遭受洪灾或失事后损失巨大,影响十分严重的堤防工程,其级别可适当提高;遭受洪灾或失事后损失及影响较小或使用期限较短的临时堤防工程,其级别可适当降低。

堤防的安全加高值应根据堤防工程的级别和防护要求,按表2-11规定确定。各级堤防重要堤段的安全加高值,经过论证可适当加大,但不得大于1.5m。

表2-11 堤防工程的安全加高值

堤防工程级别		1	2	3	4	5
安全加高值/m	不允许越浪的堤防工程	1.0	0.8	0.7	0.6	0.5
	允许越浪的堤防工程	0.5	0.4	0.4	0.3	0.3

2.设计基本资料

1)气象与水文资料。进行堤防设计之前,必须清楚地了解当地的气象与水文资料,包括气温、风况、蒸发、降水、水位、流量、流速、泥沙、波浪、冰情、地下水等资料,以及与工程有关的水系、水域分布、河势演变和冲淤变化等。

2)社会经济资料。堤防工程设计必须具备防护区及堤防工程区的社会经济资料,具体包括面积、人口、耕地、城镇分布等社会概况;农业、工矿企业、交通、能源、通信等行业的规模、资产量等国民经济状况;生态环境概况;历史洪、潮灾害情况等。

3)工程地形及工程地质资料。3 级及以上的堤防工程设计的工程地质及筑堤资料,要符合国家现行标准《堤防工程地质勘察规程》的规定。4 级、5 级的堤防工程设计的工程地质及筑堤资料,可适当简化。

3.设计原则

1)堤防工程的设计应以所在河流、湖泊、海岸带的综合规划或防洪专业规划为依据。城市堤防工程的设计,还应以城市总体规划为依据。

2)堤防工程的设计应具备可靠的气象水文、地形地貌、水系水域、地质及社会经济等基本资料。堤防加固、扩建设计,还应具备堤防工程现状及运用情况等资料。

3)堤防工程设计应满足稳定、渗流、变形等方面的要求。

4)堤防工程设计应贯彻因地制宜、就地取材的原则,积极采用新技术、新工艺、新材料。

5)位于地震烈度 7 度及以上地区的 1 级堤防工程,经主管部门批准,应进行抗震设计。

6)堤防工程设计应符合国家现行有关标准和规范的规定。

第五节　火灾与防灾减灾工程

一、火灾概述

火灾(fire disaster)是指在时间和空间上失去控制的燃烧所造成的灾害。在各种人为灾害中,火灾是最经常、最普遍地威胁公众安全和社会发展的主要灾害之一。

(一)火灾的分类

根据可燃物类型和燃烧特性,火灾可分为 7 类,如表 2-12 所示。

表 2-12　根据可燃物类型和燃烧特性分类

火灾分类	燃烧物质	举　例
A 类	固体物质	木材、煤、棉、毛、麻、纸张
B 类	液体或可熔化固体物质	煤油、柴油、甲醇、乙醇、沥青、石蜡
C 类	气体	煤气、天然气、甲烷、氢气、液化石油气

续表

火灾分类	燃烧物质	举 例
D类	金属	钾、钠、镁、铝镁合金
E类		带电火灾,指物体带电燃烧的火灾
F类		烹饪器具内的烹饪物起火
G类		食用油类火灾

(二)火灾的等级

按照火灾造成的死亡人数或重伤人数,或直接经济损失大小分为4个等级,具体指标如表2-13所示。

表2-13 火灾等级划分标准

火灾等级	特别重大火灾	重大火灾	较大火灾	一般火灾
死伤人数	死亡30人以上,或重伤100人以上	死亡10~30人,或重伤50~100人	死亡3~10人,或重伤10~50人	死亡3人以下,或重伤10人以下
直接经济损失	1亿元以上	0.5~1亿元	0.1~0.5亿元	0.1亿元以下

以2012年为例,该年全国没有发生特别重大火灾,其他各级火灾发生情况如表2-14所示。

表2-14 2012年全国火灾损失统计

事故等级	事故起数	死亡人数	受伤人数	直接财产损失/万元
重大火灾	2	24	7	2 699
较大火灾	60	199	45	19 806
一般火灾	152 095	805	523	195 211
合 计	152 157	1 028	575	217 716

可以看出,数量最多的是一般火灾,但每次重大火灾的死伤人数要大得多,直接经济损失是较大火灾的4倍和一般火灾的1 000倍以上。

2013年,全国发生了2起特别重大火灾。6月3日6时10分许,吉林省德惠市某企业因电线短路引发液氢爆炸和火灾,共造成121人死亡,76人受伤,直接经济损失18亿元。6月7日,福建省厦门市一高架桥上有人故意纵火,造成47人死亡,34人因伤住院。2014年1月11日,云南省香格里拉独克宗古城的大火持续了十几个小时,大量古建筑毁于一旦,直接经济损失超过1亿元,仅烧毁242栋房屋的财产损失就达

8 984 万元。

(三)火灾发生的原因

1.燃烧的三要素

燃烧是可燃物与氧化剂发生的一种氧化放热反应,燃烧必须具备可燃物、助燃物和点火源 3 个要素,三者缺一不可。

1)可燃物。指能与空气中的氧或其他氧化剂产生化学反应的物质,在人们的生产和生活环境中大量存在。

2)助燃物。指能帮助和支持可燃物燃烧的物质,空气中的氧气是最常见的助燃物。

3)点火源。可燃物与氧或助燃剂发生燃烧反应的能量来源,通常以某种可燃物的燃点温度表示。

自然状态下,大多数可燃物因不到燃点温度而不能燃烧。绝大多数火灾是由于人为原因有意或无意引进火种而发生的。以北京市 2010 年为例,由雷击引发的自然火灾不到 1%;自燃起火既有高温等自然因素,也有保管不当等人为因素,约占 2.52%。二者合计尚不足 4%,如表 2-15 所示。

表 2-15　北京市 2010 年城市火灾原因

原　因	直接人为	电气	遗留火种	生产作业	自燃	不明原因	雷击	静电	其他	合计
次数/次	2 022	1 606	590	266	134	56	5	5	622	5 306
占比/%	38.10	30.27	11.12	5.01	2.53	1.06	0.09	0.09	11.72	100

2.常见的生活起火原因

卧床或在沙发上吸烟,乱扔烟头;用过液化气不关总阀门,气灶点火开关故障或橡皮气管老化爆裂导致漏气;使用液化气灶时,锅内食物沸腾溢出浇灭火焰,导致液化气泄漏引发火灾;使用劣质电热毯,导线短路点燃被褥;蚊香放在床边,床上用品接触蚊香引发火灾;燃放烟花爆竹落到柴草堆上;同时使用多个家用电器,超负荷运转发热引发火灾;农村灶膛火苗外窜点燃柴草;私拉乱接电线,使用劣质插头或插座发生短路;上坟烧纸钱失控等。

3.常见的生产起火原因

企业电气设备超负荷运行、短路、接触不良或使用不合格保险丝引发火灾;没有安装避雷针和除静电设备;干柴、木材、木器、煤灰、纤维、纸张、衣物等可燃物靠近火炉或烟道或高温蒸汽管道堆放,或靠近大功率灯泡被长时间烘烤;烘烤或炒过的食物或其他可燃物未经散热堆积就装袋,因聚热起火;热处理工件在有油渍地面或易燃品旁;电焊作业附近有可燃物堆放;化工生产投料差错导致超温超压爆燃;易燃易爆物品运输储存不当导致泄漏;放火烧荒等。

4.火灾的发生和发展阶段

火灾的发生发展有4个阶段:初起阶段、发展蔓延阶段、发展猛烈阶段和衰减熄灭阶段。初起阶段火势很小,应不失时机地迅速扑灭。发展蔓延阶段和发展猛烈阶段火势凶猛难以接近,主要策略是限制火焰向周边扩展,需由专业消防队在控制火势的基础上,选择有利时机和突破点进行扑灭。在火势衰减熄灭阶段要认真清理火场,防止余烬复燃。

现代城市有许多高层建筑,底层起火后由于烟囱效应,热烟气向上蔓延的速度为3~4m/s,几十秒钟火焰就能蔓延到百米高楼的顶部,扑救难度要比一般建筑大得多。

二、火灾的科学应对

(一)建立健全消防责任制

消防工作要贯彻“预防为主,防消结合”的方针,坚持政府统一领导,公安依法监管。单位全面负责,公众积极参与的原则。企事业单位负责人要对本单位消防安全负总责,建立健全各级消防责任制和岗位责任制,编制消防预案。一旦发生火灾事故,要做到四不放过:事故原因不查清不放过,事故责任者得不到处理不放过,整改措施不落实不放过,教训不吸取不放过。重大火灾事故还要追究上级有关负责人的领导责任。

(二)认真组织火灾隐患排查和整改

所有单位都要按照消防法的要求,经常组织定期或不定期的消防隐患排查。地方政府要组织各有关部门对重点单位和场所进行消防工作检查和火灾隐患排查,对所发现的火灾隐患要责令单位负责人或业主限期整改,公安、安监的执法部门要依法查处各类消防违法行为。对不具有安全生产条件和达不到整改要求的,要责令停产停业。一般单位对建筑物内的消防设施至少每年要进行一次全面检查,对于石油化工企业、地下工程、大商场等消防安全重点设防单位要建立每日防火巡查制度并建立巡查记录。

(三)广泛开展消防宣传教育和培训

消防宣传教育和培训要重点围绕提高社会单位以下4个方面的能力开展工作:检查和消除火灾隐患的能力;组织扑救初起火灾的能力;组织人员疏散逃生的能力;消防宣传教育培训的能力。新闻、宣传和文化部门要利用各种传播媒介和群众喜闻乐见的方式积极做好消防宣传,各事业单位要对员工进行消防安全知识培训并定期组织消防演练。各类学校要对学生进行消防知识教育,增强其防火意识和火灾自救能力。村民委员会和居民委员会要配合政府做好农村和社区的消防宣传和管理工作。

(四)灭火的基本方法

1.冷却法

火灾发生使周边的气温和地温不断上升,并继续引燃旁边的可燃物,使火灾继续蔓延和扩大。降低火场周围温度是灭火的基本方法之一,水由于热容量大且容易获取,成为最常用的冷却物质。重点防火场所都要求储备一定数量的消防水源。利用有利天气实施人工增雨作业对于森林火灾和草原火灾的扑救十分有效。

2.窒息法

空气中的氧气低于某个临界浓度,燃烧就不能维持。常见的窒息灭火剂有二氧化碳、氮气、水蒸气等,用以降低和稀释氧气浓度,多用于密闭或半密闭空间,有风时效果较差。但对于本身含有助燃物的可燃物如硝酸甘油,窒息法不起作用。

3.隔离法

将可燃物与助燃物隔离,燃烧将自行终止。如液化气泄漏起火,要迅速关闭阀门;电器着火要关掉电闸;油锅着火要马上盖上锅盖,千万不要加水。将可燃物与火源隔离也是重要的灭火方法,消防部队灭火救援最常用的隔离灭火法是使用泡沫灭火剂覆盖在可燃物表面,通过阻止与空气的接触来达到灭火的目的;对于火势凶猛,一时难以扑灭的火灾,首先要防止其蔓延扩大,需要把火场外围的一切可燃物转移;对于森林火灾和草原火灾,则采取在人为控制下提前把火场外围的林木和牧草烧掉,大火逼近时因已无可燃物,火焰将自动熄灭。

4.化学抑制法

切断燃烧的化学反应链也可以达到灭火的目的。干粉灭火器的工作原理是其中的超细干粉具有很大的比表面积,可形成悬浮于空气中的气溶胶参与燃烧反应,使自由基终止速率大于燃烧反应中的生成速率(其表面能捕获 OH 和 H 离子结合成水,使自由基急剧下降),从而导致燃烧的终止。同时,这些干粉在高温下可在燃烧物质表面形成一层玻璃状覆盖物,从而隔绝氧气,窒息灭火。

(五)火灾中的自救与逃生

发生火灾后,要尽快拨打 119 火警,报告火灾发生地点、起火时间与火势。

被大火围困时,首先要判明起火位置,然后决定适宜的逃生路线和方法;撤离时不要贪恋财物。

着火位置高于居住层时，可从楼梯下楼及时撤离，不要乘电梯，因为在发生火灾时往往会切断电源，乘电梯会被困在中途。

着火位置低于居住层时，如退路已被切断可向高层转移。

被大火围困在高层楼房时，应密闭门窗，阻断烟雾，用水浇湿室内用品及四壁以降低温度；在临街窗户或阳台向外呼救等待救援，四层以上除非楼下有软垫接应，绝对不要贸然跳楼。

被大火围困在低层楼房时，可借助绳索或撕开床单从阳台、窗户下坠逃生。

逃离火场必须穿越烟雾区时，应用湿毛巾掩住口鼻，尽量降低身高弯腰疾走或在地面匍匐前进，以减轻烟雾的毒害。据统计，火灾中丧生者90%以上是被毒烟熏死的。

三、森林火灾与防灾减灾工程

森林火灾是指失去人为控制，在林地内自由蔓延和扩展，对森林、森林生态系统和人类带来一定危害和损失的灾害。森林火灾是一种突发性强，破坏性大，处置救助较为困难的自然灾害。

地球森林资源锐减的原因，一方面是由于人类的过量采伐，另一方面是受各种灾害的危害，而在危害森林的诸多灾害中又以火灾最为严重。据不完全统计，世界平均每年发生森林火灾约22万起，过火森林面积达60多万 km^2，约占全球森林总面积的1.8%。进入20世纪70年代，因全球气候变暖等原因，森林火灾的发生次数和造成损失都呈上升趋势。据有关资料介绍，20世纪70年代以来，全球发生受害森林面积在1万 km^2 以上的特大森林火灾数十起。1997年印尼森林大火破坏了45万 km^2 的森林，其浓烟笼罩苏门答腊岛并殃及邻国新加坡和马来西亚，使该地区7 000万人遭受烟尘污染的危害，同时造成飞机失事、轮船停航。据专家测算，印尼森林大火释放的二氧化碳数量可能超过西欧所有汽车和电站一年排放的二氧化碳总和。我国也是森林火灾严重的国家，据统计，自中华人民共和国成立以来，全国共发生森林火灾69.4万起，受害森林面积38.64万 km^2，烧死烧伤3.3万人，直接经济损失数千亿元。

总而言之，森林大火一旦发生，不仅毁灭森林中的各种生物，破坏陆地生态系统，而且其产生的巨大烟尘还严重污染大气环境，直接威胁人类的生存条件。此外，扑救森林火灾需耗费大量的人力、物力、财力，给国家和人民生命财产造成巨大损失，扰乱所在地区经济、社会发展和人民生产、生活秩序，直接影响社会稳定。进入21世纪后，随着经济、社会和气候条件的变化，今后的森林防火形势将更加严峻。

（一）森林火灾的分类

按照对林木造成损失及过火面积的大小，可把森林火灾分为森林火警（受害森林面积不足 0.01km^2 或其他林地起火）、一般森林火灾（受害森林面积在 1km^2 以上 10km^2 以下）和特大森林火灾（受害森林面积在 10km^2 以上）。

（二）森林火灾的危害和后果

1）森林火灾不仅能烧死许多树木，降低林木密度，破坏森林结构，同时还能引起树种向低价值的树种、灌木丛、杂草演替，降低森林利用价值。

2）由于森林烧毁，造成林地裸露，失去森林涵养水源和保持水土的作用，将引起水涝、干旱、山洪、泥石流、滑坡、风沙等其他自然灾害的发生。

3）被火烧伤的林木，生长衰退，为森林病虫害的大量衍生提供了有利环境，加速了林木的死亡。同时，森林火灾促使森林环境发生急剧变化，使天气、水域和土壤等森林生态受到干扰，失去平衡，往往需要几十年或上百年才能得到恢复。

4）森林火灾能烧毁林区各种生产设施和建筑物，威胁森林附近的村镇，危及林区人民生命财产的安全，同时森林火灾能烧死并驱走珍贵的禽兽。森林火灾发生时还会产生大量烟雾，污染空气。此外，扑救森林火灾要消耗大量的人力、物力和财力，影响工农业生产。有时还造成人身伤亡，影响社会的安定。

（三）森林火灾燃烧的过程

森林火灾燃烧的过程一般分为预热、气体燃烧和木炭燃烧 3 个阶段。

1.预热阶段

预热阶段即外界温度未到达燃点时的阶段。在外界火源作用下，可燃物温度逐渐上升，大量水蒸气蒸发，伴随产生大量的烟，有部分可燃性气体挥发，还不能燃烧，这时可燃物收缩而干燥，如叶子卷曲等。

2.气体燃烧阶段

可燃物冒烟后，温度上升很快，继续受热分解，挥发出大量的一氧化碳、氢气和碳氢化合物等可燃性气体，与空气混合后变成可燃混合气体，氧化与放热过程加快、加剧。当达到燃点后，可燃气体立即被点燃，产生很多有毒物质和水蒸气，放出大量的光和热能，并使附近的可燃物温度上升，引起燃烧蔓延。

3.木炭燃烧阶段

木炭燃烧即固体燃烧。当木材完全变为木炭后，有火焰的燃烧就停止，即转入木炭无火焰燃烧阶段，看不到火焰，只有炭火。木炭燃烧属于固体炽热燃烧，因燃烧发生在固体表面，也就是表面炭粒子燃烧，故又称为表面燃烧，最后产生灰分。木炭燃烧是一层层往内燃烧，它虽然没有火焰，但仍能产生少量的光和热。

(四)森林火灾发生的原因

林火的发生是有一定原因和规律的，主要与森林可燃物、火源及天气条件有关。其中火源是发生火灾的主导因子。火源可分为天然火源和人为火源两大类。

1.天然火源

天然火源是一种难以控制的自然现象，包括火山爆发、陨石坠落引发起火，泥石自燃，雷击起火等。其中最主要的是雷击起火。太平洋附近地区的雷击火最多，中国的雷击火主要发生在大兴安岭、内蒙古的呼伦贝尔、新疆的阿尔泰山等地。我国的雷击火占天然火源的比例虽然很小(只有1%)，但是着火往往造成巨大的森林损失。要减少雷击火的危害，关键是及早发现。

2.人为火源

人为火源是发生火灾最主要的原因，世界上人为火源引发火灾占总火灾的90%以上，如美国91.3%，中国99%。在生产、生活中，外出旅游时的疏忽大意，是人为火源的主要发生原因。另外，一些迷信用火造成的火源，近年来有发展的趋势。

(五)森林火灾的特点

1.3种火灾(地表火、树冠火和地下火)的发展具有综合性

通常针叶林易发生树冠火，阔叶林易发生地表火，单纯性的森林火灾较少。如果草本层干燥，密集连续，地表火发展就极为迅速，尤其是采伐迹地，火势更强。由草本层燃烧的简单地表火火墙较窄，宽度通常为5~8m。由草本和下层木共同燃烧的地表火较为猛烈，火墙宽度可在15m以上，扑救困难，往往会造成大范围的过火面积。针叶林的枝叶富含油脂，下枝离地面近，在地表火的烘烤下，极易引起树冠火，通常在地表火过后15~30min内发生。树冠火的推进速度虽然较慢，但火势猛烈，会使周围空气形成热浪，难以接近。

2.森林火灾蔓延主要受山谷风控制，具有间歇性

高山峡谷地带的风力作用主要来自山风和谷风，谷风能加速火势向上蔓延。在晴朗的天气，一般都有山谷风这种现象。谷风发生在上午10时左右，逐渐增强到下午3时以后最大。山谷风有阵风性质，受其控制，山火在一天中也有盛期、中期和衰期的变化。一般衰期主要在早上4—10时，地表火停止发展，树冠火变冲冠火，有些冲冠火在烧掉枝叶后，火焰自动熄灭，火场内多数地段基本上属于无焰燃烧状态，这是扑火的最好时机。俗话说，山火不过夜，如果头天的林火到次日上午10时以前没有扑灭，就要做好打恶仗的准备。盛期出现两次，分别在15—17时和20—22时。地

表火和树冠火发展迅速，火灾温度高，风向多变，人员已经疲劳，指挥难度较大。需要指出的是，主沟的山谷风能够控制支沟的山谷风。因此，主沟发生的山火易向支沟方向发展，而支沟发生的山火不易向主沟方向发展。此外，山谷风还受大气候的影响，对山火的作用具有日际变化的特点。火灾蔓延发展的水平方向也受山谷风的影响：当谷风猛烈时，火势常在火场的上游一带扩展；当山风猛烈时，火势常在火场的下游一带扩展。

3.火势蔓延受地形因素影响，具有复杂性

地形变化在很大程度上制约着火势的蔓延。在山势大转折（主要是坡向大转折）、窄谷和山脊上，多会出现自然终止燃烧的现象。大的山势转折处，由于反山气流的作用，上山火到山顶时，火势常常衰落，会停止发展。窄谷地段的风速加快，在"峡谷效应"作用下的分流之处，火势通常暂时中止。在山区由山脚向山顶蔓延的火要受一些缓坡、小平地、陡坡和峭壁等小地形的影响，因为谷风经过各种小地形时会形成很小的涡流旋，对火势蔓延能起到阻碍作用。缓坡和陡坡上的火势蔓延快，不易扑救，而山坳、小平地上的火势蔓延速度减缓，是高山地带扑火的好时机。

4.山地森林火灾常呈跳跃式发展，具有立体性

由于山体高拔，沟谷狭窄，林火占有较大的垂直空间。除了水平推移外，还有跳跃式发展的特点，通常跳跃的距离在500米以内。跳跃式燃烧的原因是球果或小枝燃烧后，随风吹至高空向远处落下后引起的，此时，火场周围在热浪的作用下，空气和林地进一步干燥，温度升高，一有火种，立即起火。

5.具有反复性

林火虽有一般的蔓延规律，但常有反复，在山地林区表现更为突出。其主要原因是余火相对隐蔽，地面无火无烟，使人难以察觉，到突然起火时，尽管有人在现场监护防守，也已措手不及，特别是在火场的边沿更为严重。此外，也可能是余火自燃问题。腐殖质在高温的作用下，出现易燃气体。易燃气体一旦与外部空气中的氧气结合，即发生自燃。因此，我们对隐蔽的余火要高度重视，不仅要从烟、温度方面去进行判断，还要反复翻挖，用水浇灌的方法，使其彻底熄灭。

6.森林火灾防治

我国森林防火的方针是"预防为主，积极消灭"。预防是森林防火的前提和关键，消灭是被动手段、挽救措施。只有把预防工作做好了，才有可能不发生火灾或少发生火灾。一旦发生火灾，必须采取积极措施将其消灭。因此，森林防火的预防和扑救，必须做到两手同时抓，两手都要硬。

森林火灾归属于自然灾害,同时又属于人为灾害。地球上的森林远在3.5亿年前就出现了,而人类的起源时间距今只有300万年。也就是说,远在人类出现以前就有了森林。有了森林就有了火灾。所以,森林火灾是一种自然灾害。近代森林火灾绝大多数又是由人类不慎用火引起的,所以森林火灾又属于人为灾害。作为人为灾害,通过有效的管理是可以控制的。同时,发生森林火灾必须具备可燃物、火险天气和火源3个基本要素,缺一不可。可燃物和火源可以进行人为控制,而火险天气也可通过预测预报进行防范。所以说,森林火灾是可以预防的。

林火预防首先应做好群众性的防火工作,加强森林防火宣传教育,加强法制教育,建立健全森林防火组织,严格控制火源。同时,还要采取技术措施,建立多种系统,逐步实现国家林业局提出的"四网两化"目标。

(1)监测瞭望网

监测瞭望网解决"眼睛"问题。监测瞭望网包括瞭望台网,卫星探水,航空巡护,地面巡护等。要求凡松、杉、柏等树种组成的成片林区监测覆盖面不少于80%,加上护林点等不少于95%,其他林分(含针阔混交林)不低于70%。

1)瞭望台网。瞭望台的设置应因地制宜,根据地形、地势和树林分布情况选择在制高点上设立。在用望远镜时,瞭望半径一般为15~20km。一般平坦地势密度可小,山区密度应大,尽量减少盲区,大约每40~55km设一个。大型国有林场、自然保护区、森林公园等应每2 000m建一处瞭望塔(台、哨),一般林地可扩大到3 000m以上,瞭望距离为15~25km。确定火场位置时用交会法,瞭望台必须成网,才能确定火场位置。

瞭望台应配置电话或对讲机、望远镜、罗盘仪、地图、记录本等,顶部均应设避雷针。较先进的瞭望台应配有红外线探测仪、闭路电视探火等设备。防火期间应有专人瞭望,值班时间一般为8—18时,在高火险期应昼夜值班。

关于瞭望台高度,平原地区为20m;山区一般应高出林冠2~4m,修建瞭望台(塔、哨)等应用砖石结构。

2)卫星探火。利用人造卫星搭载遥感器,能在数百至数千米的高空中接收来自地面和大气中可见光至热红外波段的各种反射和辐射信息,再将这些信息送到地面站,经过一系列处理后,以图像胶片、数据和磁带等形式供给用户。用这些图片对火灾进行各种分析研究,如烟雾动态分析、火源变化分析,能够清楚地表明火灾发生、发展到结束的变化过程。遥感资料还能对地面植被的变化和火灾造成的损失做出估计。

3）航空巡护。航空巡护主要在人烟稀少、交通不便的偏远林区采用。巡护时，飞行高度以1 500~1 800m为宜，视程为40~50km。在飞机上确定火场位置和火灾种类后，立即用无线电向防火部门报告。

4）地面巡护。利用摩托车、马匹等来巡护，以弥补防火瞭望台监测力量的不足。

（2）预测预报网

在防火期间进行预测预报，可以积极准备，有组织性地安排人员，配备利用航测、遥感技术的办法进行预测，对可燃物、火险天气、火源进行预报。

1）预测预报的种类。A.火险天气预报。只预测空气的干湿程度，考虑几个气象因子。气象信息来源有两条：一条是接收国家气象台每天发布的天气实况和天气预报，另一条是接收防火部门在林区自建的气象站（点）每天按规定时间发来的气象信息。防火期每日上午8时和下午1时向所在地防火指挥部报告气温、风向、风速、降水量、相对湿度等气象资料。

B.火灾发生预报。通过综合考虑气象条件的变化、可燃物干湿程度的变化、森林可燃物类型的特点以及火源出现的危险等来预测火灾发生的可能性。林火行为预报主要包括两个方面，即蔓延指标和能量释放。前者由可燃物类型、坡度和风速等因素来确定；后者由可燃物的数量、结构、分布格局、理化性质等来确定。根据上述掌握的大量资料，可研制林火蔓延模型和林火行为模型。

2）林火预报的方法。A.估测法。根据经验预报火的等级、火烈度等。一般来说，阴云、2级风以下不易发生火灾；阴云、3级风难以发生火灾；天晴、4~5级风容易发生火灾。

B.综合指标法。根据某一地区无雨期长短来预报。无雨期越长，空气越干燥，气温越高，可燃物含水率越小，森林燃烧的可能性越大。计算综合指标时必须在每天13时，测定气温和饱和差的变化，同时根据降水量加以修改。如当日降水量超过2mm时，则取消以前积累的综合指标；降水量大于5mm时，则将降雨后5天内的综合指标减1/4，然后累计得出综合指标。

（3）林火阻隔网

防火阻隔系统多是由带状障碍物进行联网组成，一般可以分成3个类型：一是自然障碍阻隔类，主要包括河流、水库、湖泊、池塘、岩石裸露区、自然沟壑、沙滩等。自然障碍对阻隔火灾有着重要的作用，尤其是在山坡陡峭、地形复杂的山区，自然障碍有更明显的阻火作用。二是生物阻隔类，主要包括防火林带、农田、牧场，以及茶园、竹林、果园等经济林区域。生物阻隔是生物工程防火的有效措施之一，它不仅有阻火作用,还具有经济和生态效益。三是工程阻隔类,主要包括防火线、防火沟、道路工程、水渠等。工程阻隔是根据防火需要和林区条件,因地制宜、因害设防的工程防火设施,也称为限制性防火措施。这些预防措施能有效阻止森林火灾的蔓延,但它必须与自然障碍物、河流(湖泊)、铁路、公路封闭成网,才能减少森林损失。以下重点介绍工程阻隔类中的防火林带、防火线(路)。

1)防火林带。营造防火林带,是森林防火的长远战略措施。

树种选择:选经济价值高,抗火力强,在当地生长快、落叶齐的阔叶树(常绿树最好);枝叶密,本身含水量大的树;含有硅的树种。

结构:紧密结构为宜,总体构成3层,即乔木层、乔木亚层、灌木层。

林带宽度:主干为50m,支干为30m。

林带位置:山脚(山谷)最好,山脊、一面坡也可。

林带方向:与防火期主风向垂直。

株行距:南方木荷为1m×1m。

2)防火线(路)。

国境防火线:宽50~100m(生土带)。

铁路防火线:设在国铁、森铁两侧,国铁每侧宽50~100m,森铁每侧宽30~50m。

林缘防火线:在农、林交错处,草地、森林交界处,宽30~50m。

林内防火线:宽为树高的15倍。

幼林防火线:宽10m左右。

其他防火线:如村屯、仓库、林地建筑等,宽50~100m。

3)防火公路。既运送人员、物资,又阻止火势蔓延。一般要求每1万平方米达到4~6m。

(4)森林火灾扑救

1)扑火方针。扑火方针即"打早、打小、打了"。要做到早发现,领导要亲临火场组织扑救,扑火时要做到"四快",即探火快、报警快、领导快、扑火队伍赶到火场快。

2)扑火方式。扑救林火的方式主要有两种:一是直接灭火,对低、中强度的地表火采用这种方式,主要用于扑救火灾初期阶段和火势弱、植被少的地方的火灾。二是间接灭火,对高强度的地表火、林冠火、地下火采用这种方式。在火头前方开隔离带阻止火势蔓延。间接灭火的方法主要用于扑救大面积、高强度、大风条件下的火灾,此外在阻止大面积荒火烧入林内的情况下也须使用。其主要方法是利用河流、道路和山脊作为依托条件开设防火线,阻隔火势蔓延。两者要因地、因时适宜使用,有时可以单独使用,有时也可以结合使用。

A.直接灭火。对植被少、火较弱的火灾,可以利用灭火工具直接消灭火焰。扑火时,应从火的后方(火尾)入场,尾随火头前进,踏过火烧迹地进入扑火地段,开展扑火作业,直到火被扑灭为止。

扑火力量充足时,可将火区分割成段,同时开展扑火作业,逐段逐片消灭。在扑灭火头和两翼的同时,应派部分人员携带灭火工具,扑打火尾、残火,防止风向突变,使火尾变成火头。对于扑打过的地段,应派人看守,防止复燃。

为了阻止火灾蔓延,对树冠火要组织开设防火线;对地表火,根据情况,必要时也要开设防火线。在开设防火线前,应根据火势蔓延的方向、速度、地况、林况和开设防火线工具、人员及所需时间等,尽快决定防火线的位置、走向和方法。

火灾面积不断扩大时,扑火队(组)长发现危险等其他情况,可根据需要灵活变更扑火任务区,并在重要地段配备主要力量。同时,应把扑火作业的进展情况随时报告给指挥员,并与邻近扑火队伍取得联系。

如果火灾面积大,扑救时间延长,指挥员应当及时安排食品、饮用水补给扑火人员并支援物资。

B.间接灭火。a.人工开设防火线。在火前方一定距离,选择与主风方向垂直,植被较少的地方,人工开设防火线,并清除防火线上的一切可燃物。防火线宽度一般不少于30m,长度应视火头蔓延的宽度而定,伐倒的植被倒向火场一边。开设防火线时要强调质量,不符合质量要求的要立即返工。防火线形成后,要派足够的人员在外侧守护,严防火头越过防火线。

b.火烧防火线。火烧防火线的技术性强,危险性大,如掌握不好极易跑火。因此,必须选择有经验的指挥员指挥,组织足够人力,选好风向,在3级以下风力时进行。风力太大不宜使用。

火烧防火线一般选择在火头的前方,利用河流、道路作依托条件,迎着火头,在火头前进方向的对侧开始点火,利用风力灭火机使火向火场方向蔓延,两火相遇产生火爆,降低空气中氧气的含量,从而将火熄灭,阻止火蔓延。采用火烧防火线方法灭火时,点火人员一般相间5m,向同一方向移动同时点火。

如果火势进一步扩大,指挥员应根据火势、地形、地被物、气象、扑救力量等情况,考虑变更扑救方法和扑救队伍的任务及配备,掌握好支援队伍和物资,力争控制局势。

在指挥扑救时应注意判断扑救力量和火势的相互联系,根据火势蔓延速度划分间接灭火区和直接灭火区,确定间接扑火的方式和作业地点,分配扑火任务,落实责任,实行分片包干。

采用火烧方法开设防火线时,要将扑火人员分成点烧组、扑火组、清理组和扑火预备队,边点边扑边清。指挥员要统一行动,严密组织,时刻掌握火情变化,立即采取果断措施。

当扑救时间较长,一线扑火人员疲劳时,要及时使用预备队伍,撤换一线扑火人员,避免因过度疲劳,造成人员伤亡。

当火势激烈凶猛,间接和直接灭火方法难以奏效时,应当利用日出、落日前后一段时间大气湿度大,风小,火势较弱的有利时机,最大限度地组织扑救力量投入扑救战斗。

利用防火线阻止火势蔓延成功后,指挥员要重新调整扑火方案、扑火力量和扑火任务。一是留下部分人员清理余火,看守火场,警戒飞火,防止复燃;二是主要扑救力量转移,由外向内边打边清,三是配备适当预备力量,以应付情况突变。

C.灭火方法。a.扑打法。用扑火工具把火与空气隔离。扑火工具有树枝、扑火拍(胶皮)、拖把、湿麻袋片等。扑打法适于低强度火的扑打及火场清理。

b.灭火法。用土把火与空气隔离。可用铁锹,镐或机械(如拖拉机、喷沙机)开沟喷土。喷土法只适于疏松土壤,如沙土、沙壤土;不适于壤土、黏土等。

c.水灭火法。水可吸收大量的热,同时水蒸气可稀释空气中氧气的含量。水灭火法的工具有自压式喷雾器、消防车、水上飞机等。

d.火灭火法。发生强烈火灾时,在火头前方一定距离用火烧灭火法加宽隔离带。具体有两种方式:一是火烧法,以公路、小溪、小道等为依托条件,点逆风火加宽小道。二是迎面火法。当火头前方出现逆风时,在火头前方点迎面火,火沿火头蔓延。点火时应考虑地形、温度等条件,点火人员不应站在两火势之间。点迎面火时,应在火头纵深方向的7倍处点火。

e.风力灭火法。高速的气流能移走可燃性气体,同时也能吹走燃烧释放出来的热量。风力灭火法的工具有风力灭火机、机载风力灭火机等。

f.爆炸灭火法。利用瞬时爆炸产生冲击波冲散火,并且利用细土沙灭火。用炸药炸,每隔2m一坑,进行引爆。这一方法适于枯枝落叶多、土壤坚实的原始林区。

g.化学灭火法。有的化学药剂受热后能形成薄膜,覆盖在可燃物上,把火熄灭;有的药剂受热后产生不可燃的气体或者是药剂受热后能吸热。

h.空中灭火法。利用各种类型的飞机对林火进行跳伞灭火、机械灭火和喷洒水或化学灭火剂灭火等。

i.人工化降水灭火法。在云层中加进类似冰晶作用的物质如干冰、碘化银等,促进降雨。

四、城市建筑火灾与防灾减灾工程

(一)建筑火灾的特性与结构的耐火特性

1.建筑物耐火等级的划分基标和依据

为保证建筑物的消防安全,必须采取必要的防火措施,使之具有一定的耐火性。即使发生了火灾也不至于造成太大的损失。通常用耐火等级来表示建筑物的耐火等级。耐火等级不是由一两个构件的耐火性决定的,而是由建筑物的主要构件,即组成建筑物的墙、柱、梁、楼板等的燃烧性能和耐火极限决定的。《建筑设计防火规范》(GB50016—2006)规定了选择楼板作为确定耐火极限等级的基准,对建筑物来说,楼板是最具代表性的一种至关重要的构件,因而在制定分级标准时应首先确定各耐火等级建筑物中楼板的耐火极限,然后将其他建筑构件与楼板相比较。在建筑物结构中所占的地位比楼板重要者,可适当提高耐火极限要求,否则反之。参照其他国家的相关标准,并结合我国国情,《建筑设计防火规范》把建筑物的耐火极限等级分为四级,一级耐火性能最高,四级最低。

各级耐火极限的建筑物除规定了建筑构件最低耐火极限外,对其燃烧性能也有具体要求,因为即使是具有相同耐火极限的构件,若其燃烧性能不同,其在火灾中的情况也是不同的。

2.建筑物的耐火极限

1)建筑物的耐火极限等级分为四级,其构件的燃烧性能和耐火极限不应低于表2-16中所列的规定。

表2-16 建筑物构件的燃烧性能和耐火极限表

构件名称	燃烧性能和耐火极限/h			
	一级	二级	三级	四级
防火墙	非燃烧体 4.00	非燃烧体 4.00	非燃烧体 4.00	非燃烧体 4.00
承重墙、楼梯间、电梯井的墙	非燃烧体 3.00	非燃烧体 2.50	非燃烧体 2.50	难燃烧体 0.50
非承重外墙、疏散走道两侧的隔墙	非燃烧体 1.00	非燃烧体 1.00	非燃烧体 0.50	难燃烧体 0.25

续表

构件名称	燃烧性能和耐火极限/h			
	一级	二级	三级	四级
房间隔墙	非燃烧体 0.75	非燃烧体 0.50	难燃烧体 0.50	难燃烧体 0.25
支撑多层的柱	非燃烧体 3.00	非燃烧体 2.50	非燃烧体 2.50	难燃烧体 0.50
支撑单层的柱	非燃烧体 2.50	非燃烧体 2.00	非燃烧体 2.00	燃烧体
梁	非燃烧体 2.00	非燃烧体 1.50	非燃烧体 1.00	难燃烧体 0.50
楼板	非燃烧体 1.50	非燃烧体 1.00	非燃烧体 0.50	难燃烧体 0.25
屋顶承重构件	非燃烧体 1.50	非燃烧体 0.50	燃烧体	燃烧体
疏散楼梯	非燃烧体 1.50	非燃烧体 1.00	非燃烧体 1.00	燃烧体
吊顶(包括顶格栅)	非燃烧体 0.25	非燃烧体 0.25	非燃烧体 0.15	燃烧体

2)二级耐火等级的多层和高层工业建筑内存放可燃物的平均重量超过200kg/m^{2}的房间,其梁、楼板的耐火极限应符合一级耐火等级的要求,但设有自动灭火设备时,其梁、楼板的耐火极限仍可按二级耐火等级的要求。

3)承重构件为非燃烧体的工业建筑(甲、乙类库房和高层库房除外),其非承重外墙为非燃烧体时,其耐火极限可降低到0.25h;为难燃烧体时,可降低到0.5h。

4)二级耐火等级建筑的楼板(高层工业建筑的楼板除外),如耐火极限达到1h有困难时,可降低到0.5h。

5)二级耐火等级建筑的屋顶,如采用耐火极限不低于0.5h的承重构件有困难时,可采用无保护层的金属构件。但甲、乙、丙类液体火焰能烧到的部位,应采取保护措施。

6)建筑物的屋面面层,应采用非燃烧体,但一、二级耐火等级的建筑物,其非燃烧体屋面基层上可采用可燃卷材防水层。

7)下列建筑部位室内装修宜采用非燃烧材料或难燃烧材料:高级宾馆的客房及

公共活动用房;演播室、录音室及电化教室;大型、中型电子计算机机房。

3.建筑物耐火等级的选定条件

确定建筑物耐火等级的目的,主要是使不同用途的建筑物具有与之相适应的耐火安全储备,从而实现安全与经济的统一。

确定建筑物的耐火等级要考虑多方面的因素,诸如建筑物的规模、重要程度、火灾危险性等。

(二)建筑防火与抗火设计

1.建筑防火

(1)总平面防火

总平面防火要求在总平面设计中,应根据建筑物的使用性质、火灾危险性、地形、地势和风向等因素,进行合理布局,尽量避免建筑物相互之间构成火灾威胁和发生火灾爆炸后造成严重后果的可能,并为消防车顺利扑救火灾提供条件。总平面设计防火主要是按照常年风向设计,使各个不同功用的建筑物之间不易发生火灾蔓延。另外,对于产生有害气体的建筑物不要安排在整个厂区的常年风向带上。各建筑之间在布置时需要考虑防火间距,防止火灾在相邻的建筑物中蔓延。厂区在总体布置上还要考虑消防车道的布置。

(2)建筑物耐火等级

划分建筑物耐火等级是《建筑设计防火规范》中规定防火技术措施中最基本的措施。它要求建筑物在火灾高温的持续作用下,墙、柱、梁、楼板、屋盖、吊顶等基本建筑构件,能在一定的时间内不被破坏,不传播火灾,从而起到延缓和阻止火灾蔓延的作用,并为人员疏散、抢救物资和扑灭火灾以及为灾后结构修复创造条件。对于新设计的房屋,应依据其功能要求,包括建筑的高度和面积、对生命财产及政治影响程度等来确定其级别,并按该级别的要求进行设计。

(3)防火分区和防火分隔

建筑物用较好分隔件将建筑物空间分隔成若干区域。这样,一旦某一区域起火就会把火灾控制在这一局部区域之中。防火分区以及防火分隔采用防火卷帘门、防火水幕带。厂房的防火分区之间应采用防火墙分隔;防火卷帘门的设计要符合《防火卷帘》(GB14102—2005)规范,进行合理的布置。

(4)防烟分区

对于某些建筑物需用挡烟构件(挡烟梁、挡烟垂壁、隔墙等)划分防烟分区,将烟气控制在一定范围内,并用排烟设施将其排出,以保证人员安全疏散和便于消防扑救工作顺利进行。

(5)室内装修防火

在防火设计中应根据建筑物性质、规模对建筑物的不能装修部位采用相应抗燃烧性能的装修材料。室内装修材料尽量做到不燃或难燃化,以减少火灾的发生和降低其蔓延速度。

(6)安全疏散

建筑物发生火灾时,为避免建筑物内人员由于火烧、烟熏中毒和房屋倒塌而遭到伤害,必须尽快撤离;室内的物资也要尽可能抢救出来,以减少火灾损失。为此,要求建筑物应有完善的安全疏散设施,为安全疏散创造良好的条件。在防火设计中要设计必要的安全通道、安全门,要设置安全标志以及应急照明设备。在疏散设计中还必须考虑消防电梯的设计。

(7)工业建筑防爆

在一些工业建筑中,使用和产生的可燃气体、可燃蒸气、可燃粉尘等物质能够与空气形成具有爆炸危险性的混合物,遇到火源就能引起爆炸。这种爆炸能够在瞬间以机械功的形式释放出巨大的能量,使建筑物、生产设备遭到毁坏,造成人员伤亡。对于上述有爆炸危险的工业建筑,为防止爆炸事故的发生,减少爆炸事故造成的损失,必须从建筑平面与空间布置、建筑构造和建筑设施方面采取防火防爆措施,必要时可在建筑物上设置泄爆孔。

2.消防给水、灭火系统

消防给水、灭火系统主要包括室外消防给水系统、室内消火栓给水系统、闭式自动喷水灭火系统、雨淋喷水灭火系统、水幕系统、水喷雾消防系统,以及二氧化碳灭火系统、卤代烷灭火系统和建筑灭火器配置等。要根据建筑物的性质、具体情况,合理设置上述各种系统,做好各个系统的设计计算,合理选用系统的设备、配件等。

3.采暖、通风和空调系统防火、防排烟系统

采暖、通风和空调系统的防火设计应按规范要求选好设备的类型,布置好各种设备和配件,做好防火构造处理等。在设置防排烟系统时要根据建筑物性质、使用功能、规模等确定好设置范围,合理采用防排烟方式,划分防烟分区,做好系统设计计算,合理选用设备类型等。在建筑防火设计中,这部分主要考虑防排烟系统在建筑物中采用机械排烟还是自然排烟或是两者结合。

4.电气防火,火灾自动报警控制系统

电气防炎,火灾自动报警控制系统要求根据建筑物的性质,合理确定消防供电级

别，做好消防电源、配电线路设备的防火设计，做好火灾事故照明和疏散指示标志设计，采用先进可靠的火灾报警控制系统。火灾自动控制系统是现代建筑中不可或缺的部分，这部分要根据相关的规范合理设置感烟传感器、感温传感器以及响应设施。

5.建筑物还要设计安全可靠的防雷装置

建筑物防雷设施应包括接地体、引下线、避雷网格、避雷带、避雷针、均压环等。从设计到施工应分为两个阶段进行：第一阶段是随建筑物一体化施工的直(侧)击雷防护设施，其设计的目的是保护建筑物本身不受雷电损害以及尽最大可能去减弱雷击对建筑物内的电磁效应，同时为建筑物内部设备的感应雷防护提供必要的基础条件，其特点是与建筑工程的土建部分同步进行。第二阶段设计的目的是保护建筑物内的弱电设备安全，如通信系统、计算机系统、家用电器等，即建筑物防雷设施的感应雷防护部分，其特点是与建筑工程设备安装同步进行。在第二阶段中应特别强调的是在安装计算机、通信设备等抗干扰(或过电压)能力比较低的电子设备前，首先必须弄清所在建筑物的直击雷防护设施的基本情况，包括接闪器、网格、防雷接地体的形式及工频电阻值等电位连接、引下线分布、动力进线形式、高低压避雷器安装等情况；高层建筑还要了解均压环和玻璃幕墙接地的形式及过渡电阻值等基本设计参数，才能确定机房的位置、缆线的分布、接地系统的形式和限压分流等技术方案。

以上5个方面是建筑防火设计的主要内容，参阅相关的法律法规，充分考虑每个方面，才能将建筑防火设计做得更加完整、更加全面。

练习题

1.我国主要的地质灾害有哪些？

2.工程性抗震和非工程性抗震有何区别？

3.风灾对建筑物的破坏体现在哪些方面？

4.我国防洪减灾的主要措施是什么？

5.森林火灾的扑救方式有哪些？

第三章　事故灾难与防灾减灾工程

知识脉络图

- 事故灾难与防灾减灾工程
  - 安全生产事故与防灾减灾
    - 安全生产事故概述
    - 矿山事故与防灾减灾
    - 环境灾害与防灾减灾
  - 交通运输事故与防灾减灾
    - 交通运输系统概述
    - 交通事故的危害及等级划分
    - 气象条件对交通事故的影响
    - 交通事故的处理
    - 交通安全管理
  - 城市生命线系统事故与防灾减灾
    - 城市生命线系统的类型与作用
    - 城市生命线系统事故灾害的特点
    - 我国城市生命线系统存在的问题与脆弱性
    - 城市生命线系统的安全保障对策
    - 燃气事故的应对
    - 用电安全事故的应对

第一节　安全生产事故与防灾减灾

一、安全生产事故概述

安全生产事故是指经营单位经营活动中发生的造成人身伤亡或者直接经济损失的事故，是发生数量最大、最频繁的人为灾害。除造成人员伤亡和财产损失外，还造成生产和经营活动暂时或永久终止，并造成产业链下游企业的经济损失。有些事故还可造成严重的生态环境损失和恶劣的社会影响。近年来，国家虽然颁布了《安全生产法》和一系列安全生产相关法规，生产事故和伤亡人数逐年下降，但安全生产事故仍很突出。根据历年统计公报，每年发生的生产安全事故达几十万起，死亡人数达十几万人。其中，道路交通事故死亡人数约占事故死亡总数的80%。

（一）安全生产事故的分类

1.按照危害性质分类

按照危害性质分类，可以分为伤亡事故、设备安全事故、质量安全事故、环境污染事故、职业危害事故和其他安全事故等。

2.按照行业分类

按照行业分类，可以分为建筑工程事故、交通事故、工业事故、农业事故、林业事故、渔业事故、商贸服务业事故、教育安全事故、医药卫生安全事故、食品安全事故、电力安全事故、矿业安全事故、信息安全事故和核安全事故等。

3.按照严重程度分类

根据国务院2007年4月9日公布的《生产安全事故报告和调查处理条例》，可以分为4个等级，如表3-1所示。

表3-1 安全生产事故等级划分

等级划分	死亡人数/人	重伤人数/人	直接经济损失/亿元
特别重大事故	>30	>100	>1
重大事故	10~30	50~100	0. 5~1
较大事故	3~10	10~50	0. 1~0. 5
一般事故	<3	<10	<0. 1

4.按照伤害类型分类

按照伤害类型分类可以分为20种：物体打击、车辆伤害、机械伤害、起重伤害、触电、淹溺、灼烫、火灾、高处坠落、坍塌、冒顶片帮、透水、放炮、瓦斯爆炸、火药爆炸、锅炉爆炸、容器爆炸、其他爆炸、中毒和窒息以及其他伤害（酸腐和核辐射等）。

（二）安全生产事故发生的原因

安全生产事故的发生由人的不安全行为、物的不安全状态、不安全的环境条件和管理缺陷4个因素引起，如图3-1所示。

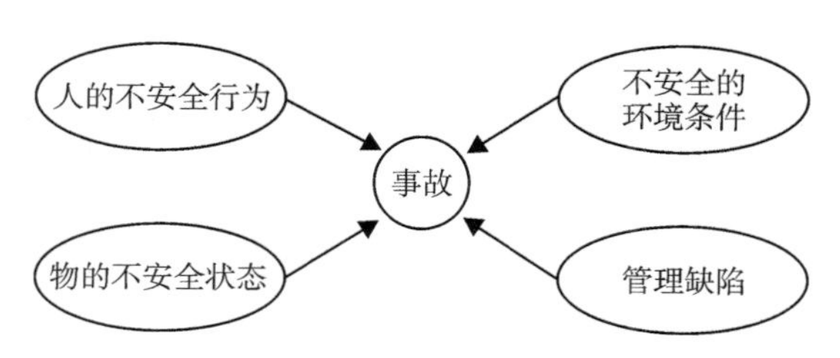

图 3-1 引发安全生产事故的基本因素

1.人的不安全行为

人的不安全行为通常占主要地位,如不遵守操作规程和劳动纪律、技术素质差、麻痹大意、疲劳或体弱、心理脆弱等。

2.物的不安全状态

物的不安全状态包括材料强度不够,设备结构不良或磨损老化、年久失修,缺乏防护设施,物品堆放不当等。

3.不安全的环境条件

不安全的环境条件包括露天作业时遇风、雹、冰雪、雷电、高温、寒潮、地震、滑坡等自然灾害和室内作业时的照明不足,场地狭窄,粉尘或噪声污染,危险物品放置不当等。

4.管理缺陷

管理缺陷包括缺乏安全监督管理责任制,安全操作规程不完善,缺乏作业过程的监控和职工的安全培训。

这 4 种因素若同时存在,安全生产事故的发生将是不可避免的,但具体在何时、何地发生则有一定的随机性,有时还需要有一定的触发因素。单一因素若效应很强也有可能引发事故,如强烈地震会引发山区的滑坡和泥石流,阻断交通。

(三)安全生产事故的特点

1.因果性

环境系统与人、物的不安全因素相互作用,在一定条件下发生突变,从简单的不安全行为酿成安全事故。

2.偶然性

事故发生的时间、地点、形式、规模与后果不确定。

3.必然性

危险因素大量存在时迟早会发生事故。如不消除隐患,仅采取防治措施只能延长事故发生的时间间隔和减小发生概率,不可能完全杜绝事故的发生。

4.潜伏性

事故发生前,危险因素有一个量变过程。在事故突发之前人们容易麻痹。

5.突变性

安全生产事故一旦发生往往十分突然,来不及采取应对措施,必须实现编制预案和储备必要的抢险和救援物资与设备。

安全生产事故伤害的一般机理如图 3-2 所示。起因物是指导致事故发生的物体或物质,致害物是指直接引起伤害及中毒的物体或物质,不安全状态是指能导致事故发生的物质条件,不安全行为是指能造成事故的人为错误。

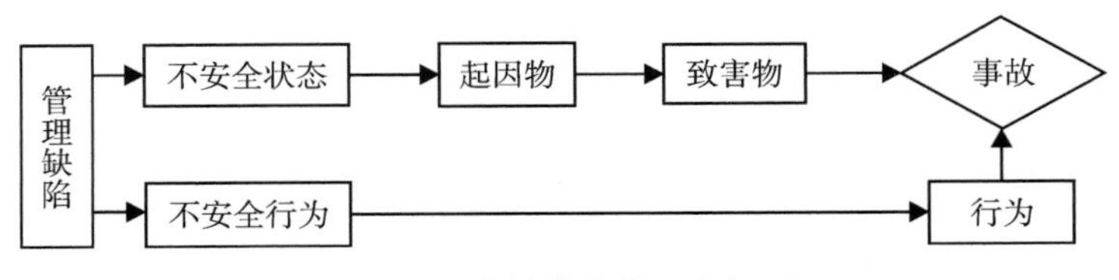

图 3-2 事故伤害的一般机理

(四)安全评价

安全评价(safety evaluation)也称为风险评价或危险评价,是以实现工程、系统安全为目的,应用安全系统工程原理和方法,对工程系统存在的危险和有害因素进行辨识与分析,判断发生事故和职业危害的可能性及严重程度,从而为制定防范措施和管理决策提供科学依据。

按照评价的时间和目的,安全评价可分为安全预评价、安全验收评价、安全现状评价和专项安全评价。评价内容包括危险与有害因素的辨识,项目设计、建设规划、竣工项目或生产经营活动是否符合安全生产法律法规、规章、标准、规范的要求,工程或生产运行状况及管理状况,预测事故发生的可能性及严重程度,提出科学、合理、可行的安全对策建议。

常用的安全评价方法有安全检查表法、预先危险分析法、事故树分析法、事件树分析法、作业条件危险性评价、故障类型和影响分析法、火灾/爆炸危险指数评价法、风险矩法、人的可靠性分析、危险指数方法等。图 3-3 为煤气中毒事件树分析。

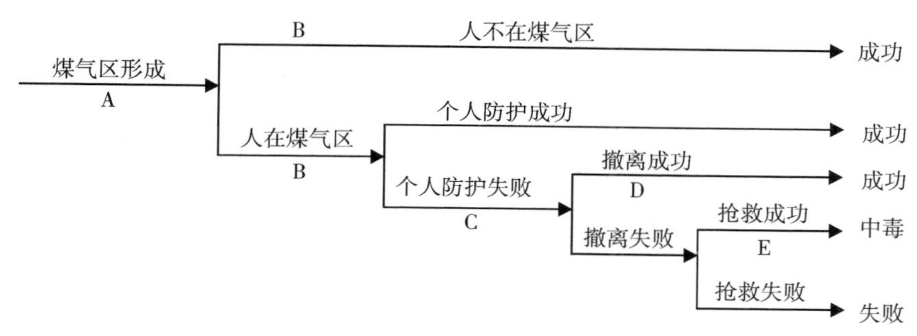

图 3-3　煤气中毒事件树分析

（五）安全生产管理系统

安全生产管理（safety production management）是一个复杂的系统工程。尽管生产事故的发生有多种因素，但决定因素是人。人的不安全行为是酿成事故的首要因素，科学有序的安全管理则是预防和减轻事故危害的根本出路。

安全生产管理涉及方方面面，主要有安全生产规划及目标、安全岗位职责、安全设施及安全技术、安全与环境评价、风险分析与隐患排查、安全预防措施、安全生产事故应急处置、安全管理人员素质培养等，如图 3-4 所示。

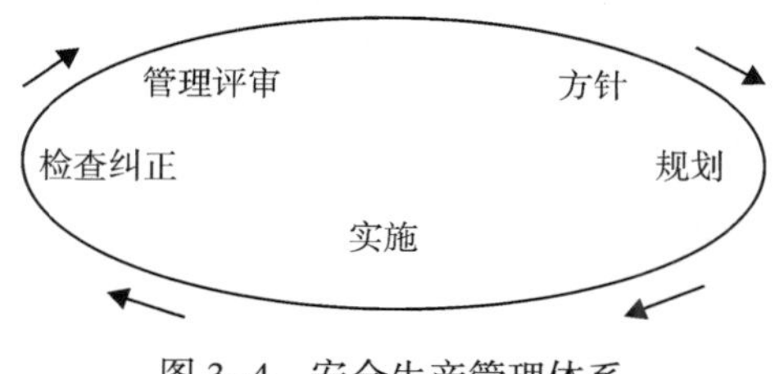

图 3-4　安全生产管理体系

安全生产管理是一个动态的过程，旧的危险因素排除了，又会产生新的危险因素。在确定了建设项目或生产经营活动的方针后，要制定工程或生产经营的规划，其中必须包括安全的目标和要求。在实施过程中可能存在危险因素，要及时检查纠正。一项工程或生产经营活动告一段落后，要对安全管理工作进行评审，对原有的项目建设或生产经营方针进行调整。企业或管理部门的安全管理水平在这种循环往复中才能得以不断提高。

二、矿山事故与防灾减灾

矿山事故是指矿山企业生产过程中，由于不安全因素的影响，突然发生的伤害人身、损坏财物、影响正常生产的意外事件。严重的矿山事故称为矿难。

(一)矿山事故的危害

矿山事故(mine accident)有多种类型,常见事故有瓦斯爆炸、煤尘爆炸、瓦斯突出、透水事故、矿井失火、顶板塌方等,以煤矿事故最为频繁和严重。矿难对矿山有毁灭性的破坏,并严重威胁矿工的生命安全。中华人民共和国成立后最大的一起矿难于1960年5月9日发生在山西大同,煤尘爆炸造成66人死亡。其发生与当时缺乏严格管理的盲目蛮干有关。中华人民共和国成立以来,矿山事故总体呈下降趋势,与1949年相比,2013年每百万吨标准煤死亡率下降了98.6%以上。

21世纪初,中国矿难死亡人数一度占到全球的70%左右。矿难事故以私营中小煤矿为主,这与矿主追求利润最大化,不愿在安全设施和管理上投资及地方政府督查不严有关,矿工未经安全技能培训无证上岗也很普遍。近10年来,经过治理整顿,煤炭安全生产形势明显好转。

除煤矿外,铁矿与有色金属矿有时也发生矿山事故,但很少发生爆炸和火灾。这类事故大多与地质不稳定、自然灾害诱发或采掘作业操作失误有关。

根据国家安全生产监督管理总局2006年公布的《矿山事故灾难应急预案》,矿山事故按损失大小可分为4个等级,如表3-2所示。

表3-2 矿山事故的等级划分

事故等级	造成或可能造成死亡人数/人	或造成中毒、重伤人数/人	或造成直接经济损失/亿元	或造成社会影响
特别重大事故	>30	>100	>1	特别重大
重大事故	10~29	50~100	0.05~1	重大
较大事故	3~9	30~50	较大	较大
一般事故	1~3	<30		一定社会影响

(二)煤矿事故的主要类型

按照事故发生原因,煤矿事故可分为以下8类。

1)顶板事故。指矿井冒顶、顶板支护垮倒、冲击地压、露天矿滑坡、坑槽垮塌等事故。底板事故也视为顶板事故。

2)瓦斯事故。指瓦斯(或煤尘)爆炸(或燃烧),煤岩与瓦斯突出,瓦斯中毒或窒息。

3)机电事故。指机电设备(设施)导致的事故,包括运输设备在安装、检修、调试过程中发生的事故。

4)运输事故。指运输设备(设施)在运行过程发生的事故。

5）放炮事故。指放炮崩人、触响瞎炮造成的事故。

6）火灾事故。指煤自然发火和外因火灾造成的事故（煤层自燃未见明火，逸出有害气体中毒算为瓦斯事故）。

7）水害事故。指地表水、采空区水、地质水、工业用水造成的事故及透黄泥、流沙导致的事故。

8）其他事故。

上述事故可能造成重大人员伤亡，有时因管理不善、操作失误、设备缺陷等原因，造成生产中断、设备损坏和环境影响，但未造成人员伤亡的事故，通称为非伤亡事故。

（三）矿山事故与环境条件的关系

1.瓦斯爆炸

瓦斯主要成分是甲烷，即沼气，是无色、无臭、无味、易燃、易爆气体。空气中瓦斯浓度达到5.5%～16%时有明火就能发生爆炸，并产生高温、高压、冲击波及释放出一氧化碳和硫化氢等有毒气体。瓦斯爆炸（gas explosion）还经常伴随发生煤尘爆炸和火灾，是煤矿井下发生最频繁和危害最大的灾害，通常占到煤矿事故的半数以上。

根据江西省萍乡市1988—1993年51例瓦斯爆炸案例的分析，有40次事故发生前两日均为高压冷锋或静止锋控制。冷锋到来前，通常井下气温升高，气压降低，有利于深层瓦斯涌向工作面。冷锋经过矿区时气压处于谷底，使井下瓦斯继续累积，地面风向往往突然转变且风速较大，如与通风口方向相逆，会阻碍井下瓦斯排出，继续积聚直到浓度超限。在高气压控制下由于风速小增温快，又有下沉气流，不利于井下空气上升，瓦斯也容易堆积。降雨多使地下水位抬高，也有可能使瓦斯聚集于矿坑。

煤块中可挥发成分越高，煤尘爆炸的危险就越大。如水分和灰分含量提高到30%～40%时，爆炸性迅速下降。粒度在0.75pm～1mm的煤尘都有可能发生爆炸，但爆炸性最强的煤尘粒径在75μm以下。发生爆炸的煤尘浓度下限为45g/m^3，一般为112g/m^3，爆炸力最强的浓度是300～400g/m^3。浓度过高因氧气不足爆炸力反而下降，但容易引起窒息。如井下空气中瓦斯与煤尘的浓度都很高，则发生瓦斯爆炸时可立即引发煤尘同时爆炸。煤尘爆炸的天气条件与瓦斯爆炸相似，主要靠加强井下通风来解决。

2.冒顶事故

冒顶是指矿井采掘时通风道的坍塌事故，在矿井采掘工作面生产过程中经常发生。冒顶事故（roof caving accident）的发生通常是由人为原因造成的，因未能采取牢固的支撑措施。复杂的地质构造和破碎的岩石层下更容易发生冒顶。地震、滑坡等地质灾害容易引发井下冒顶事故。

3.透水事故

透水事故(mine flood)即井下水淹事故,一种是钻透井下含水层,使积水大量涌进并淹没工作面,在地下水资源丰富,特别是岩溶地形地区经常发生。古窑、小窑、溶洞、断层及含水层等往往存在大量积水,当采掘工作面接近这些地点时,处理不当会使积水大量涌来。透水事故与地下水的数量及分布有关,在地下水丰富的地方贸然掘进容易发生;另一种是井外发生特大山洪、滑坡或泥石流,泥水从矿井口灌入,如1972年7月28日,北京市延庆县东部山区的一座黄铁矿被暴雨引发的山洪和泥石流灌进,造成10余人死亡。

4.常见煤矿事故类型的防范与自救措施

(1)矿井瓦斯爆炸事故

1)采用各种通风措施,保证井下瓦斯浓度不超过规定含量。

2)建立严格的检查制度。低瓦斯矿井下每班至少检查2次,高瓦斯矿井下每班至少检查3次。一旦发现浓度超过规定应及时封闭。

3)井下作业听到或看到瓦斯爆炸,应背向爆炸地点迅速卧倒。如眼前有水,应俯卧或侧卧水中,用湿毛巾捂住鼻口。距离爆炸中心较近的作业人员在就地自救后要迅速撤离现场,防止二次爆炸的发生。

4)发生瓦斯爆炸后要立即报告上级迅速组织专业抢险队采取救援措施,立即切断通往事故地点的一切电源,马上恢复通风,设法扑灭各种明火和残留火,防止再次引发爆炸。

5)所有生存人员在事故发生后应有组织地撤离危险区,将一氧化碳中毒者及时转移到通风良好的安全地区。心跳、呼吸停止的应立即在安全处进行人工心肺复苏,切勿延误抢救时机,尽快联系医疗急救人员迅速赶赴事故现场抢救中毒人员。

6)完成抢险救援后要仔细检查井下状况,确保消除危险源后再逐步恢复正常生产。对每次事故都要全面总结经验教训,设法消除隐患。对抢险救援中的先进人物和瓦斯爆炸事故的责任人分情况予以奖惩。

(2)矿井冒顶坍塌事故

1)处理折伤、歪扭变形的柱子;沿煤层顶板掏梁窝,将探板伸入梁窝,在另一头立上柱子以加固。

2)发生局部范围较大的冒顶时,可采用从冒顶两端向中间插入探板处理。如直接顶沿煤帮冒落而且矸石继续下流,煤块较小,采用探板处理有困难时,可采取打撞楔的办法。如上述两种方法都不能制止冒顶，就要另开切眼躲过冒顶区。

3）发现采掘工作面有冒顶预兆又来不及或无法逃脱现场时，应立刻把身体靠向坚硬或有强硬支柱的地方。

4）冒顶事故发生后要尽一切努力争取自行脱离事故现场。无法逃脱时，要尽可能把身体藏在支柱牢固或块岩石架起的空隙中，防止再次受伤。

5）大面积冒顶，作业人员被堵塞在工作掌子面时，应沉着冷静，由班组长统一指挥。只留一盏灯供照明使用，用铁锹、铁棒、石块等不停敲打通风或排水管道向外报警，使救援人员能及时发现目标，准确迅速地展开抢救。

6）矿工因井下冒顶塌方被掩埋或被落下物件压迫，除易发生多发伤和骨折外，还经常发生挤压综合症导致缺血缺氧，易引起肌肉和内脏坏死。一旦伤员从塌方中救出，压迫解除，血流恢复时，还可引起急性肾功能衰竭，严重的可致死。为防止急性肾功能衰竭的发生，可服用碳酸氢钠、呋塞米和甘露醇以碱化尿液和利尿。从塌方中救出的伤员必须立即送医院抢救。

（3）矿井透水或淹没事故

1）矿井投产前必须认真勘察井下含水层分布及水量，确保无透水危险或已采取可靠安全措施时，方可下井作业。

2）透水发生前煤层往往发潮发暗，如巷道壁或煤壁出现小水珠，工作面温度下降，煤层变凉，工作面出现流水和滴水，能听到水的“嘶嘶”声等。发现这些征兆要立即停止作业，向安全地点转移。

3）突然发生透水事故，井下工作人员应绝对听从班组长的统一指挥，按照预先安排好的路线撤退，万一迷失方向，必须朝有风流通过的上山巷道撤退。同时尽可能向井下和井上指挥机构报告事故发生地点和情况，以便迅速采取针对性救援措施。

4）现场对出血者要立刻包扎止血，对骨折者要及时固定并搬运到相对安全的地点。

5）如透水事故发生并可能引发瓦斯喷出，应戴上防护器具或加强通风，保持空气的新鲜和畅通，不可把通风机关闭。

6）被水隔绝在掌子面或上山巷道的作业人员应清醒沉着，尽量避免体力消耗。全体井下人员应做长期坚持的准备，所带干粮集中统一分配，不要无谓浪费；只留一盏矿灯供照明使用，其他人员的矿灯暂时关闭以供轮换照明。班组长要做好思想工作和心理指导，坚定自救脱险的信心。

7）井上人员发现井下透水事故要立即向上级报告，迅速查明灾情，并采取应急排水、堵水和抢救伤员与被困人员的措施。

三、环境灾害与防灾减灾

(一)环境灾害的概念与属性

环境是指以人类为主体的外部世界的总体,是影响人类生存和发展的各种自然因素和社会因素的总和。

环境恶化是指由于人为或自然的原因,造成人类生存环境质量的变坏或退化。当环境恶化由量变发展到质变,造成人类的生命和财产损失时,就形成了环境灾害。

环境灾害(environmental disasters)是由于人类活动影响,并通过自然环境作为媒体,反作用于人类的灾害事件。

环境灾害的发生与自然条件有关,但主要是由人为因素造成的。由于环境灾害往往以自然现象的形式出现,有的学者把环境灾害列为与自然灾害、人为灾害并列的一大类灾害群。考虑到联合国国际减灾战略活动的范畴已从自然灾害扩展到环境灾害与技术灾害,本书将环境灾害列为单独的一章进行讨论。

广义的环境灾害除人类无序排放废弃物引起的环境污染外,还包括不合理人类活动引起或加重的干旱缺水、洪涝灾害等气象灾害,滑坡、泥石流、地面沉降、土地退化、水土流失等地质灾害以及生物多样性减少、生物入侵、森林火灾、草原火灾等生态灾害;狭义的环境灾害特指各类环境污染事件。

环境灾害具有自然和社会双重属性。除环境灾害的发生既与人为因素,也与自然因素有关外,环境灾害的后果也具有两重性:其自然属性是指环境灾害对自然环境的影响,进而反作用于人类;环境灾害后果的社会属性是指环境灾害对人类社会的影响,主要表现为造成人类生命财产的损失。同等规模的环境灾害发生在不同地区,所造成的损失也不同。发生在经济发达、人口密集的地区,后果就非常严重;发生在人口稀少的地区,损失就很小,这就体现出环境灾害的社会属性。同等强度的人类活动,发生在生态脆弱地区造成的生态破坏要比发生在生态环境良好地区更加严重,这体现出环境灾害的自然属性。

(二)环境灾害的分类

按照灾害发生的特征,可分为突发型环境灾害和累积型环境灾害两大类。前者大多是污染物突然大量排放引起的大气污染、水污染和有毒有害物质泄漏事件,后者则是污染物不断累积,达到一定程度才显示出严重的后果。

按照灾害发生或影响的范围,可分为全球性环境灾害、区域性环境灾害和局部性环境灾害 3 大类。全球性环境灾害包括温室效应、臭氧层破坏、资源枯竭、水土流失、土地沙漠化、生物多样性锐减、海洋酸化等;区域性环境灾害如酸雨、赤潮、水体富营养化、光化学烟雾、城市固体废弃物积累等;个别企业超标排放造成的水污染、空气污染、有毒气体泄漏、核泄漏等通常属于局部性环境灾害,但特大型企业的排放或泄漏也有可能造成严重的区域性环境灾害,如切尔诺贝利和福岛核电站的泄漏事故。

按照污染物形态,可分为气态污染环境灾害、液态污染环境灾害和固态污染环境灾害3大类:气态污染环境灾害包括大气污染、酸雨、温室效应、臭氧层破坏等;液态污染环境灾害包括饮用水污染、水体富营养化、赤潮等;固态污染环境灾害包括垃圾污染、重金属污染、农药污染、化肥污染、废弃地膜污染、核泄漏等。

按照污染物的来源,主要分为工业污染源环境灾害、农业污染源环境灾害和生活污染源环境灾害。

(三)环境污染物的聚散机制与毒害

污染物进入环境以后,由于自身理化性质和各种环境因素的影响,通过各种迁移和转化过程,在空间、位置、浓度、毒性和形态特征方面发生一系列的复杂变化。在此过程中污染物直接或间接作用于人体或其他生物体。污染物在环境中发生的各种变化过程称为污染物的聚散和转化。

1.污染物的生物聚散机制

生物积累是指生物个体随着生长发育的不同阶段从环境中蓄积某种污染物,使生物浓缩系数不断增大的现象。当生物体摄取污染物的速率大于消除速率时,就会产生生物积累。

生物放大是指在生态系统的同一食物链上,某种污染物在生物体内的浓度随着营养级的提高而逐步增大的现象。如在水体中,从水样到浮游生物、小虾、鱼类、水鸟,污染物的浓度通常成指数曲线增长,每升高一级,污染物浓度要成十倍地增加。

2.污染物的物理性聚散机制

污染物的物理性聚散是指污染物通过蒸发、渗透、凝聚、吸附以及放射性物质的衰变等过程实现的物质转化。某些污染物由固态转化为液态或气态后,更加容易随着水力或风力而发生迁移。固态的污染物通常是在重力的作用下在大气中沉降或在水体中淤积。土壤吸附污染物后既使污染物的位置发生改变,也使其形态发生改变。

3.污染物的化学性聚散机制

污染物的化学性聚散是指污染物通过各种化学反应而发生的转化,如水体中发生的氧化-还原反应、水解反应和配合反应,大气中发生的光化学反应等。

4.污染物对生物的毒害

土壤环境中的污染物,有些是通过代谢作用被植物主动吸收的,有些则是由于根外浓度大于根细胞浓度而被动渗入的,并通过植物的输导组织流向茎、叶、花、果等其他器官。大气中的污染物则直接降落在叶片上并进入植物体,少量降落在土壤表面,然后再通过根系进入。对于动物,污染物可通过饮水和饲料进入消化道,大气污染物则通过呼吸系统进入动物体。有些污染物在植物或动物体内可发生降解,动物还可以通过排泄器官排出体外。但有些污染物难以降解或排泄,会在动植物体内不断积累,并通过食物链富集到很高的浓度。

大多数污染物在浓度较低时对植物没有明显危害,有元素如铜还是植物生长发育必需的微量元素。但如浓度过高时会影响根系发育,使植物黄化。酚和氰类化合物在浓度较低时可被植物转化为糖苷,但在高浓度下可导致植物死亡。有些污染物可直接伤害植物,如酸雨对树木的腐蚀作用和二氧化硫对叶片的漂白会造成失绿。污染物对动物的毒害作用更加复杂,重金属和有机氯农药能在动物体内不断蓄积,一氧化碳等气体与血红蛋白结合使之丧失输氧能力而发生窒息。

(四)环境容量与环境承载力

1.环境质量标准

环境质量标准是为了保护人群健康、社会财富和保持生态平衡,对一定时空范围内环境中的有害物质或因素的允许量做出的规定。我国已对大气环境、地表水环境、地下水环境、室内空气质量、农田灌溉水质、土壤环境质量、城市环境噪声等制定和颁布了一系列环境质量标准。违禁超标排放是造成环境灾害的主要人为原因。

2.环境容量

环境容量(environmental capacity)是指在人类和自然环境不致受害,保证不超过环境目标值的前提下,区域环境所能容纳的污染物最大允许排放量,是环境质量控制的主要指标。

环境容量与该环境的社会功能、环境背景、污染源、污染物性质、环境的自净能力等有关。污染物的危害性和降解难度越大,环境自净能力越差,该区域的环境容量就越小。当污染物排放量或排放速率超过环境容量或自净速率时,就有可能形成环境灾害。

环境容量也可以看成是一种可再生资源,对环境容量必须实行有偿使用的原则,目的是为确保“谁污染,谁赔偿”得以实现。

3.环境承载力

环境承载力(environmental bearing capacity)是指在一定时期和一定范围内,在最不利的自然环境条件下,维持环境系统结构不发生质变,环境功能不遭受破坏的前提下,环境系统所能承受的人类社会经济活动量的最大阈值。

超出环境承载力的人类活动是酿成环境灾害的重要原因。如华北地区严重的雾霾污染就与该地区的城市人口增长过快与重化工业比重过大有关。

4.环境变迁的阶段性

从人类历史发展来看,环境变迁过程可划分为以下 4 个阶段。

1)无工业污染,环境质量良好。传统农业社会没有工业污染,污染排放量仅与人口及牲畜数量成正比。由于高出生率、高死亡率和低人口增长率,污染物排放量增长很慢,一般都能自然降解。

2)工业污染迅速增加,环境质量急剧恶化。工业化初期,由于高出生率和低死亡率,人口增长快,新建了许多大规模的污染型企业,对环境和资源的压力越来越大,污染日益严重。

3)工业污染缓慢增加,环境质量继续恶化。工业化中后期,由于人口出生率和自然增长率下降,人均产值增长率开始下降,第三产业占 GDP 比重上升,污染型产业比重下降,广泛采用污染减少型技术和工艺,公众对环境质量要求提高,污染物增长率开始低于产值增长率。

4)工业污染不断减少,环境质量不断改善。工业化后期或后工业化,由于社会人口低出生率,低死亡,低增长率,经济增长进入成熟型,居民消费饱和,工业占 GDP 比例下降,高新技术产业和少污染工业成为主导,第三产业占 GDP 比例上升到 2/3,污染排放出现负增长。

目前,大多数发展中国家处于第二阶段,少数不发达国家仍处于第一阶段,部分新兴工业国家开始向第三阶段过渡。发达国家大多处于第三阶段和第四阶段。由于全球环境问题日益突出,大多数发展中国家已经不再拥有发达国家在工业化和城市化过程中曾经拥有的环境容量,它们一方面要维护自身的发展权,另一方面也必须加快技术进步,尽量减缓污染物排放量的增长,力争提前到达污染物排放总量增速减缓的拐点和绝对量开始下降的峰值。

5.突发环境灾害的应急处置

突发环境灾害是指由于违反环境保护及相关法律、法规的社会经济活动或重大自然灾害及人为事故引发的,使环境受到严重污染或破坏的事件。主要包括突发环境污染事件、有毒有害物质泄漏事件和核辐射事件。

突发环境灾害的应急处置包括灾害发生前经常性的演练和灾害发生后对现场

环境的监测和预警、应急信息报告与灾情发布、应急决策和协调、分级负责与公众沟通和紧急疏散转移、应急资源配置和征用、现场清理和消毒、灾后总结和奖惩等。为此,必须对不同类型的突发环境灾害分别编制预案,并通过一定的行政程序确定并公布。

第二节 交通运输事故与防灾减灾

一、交通运输系统概述

(一)交通与交通系统

交通是指从事旅客和货物运输及语言和图文传递的行业,包括运输和邮电两个方面,在国民经济中属于第三产业。狭义的交通不包括邮电事业。

交通是城市、乡村与外界进行人员与物质交换的主要手段,也是广义城市生命线系统的主要组成部分。交通中断将导致区域城乡系统的瘫痪和功能丧失。

交通系统由交通工具、交通基础设施、交通管理机构和交通企事业单位及从业人员等几部分组成。按照交通方式的不同,分为道路交通、轨道交通、水运交通和航空交通等。按照运输对象的不同,分为客运和货运两大类。进一步细分,道路交通又有高速公路、主干道、一般道路、乡村道路和街巷之分。水运又有海运与河运之分,如图3-5所示。

(二)影响交通的因素

在影响交通系统的各种环境因素中,气象因素是影响最大和最经常的。这些影响包括对交通基础设施建设和施工的影响,对交通工具运行状态的影响,对交通从业人员工作效率的影响等。这些影响既有有利的方面,即有利于施工和交通运行的天气和气候条件,也有不利的方面。气象条件对交通的不利影响集中体现在由气象因素直接或间接引发的交通事故上。

由于下垫面性质的改变和大量高强度的人类活动,使城市气候具有与乡村不同的特点。城市交通系统也远比乡村发达和密集,由此造成气象条件对城市交通的影响要比对乡村交通的影响大得多,且具有不同的特点。例如,城市里的轨道交通、立交桥与地下通道是乡村所没有的;而乡村的拖拉机等运输在城市里也没有。热岛效

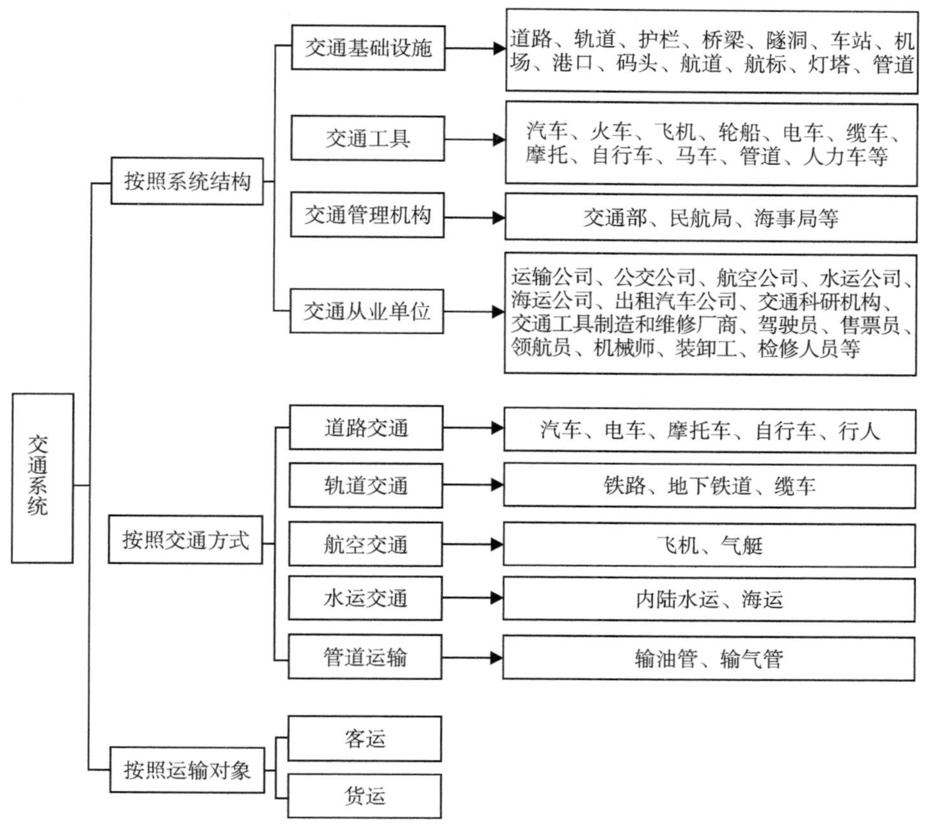

图 3-5　交通系统的结构

应和雾、霾对交通的影响，城市明显大于乡村；但洪水、冰雪和冻融对交通的影响，乡村通常要大于城市。

地质条件对交通系统也有相当大的影响。平坦和坚实的地面适宜修建铁路和公路，弱地基和土壤冻融对路基修建提出了更高的要求。崎岖的丘陵和山区不但使修建成本大大提高，而且还经常发生山洪、滑坡、泥石流和冰雪灾害，交通事故多发。

水文条件对交通系统的影响表现在河流、湖泊与海洋等水体对水上交通运输提供的便利与水深、流向、流量、流速、波浪、漩涡、潮汐、礁石等对航行的影响。陆地上的地下水埋深对道路施工也有很大影响。

二、交通事故的危害及等级划分

狭义的交通事故(traffic accident)是指汽车等机动车辆或非机动车辆在道路交通中造成的人员伤亡或物质损失事件；广义的交通事故包括铁路机车、车辆、船舶、飞机造成的事故,其中海上交通事故通常称为海难,空中交通事故称为空难。

交通事故的发生既有人为因素,也有自然因素,有时是二者共同作用。在人为因素中,既有责任性因素,也有技术性因素。自然因素有气象、水文、海洋、地质、生物、天文等多个方面。但总体上,人为因素对于交通系统的运行与完善以及交通事故的发生和预防仍然具有决定性,在大多数情况下,交通事故的发生被定为人为灾害。

长期以来,由于交通设施落后,管理不善,驾驶人员和行人的安全素质较差等原因,我国道路交通事故平均每年发生几十万起,死亡在10万人以上,高居世界首位。近10年,由于交通安全管理和基础设施的改善,在车辆大幅度增加的情况下,交通事故数、死亡人数和经济损失都呈现逐年下降的态势,但近几年私车交通事故又有所上升。

交通事故及其所造成的损失有多种类型,其后果包括人员伤亡、财产损失和交通中断造成的社会经济损失3个方面。

交通事故按照损害后果可分为死亡事故、伤人事故和财产损失事故3类,但重大事故通常同时具有这3类损失。根据人身伤亡或者财产损失的程度和数额,交通事故分为轻微事故、一般事故、重大事故和特大事故,如表3-3所示。

表3-3 交通事故的等级划分

事故等级	损失情况
轻微事故	一次造成轻伤1~2人;或者机动车事故财产损失不足1 000元;非机动车事故财产损失不足200元
一般事故	一次造成重伤1~2人;或者轻伤3人以上;或者财产损失不足3万元
重大事故	一次造成死亡1~2人;或者重伤3人以上10人以下;或者财产损失3万元以上不足6万元
特大事故	一次造成死亡3人以上;或者重伤11人以上;或者死亡1人,同时重伤8人以上;或者死亡2人,同时重伤5人以上;或者财产损失6万元以上

三、气象条件对交通事故的影响

(一)对公路设施的影响

暴雨常引发山洪和泥石流,冲毁路基、桥梁和涵洞。高寒地区的公路在早春化冻时翻浆强烈,常使路基变软、路面损坏。北京市公路交通设施损毁原因的统计结果表明,气象灾害是各类事件的主要成因,其中与气象有关的高达76.4%,如表3-4所示。

表 3-4 1990—2005 年北京市公路交通设施损毁事件统计

事件类型	起 数	比例/%
降雨引起道路坍塌或滑坡	55	61.8
暴雨、冰雹、大风导致路树刮倒,道路被毁	9	10.1
降雨加上超载,引起道路坍塌	3	3.4
超载导致桥面坍塌	4	4.5
桥梁年久下沉,或出现裂缝	3	3.4
山体坍塌,交通中断	2	2.3
人为原因导致路基整体下沉	1	1.1
自然塌方	8	9.0
降雨积水	1	1.1
浪窝	1	1.1
预见性排险	2	2.25
合 计	89	100

公路建设选线应避开山洪与地质灾害高发区,路基高度设计要考虑地形与发生暴雨时的积水深度。高寒地区应将路基埋深设计为季节性冻土最大深度以下 0.25m。公路施工时混凝土路面要求气温不低于 4℃,沥青路面不低于 15℃。寒冷地区可使用熔点较低的沥青,炎热地区必须使用熔点较高的沥青。多雾霾多沙尘地区要求路标和警示牌更加醒目。

(二)气象与公路交通事故的关系

由于下垫面透水性差,暴雨常导致城市严重积水内涝。2007 年 7 月 18 日,济南市特大暴雨中死亡的 38 人,大部分是在路上行走被洪水冲走的,还有一些是来不及钻出被淹没的汽车因窒息死亡的。路面积雪 5~10cm 时车轮易打滑,30cm 以上交通基本瘫痪,冻雨或雪化后结冰的影响更大。夏季 30℃以上高温,沥青路面熔化后汽车易打滑。35℃以上水箱易沸腾,长时间行驶易爆胎,司机易疲劳。气温低于 0℃应使用抗凝固性好的汽油和润滑油,低于-10℃时水箱应加防冻液,低于-25℃长时间停在室外难以再发动。风力 5~6 级对行车有一定影响,7 级以上影响明显,高架货车和大客车迎风行驶易摆动,侧风拐弯时不易控制,高速行驶时易倾斜甚至倾覆。

雨、雪、雾、霾和沙尘都可以降低能见度。能见度为 5~10km 时对市内非主干道交通影响不大;不足 2km 时必须减速行驶;能见度 1km 时司机可视距离只有 200~

300m,高速公路需要关闭;能见度 200m 时可视距离仅 50~70m,必须非常谨慎地低速行驶。图 3-6 显示了与道路交通事故有关的气象因素。

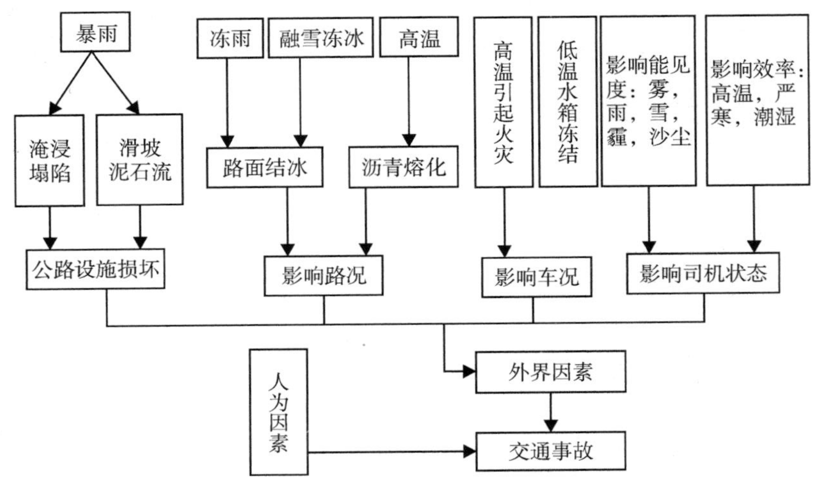

图 3-6　与道路交通事故有关的气象因素

(三)气象与铁路交通事故的关系

我国每年发生铁路交通事故上万起,死亡数千人。主要铁路干线平均每年被洪水冲断桥梁、涵洞或路基而中断交通上百次。铁轨积雪时车轮易打滑空转甚至出轨。积雪 40cm 时行车速度降低,70cm 时需清除才能通行。铁轨留有轨缝是为防止热胀冷缩导致变形。低温下机用柴油可能冻结而使机车牵引力明显下降。温度很低时铁轨收缩变形,有时可造成道岔不能正常合拢,信号灯不亮。大风使火车运行速度降低,侧面强风甚至可使列车倾覆。各地大多规定安全临界风速为 22m/s,超过这一风速列车应停驶待命。新疆风口地区的规定是 32m/s,从吐鲁番到乌鲁木齐途中的百里风区和三十里风区多次发生 12 级大风造成列车倾覆的事故。浓雾使司机看不清前方信号灯,容易诱发撞车或出轨事故。

(四)气象与航空交通事故的关系

航空是受气象条件影响最大的交通方式,空难事故大多发生在起飞和降落阶段。影响跑道摩擦力的因素有降水、积雪、结冰、冻雨、积水等,影响飞机起降的因素有低云、能见度、风向、侧风、湍流、阵风、风的垂直切变等,影响空中飞行的因素有高空风、对流、湍流、急流、雷电、阵雨、下雪、冻雨、云雾、霾、沙尘暴等。

低云严重影响飞行员视线,尤其是移动很快的低碎云。强烈的上升气流和云后下沉气流及湍流可引起飞机颠簸,云中雷电可损坏飞机,云中能见度差易产生错觉和迷失方向。对流云上部易积冰,使飞行阻力骤增,要躲避绕行。飞机穿越0~-12℃的过冷却云层时机身上最容易结冰。长途飞行应尽快爬升到10 000m以上的平流层,那里一般不会出现(积)冰。

能见度对飞机的起降影响最大,主要有雨、雪、雾、霾、风沙、浮尘、吹雪和烟雾等。飞机起飞和着陆都应逆风进行,逆风起飞可获得较大升力而迅速升空,逆风降落能获得较大阻力而安全着陆。如风向与目的地反向,要逆风起飞升空后再逐渐折转。

较高温度下空气密度低,飞机升力减小。大多数喷气式飞机在气温升高10℃时起飞,滑跑距离需延长3.5%,载重能力和最大上升高度也将降低。

(五)气象与水运交通事故的关系

干旱使河流水位下降到枯水位,吃水深的船舶被迫搁浅。洪涝时水位涨高虽可通航,但时标和沿岸码头被淹没也给航行带来了困难。雾天最容易发生船只与船只或船只与桥梁相撞事故。较宽江面上船越小,风浪越大,越容易倾覆。初冬季河流突然结冰或早春融冰后突然降温,船只易被围困甚至被冰块挤压损坏。

导致海难事故的原因主要有台风和寒潮掀起的巨浪、海雾、海冰等。海浪是船舶翻沉的主要原因。中国海冰只在渤海沿岸和黄海北岸出现,有的轮船冰推至岸边搁浅或被冰块挟持随风漂移;有的轮船螺旋桨被撞坏;有的还被挤压变形出现裂缝导致船舱进水。冰山是对航行威胁最大的海冰现象,在海上遇到冰山必须及早退避或绕行。冬季海上浓雾多发,上海港调查发现长江口以南水道1977—1979年间海上事故的3/4由大雾造成。

(六)交通气象服务

鉴于气象条件对交通事故的重大影响,国内外都很重视对于预防和处置交通事故的气象服务。各地气象部门普遍开展为交通部门提供能见度预报,如未来能见度较差,高速公路就应提前采取疏导措施,确定绕行路线;机场应对可能延误的航班及早做出调整,对可能滞留旅客的食宿做出安排。下雪后要及时清除场地、路面积雪,冬季对主要路面温度进行预报,以便市政部门对采取撒融雪剂或机械清扫做出安排。为防御台风危害,中国气象局与国家海洋局联合发布风暴潮与海浪预报,并在广播电视新闻节目中播出。在发生重大交通事故采取应急处置措施时也需要气象服务的保障。如冬季下雪后采取融雪措施,撒盐只能在-10℃以上的地表温度才起作用;更低温度需要使用其他融雪剂或采取机械除雪。为防止海雾、大风、海冰、流冰和冰山等对海上航行的威胁,近代发展了气象导航业务,针对不同海域各种灾害性天气的发生规律,设计相对安全的航线,指导船舶采取合理的航向和航速,绕避恶劣天气。

四、交通事故的处理

(一)道路交通事故的处理

《道路交通安全法》及其实施办法对道路交通事故后的处理做出了明确规定。

发生道路交通事故,驾驶人应立即停车,保护现场。打开危险警告灯,在路上摆放三角形警告牌。如为对方肇事,应立即记下车辆号码以防逃逸。如属自己责任,应向受害方和警方主动提供有关资料。

迅速判明现场和肇事车辆状况,有无危险品,受伤情况。关掉引擎,防止燃油泄漏。

立即抢救受伤人员并迅速报告执勤交通警察或者公安机关交通管理部门。

未造成人身伤亡,当事人对事实及成因无争议的,可即行撤离现场恢复交通,自行协商处理损害赔偿事宜;不即行撤离现场的,应迅速报告执勤交通警察或公安机关交通管理部门。仅有轻微财产损失且基本事实清楚的,当事人应先撤离现场再协商处理。

发生交通事故后逃逸的,事故现场目击人员和其他知情人员应当向公安机关交通管理部门或者交通警察举报。

公安机关交通管理部门接到交通事故报警后,应立即派交通警察现场先组织抢救受伤人员,并采取措施尽快恢复交通。对事故现场勘验、检查,收集证据,做出鉴定结论,及时制作交通事故认定书,载明交通事故的基本事实、成因和当事人的责任,并送达当事人。

发生交通事故后,分清责任是能否正确依法处理的关键。公安机关交通管理部门经现场调查取证确认应由当事人负全责或主要责任或部分责任,并确认责任方和受害方。

交通事故的发生必须具备两个要素:一是交通参与者的违章行为与过失的存在,二是人身伤亡与财产损失的存在,且二者之间有直接因果关系,缺一便不能成为交通事故。但有些因难以预测和不可抗拒的重大自然灾害造成的交通事故,当事人不存在违章行为,也不承担事故责任。

交通事故的处理要区别责任性质并考虑后果轻重。如交通违章行为没有造成人身伤亡与财产损失,一般不作事故处理,而称违章行为,仅作违章处理,按《中华人民共和国道路交通管理条例》进行处罚。有些轻微的违章行为只进行适当的教育和警告。责任清楚且后果严重的违章行为已构成违法,必须依法追究。

（二）其他交通事故的应急处理

1.铁路交通事故

铁路交通事故包括机车车辆在运行过程中发生冲突、脱轨、火灾、爆炸等影响铁路正常行车，或与行人、机动车、非机动车、牲畜及其他障碍物相撞的事故，还包括影响铁路正常行车的铁路相关作业过程中发生的事故。

事故发生后，司机或运转车长应立即停车紧急处置；无法处置时应立即报告邻近铁路车站、列车调度员进行处置。为保障旅客安全或因特殊运输需要不宜停车的，应立即将事故情况报告邻近铁路车站、列车调度员，由邻近铁路车站、列车调度员立即进行处置。事故造成中断铁路行车的，铁路运输企业应立即组织抢修，必要时调整运输线路。铁路管理部门和当地政府要立即启动应急预案，迅速组织救援，并注意保护事故现场。

事故调查处理应坚持以事实为依据，以法律、法规、规章为准绳，认真调查分析，查明原因，认定损失，定性定责，追究责任，总结教训，提出整改措施。做好恢复运行、事故赔偿、追究责任、总结整改等善后工作。

2.空难事故

空难指由于不可抗拒的原因或人为因素造成的飞机失事，并由此带来灾难性的人员伤亡和财产损失。广义的航空事故还包括航空地面事故和大面积航班延误事故等。

2006年，国务院批准了民航空难和反恐的两个应急救援预案，建立了处理突发事件的三级应急处置体系。发生空难事故后，民航部门应立即启动预案，开展应急救援和事故排查工作。立即核实旅客名单并公布空难情况。组织医护人员抢救幸存者和做好遇难者家属的医疗救护和心理救援工作。做好现场清理、善后与保险赔付工作。

3.海难事故

海难事故是指船舶在海上遭遇自然灾害或人为原因造成的生命、财产损失。海难事故的种类包括船舶搁浅、触礁、碰撞、火灾、爆炸、失踪以及因主机和设备损坏而无法自修以致航行失控等。大江大河与湖泊的水运事故通常也被纳入海事处理范畴。

发生海难事故后，难船应立即采取应急措施努力自行抢救脱险；确认无法抢救且存在危及生命或船舶有沉没危险时，应发出遇险信号求救，并迅速放下救生艇弃船待救。船舶工作人员应首先安排妇女、儿童和老人逃生，绝不可擅离职守。《1979年国际海上搜寻救助公约》规定各沿海国应设有救援中心。中国已成立海上搜寻救助中心,收到事故信息后,应立即启动应急预案,迅速派出搜救力量前往事故现场,准确了解险情及遇险船舶处境。确定双方联络信号,实行统一指挥。根据风、流速和航道条件及险情变化,把握有利时机,确定适合的施救方案。采取避让或控制措施,预防着火、爆炸、污染或有毒有害物质泄漏等次生灾害的发生。妥善转移安置获救人员,做好各项善后工作。在搜救工作告一段落后,要总结经验教训,追究有关人员的责任并依法给予惩处。对于沉没的船舶要制定可行的打捞方案。

五、交通安全管理

(1)交通安全管理的内容

交通安全管理(traffic safety management)是国家行政管理部门和相关组织依靠人民群众,在科学理论的指导下,依据有关规定对人、车、路、环境和信息等基本要素进行服务、协调、规划、组织、评估和控制等一系列活动的总称。交通安全管理工作要服务于国家经济建设和人民群众生活需求,保障道路交通有序、安全、畅通是交通安全管理工作追求的目标。交通安全管理是一项复杂的系统工程,涉及社会科学、自然科学和工程科学,主要支撑理论和技术源于系统科学、行为科学、管理科学、工程科学、信息科学等。

(2)道路交通安全管理系统

以道路交通安全管理系统为例,可以分解为以下 8 个子系统:

1)系统环境。在宏观上,要努力消除自然、社会环境对安全管理的不利影响,借鉴和发挥有利于安全管理的社会和自然环境;在微观上,要保持和创造好的安全管理环境,实行有效的人性化管理,构建和谐的工作与环境。

2)科学管理子系统。以科学发展观为统领,以交通安全管理调研和规划方案为依据,以法制管理和人性化管理为原则,构建和谐交通系统。

3)培训教育子系统。包括法规教育、技术培训、安全理念和心理培养。

4)安全宣传子系统。形式要多样,始终贯穿关爱和人性化宣传。

5)调度子系统。根据时间、天气、任务、路段,严格选择适应出车的驾驶员和车型。出车前监督检查车况,对驾驶员阐明任务性质和可能的险情,强调安全注意事项和责任。

6)车辆维修保养子系统。驾驶员和单位领导要熟悉各类车辆的性能、使用年限,特别是已使用年限和当前车况。维修保养按规程进行,发现问题要马上检查维修和保养。

7)装卸与运行子系统。首先了解货物形状、体积、重量,是机械装卸还是人工装卸,以及运行路段、时间、天气、路程、驾驶员状况等,要求严格按规章安排运行。要将安全责任落实到相关责任人。

8)监控子系统。专人专责,利用现代化设备、手段,对车辆运输的装卸和上路运行进行监督控制和科学记录。任何环节出现问题,管理者都要在第一时间抵达现场调查处理。

上述 8 个子系统是一个有机的整体。改善系统环境是条件,科学管理是主导,培训调度、车辆保修是基础,宣传和监控是手段,安全装卸与运行是目的。

现代信息技术已经广泛应用于交通安全管理,秦利燕等研究和开发了 GISS-T 道路安全管理系统,除具备基本的事故查询、数据管理、事故地点显示功能外,还具有事故致因分析、事故预测、事故安全评价功能。该系统的基本结构如图 3-7 所示。

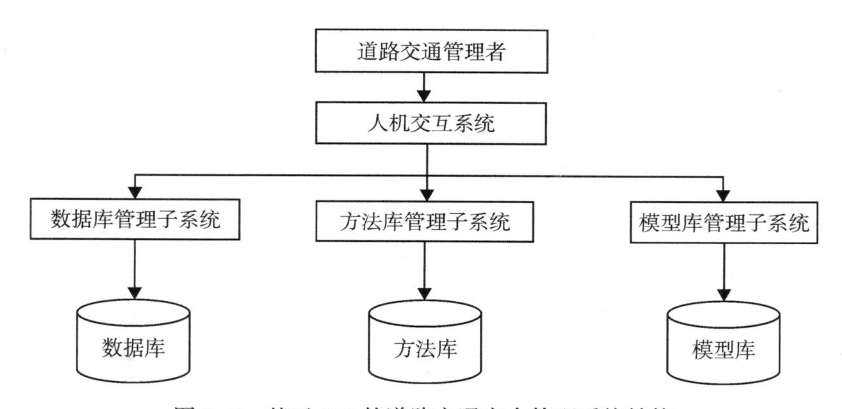

图 3-7　基于 GIS 的道路交通安全管理系统结构

除交通系统的安全管理外,乘客与行人的安全文化素质培养也十分重要。行人必须遵守交通规则,乘坐各类交通工具都应遵守相关的安全检查和各种规定。要懂得遭遇事故时的自我防护知识。发生拥挤踩踏和群体事件等突发事件要保持冷静,服从统一指挥,有序疏散。遇劫机和恐怖袭击事件要主动配合管理人员的工作,巧妙周旋和坚决斗争。

第三节　城市生命线系统事故与防灾减灾

一、城市生命线系统的类型与作用

城市生命线系统(urban lifeline system)是指维持居民生活与生产活动必不可少的支持体系,是保证城市生活正常运转和维系城市功能的基础性工程。

(一)城市生命线系统的类型

城市生命线系统主要包括能源系统、水系统、运输系统和通信系统等物质、能量和信息传输系统。狭义的生命线系统指供电、供水、供气、排水、供热、通信、网络等,以地表或地下管线网络形式存在。广义的城市生命线系统还包括交通运输、垃圾清运处理、消防、医疗急救等。现代社会城乡差距日益缩小,许多城市生命线系统已延伸到乡村,成为社会生命线系统。

(二)城市生命线系统的作用

城市是一个高度开放的复杂人工生态系统,不具备自然生态系统自我维持与修复的功能。城市系统的运转和功能发挥完全依赖于庞大的生命线系统从外界输入物质、能量和信息,并向外界输出城市的物质和精神产品及废弃物。供电、供水系统与人体中的血液循环系统、消化系统及呼吸系统的吸气功能相似,排水系统、垃圾处理系统则与排泄系统及呼吸系统的呼气功能相似,通信系统则与神经系统的功能差不多。

城市生命线系统一方面在防灾减灾中具有不可替代的作用,如防灾工程建设需要用电用油,应急救援需要交通、通信和能源的保障,消防用水等。另一方面,由于生命线系统自身的脆弱性,一旦被破坏,有可能引发多种灾害事故,甚至系统本身成为触电、水灾、火灾等的灾害源。

(三)城市生命线系统的特点

城市生命线系统有着显著的不同于普通建筑物的特点,主要体现在以下方面。

1.重要性

现代社会高度依赖城市生命线系统进行物质和信息的流动和联络,一旦被破坏,将极大地影响城市功能的运转,所引发的次生、衍生灾害要比城市系统结构被破坏的后果更加严重。

2.连续性

城市生命线系统的运转一刻也不能停止,即使是短时间的中断运转也会造成极大的灾难与混乱,尤其是供电、通信等系统。

3.连锁性

城市生命线系统中任何环节的滞后、失灵或破坏,都可能影响部分乃至整个系统的功能,甚至导致整个城市的瘫痪。

4.延伸性

城市生命线系统覆盖范围大,通信和交通运输延伸面广。

5.构成的复杂性

城市生命线系统包括地上和地下两种结构工程,地上管线由于暴露性强,容易受到外部环境的干扰。目前发达地区大多改地上管线为地下埋设,但也受到土壤和地质条件的影响。各类管线交叉重叠,还存在着复杂的相互作用。

二、城市生命线系统事故灾害的特点

城市生命线系统遭到灾害破坏时,不仅本系统被损害,而且通过灾害链的连锁反应和放大效应,也会对城市功能和城市居民产生更加严重的危害。通常城市生命线系统事故所造成的次生和衍生灾害的后果要比系统本身的损失更加严重,如图 3-8 所示。

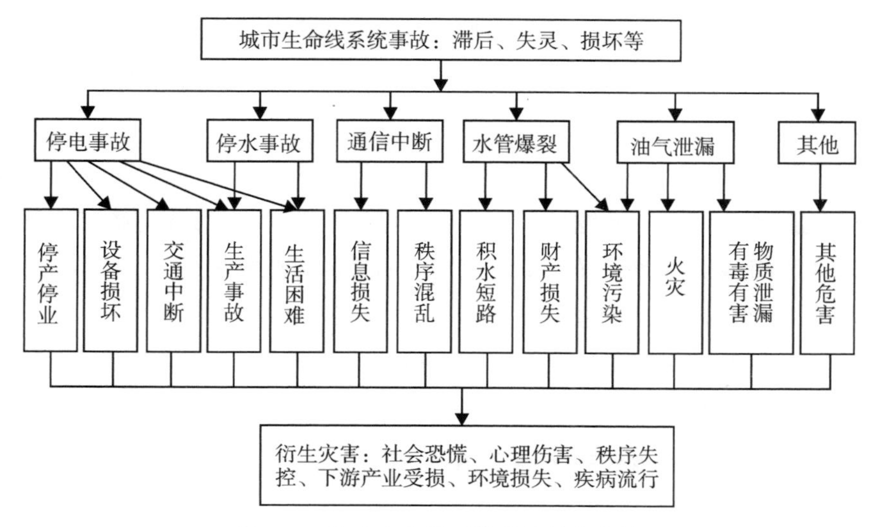

图 3-8 城市生命线系统事故的灾害链

2008年1—2月,我国南方出现的低温冰雪灾害,影响范围之广与1954年冬季相似,低温强度还远不及1954年,最低气温只有零下七八度,而1954年多数城市气温降到零下十几度。但2008年的经济损失高达1 516亿元,经济损失是1954年的数倍。原因在于现代城市对供电、交通和通信三大生命线系统的高度依赖。凝冻和积雪导致大量高压线塔和通信线塔倒塌,路面结冰,使得许多城市的供电、交通、通信、供水等系统全面瘫痪,给城市运行和人民生活带来了极大的困难。

三、我国城市生命线系统存在的问题与脆弱性

由于现代城市对水、电气、油等资源的高度依赖性,使城市生命线系统本身具有一定的脆弱性。目前,我国城市生命线系统的主要问题是,应对突发事件表现出脆弱性和不完善性,应急弹性容量不足,应急机制不够完善,缺乏系统规划,没有充分考虑非常态的生命线运行。

(一)不适应非常态下的运转要求

20世纪中期,我国城市规划照搬苏联模式,城市生命线系统设计标准偏离我国国情,特别是排水管道标准过低。现有城市生命线系统大多能够满足平时常态下的运行要求,但在地震、洪水、冰雪等重大自然灾害和恐怖袭击面前就显得异常脆弱。

(二)短期行为盛行,生命线系统建设欠账多

由于生命线系统不像标志性建筑那么显眼,不少城市重地上、轻地下,导致城市生命线系统建设赶不上城市的扩展,旧城区地下管线年久失修,隐患重重;新城区基础设施建设明显滞后于地表建筑,甚至偷工减料,由此带来了许多隐患。

(三)缺乏备份与辅助系统

我国现有城市生命线系统大多没有备份和应急替代系统,发达国家大多同时建有备份或应急辅助系统,一旦这些国家发生不可抗力事件,生命线主系统遭到破坏无法运转时,可由生命线辅助系统保证城市功能的最低运转要求。

(四)统筹、应急体制不健全

我国城市管理体制格局形成于计划经济时期,行政分割,部门间存在利益冲突。政府缺乏统筹机制降低了生命线系统的防灾减灾效能。由于缺乏信息共享机制和部门之间的充分协调,经常发生野蛮施工,损坏地下管线,重复施工现象也很普遍,被戏称为“拉链工程”。发生生命线系统事故后,有些地区还互相推诿,缺乏相应的统筹和应急体制,从而也加重了次生灾害的发生和社会秩序的混乱。

四、城市生命线系统的安全保障对策

余翰武等(2008)在总结2008年1—2月我国南方和西北地区低温冰雪灾害造成生命线系统严重损失的经验教训的基础上,提出了城市生命线系统安全保障对策。

(一)完善城市规划

合理确定城市规模和空间结构,合理选择城市建设用地,避开灾害源和生态敏感地带,减少城市生命线系统受灾受损的机会。合理布局城市各功能区,合理配置供水、供电等城市生命线系统节点,使之充分发挥功能。在综合防灾系统规划设计中考虑城市生命线系统的配置。完善燃气系统、电力系统、给排水系统等专项规划。

(二)更新城市生命线系统模式

我国现有城市生命线系统为树枝状,一旦主干被破坏,系统供应往往中断。在建设城市生命线主系统的同时,还应建立树藤状供应系统,利用藤的辅助和补充功能为城市生命线系统安全运行提供保障。

单一生命线往往很脆弱,多个单一生命线形成的网络安全性能较强。某一单元的主系统出问题时,其辅助系统能得到其他单元的启动并有效运行。每个单元的生命线系统相对独立,发生突发事件时可以保证任何局部和重要部位在应急状态下切断,将损害控制在最小限度,不致产生次生灾害,可保护整个生命线系统的安全。

由于原有生命线系统设施老化、落后,跟不上城市扩展和人口增长的需求,城市生命线系统规划应充分考虑生命线系统的适当增容,调整技术标准,改善条件,提高抗灾能力和安全性能。

(三)加大投入,提升生命线系统的科技含量

充分应用科技新成果,对现有的生命线工程和系统进行技术改进、移植和更新。包括建立先进的信息系统和城市灾害预警系统,开发安全减灾防灾新技术、新设备,加大生命线设施的地下化比例,开展共同建设,使大部分管线地下化和廊道化。

(四)提高管理水平,完善城市生命线系统安全保障体制

城市生命线系统安全是一项系统工程,需要依靠立法、行政、教育、工程技术和管理等多种手段进行综合管理。要在现有体制的基础上建立更高层次的领导和协调机制,实现制度创新,完善统筹应急体制。制定适度超前的城市生命线系统规划,增加安全减灾防灾资金投入,制定务实的生命线系统应急预案,加强生命线系统安全的宣

传教育和法制工作。

五、燃气事故的应对

(一)燃气性质与燃气事故

燃气是气体燃料的总称,城市燃气是指天然气、液化石油气及人工煤气,部分农村还使用沼气和秸秆气化炉。燃气事故(gas accident)包括泄漏、燃烧和爆炸3种形式。液化石油气点火温度为426℃~537℃,天然气为537℃,火焰传播速度可达0.34m/s。当城市燃气与空气混合到一定浓度即爆炸极限时形成预混气,遇明火会发生爆炸。高上限浓度时由于氧气不足也不会爆炸,但仍会着火。爆炸极限范围越宽,爆炸下限越低,爆炸危险性越大。天然气的爆炸下限为5%,上限为15%。天然气的主要成分是甲烷,比空气轻;气态液化石油气主要成分为丙烷和丁烷,比空气重。它们均具有很强的扩散性。瓶装液化气钢瓶内气相、液相共存,压力为当时环境温度下的饱和蒸气压。由液态变成气态时体积扩大约250倍,其危险性远大于其他管道燃气。

地下燃气管道泄漏积累,一遇明火或静电就可能爆炸。1995年1月3日傍晚,济南市和平路因地下煤气管道破裂,遇明火爆炸,将地下电缆沟整体掀翻,2.2km路段和附近房屋、车辆和各种设施损毁严重,并造成大片区域停电。这次爆炸造成13人死亡,48人受伤,直接经济损失达429.1万元。

(二)燃气管线事故发生的原因

1)燃气管道所处地下环境复杂,易受腐蚀而破裂漏气。

2)燃气系统设备安全防护装置失效导致泄漏。

3)企业安全管理不善,缺乏应急抢修专业技术和设备,规章制度不健全,违规操作。

4)未经探勘,野蛮施工挖断燃气管道,违章建筑物占压管线等。

5)久旱遇雨引发局部地面塌陷,损坏地下燃气管道。

(三)预防措施

1) 加强燃气行业监管,层层落实燃气安全责任制,做好燃气行业安全管理。

2)科学规划燃气管道建设,避免燃气设施安全距离不够或违章改扩建。确保管材与施工质量。完善燃气管道档案,避免因资料不全导致其他企业在施工过程中破坏地下管道或在地上违章占压。

3)燃气企业要编制燃气事故的应急预案,并经常组织演练、宣传普及燃气安全使用常识。

(四)应急处置

发现气味异常,可能有燃气泄漏时,要立即熄灭用气场所的明火,关闭供气阀门,打开门窗通风。待无气味后再检查连接处是否漏气,可用肥皂水涂抹连接部位,严禁明火查找漏点。如难以接近或远离漏气场所,要拨打维修电话,由专业人员进入查找漏点和维修。

六、用电安全事故的应对

用电安全事故(electrical accident)是指由于电力设施受到外力破坏、设备故障、自然灾害、人为因素等方面的原因,致使电力系统不能正常运行,造成电力供应中断或电能质量下降,从而导致设备损坏、人身伤亡、环境污染、重大经济损失和社会混乱等严重后果,对居民生活、安全生产、城市运行和政治经济等方面产生不良影响的突发事件。用电安全事故主要包括触电事故和电网事故两大类:前者因不接触电源引起,一般只伤害到个别人;后者则因电网设施故障或人为操作及管理失误引起,对区域生活与经济影响极大。

(一)触电事故

1.触电事故的发生

人体是导体,当通过人体的电流很小时没有感知,电流稍大就会有“麻电”的感觉,达到8~10mA时就很难摆脱,会发生触电事故(electric shock)。

电流对人体的损伤主要是电热所致灼伤和强烈的肌肉痉挛,严重的会引起呼吸抑制或心搏骤停,可致残甚至危及生命。如电线的绝缘皮破损,裸露处直接接触人体,或接触到未接地的电器外壳,或接触潮湿的电线与电器,都有可能发生低压触电。

与高压带电体靠近时,高压带电体与人体之间会发生放电现象。高压电线落在地面时,在不同距离的点之间存在电压,人的两脚间存在足够大的电压时会发生跨步电压触电。

2.触电事故的预防

预防触电事故要注意正确安装电线、电器和按照要求接地,室内电线不要与其他金属导体接触,不要在电线上晾衣物、挂物品。电线老化与破损时要及时修复更换,不要用湿手扳开关、换灯泡、拔插头。维修电器要切断电源,不要带电操作。看到“高压危险”标志要与带电设备保持安全距离,不要在高压线附近放风筝。

3.触电事故的应急处置

发现有人触电应立即切断电源,用绝缘物品挑开触电者身上的带电物体。立即拨打报警和急救电话。解开妨碍触电者呼吸的紧身衣服,立即就地抢救,如呼吸和脉搏停止,应立刻进行心肺复苏,在医生到来之前不能中断。

(二)电网事故

电网事故(power grid accident)是指由于人为或自然的原因导致电网系统的故障、失灵或损坏,造成人员伤亡、财产损失,或因大面积停电造成停产停业经济损失及社会秩序混乱等。

1.电网事故的危害

现代社会高度依赖电力系统,一旦发生大面积停电,所造成的损失和影响将十分巨大,如2003年8月14日,北美地区发生有史以来最严重的大面积断电事故,纽约、底特律、利夫兰、渥太华、多伦多等重要城市及周边地区近5 000万人口受到影响。纽约市发生60起严重火灾,电梯救援行动多达800次,紧急求救电话近8万次,急诊医疗服务求助电话创记录达5 000次。三大汽车制造厂停产,地铁停驶,交通堵塞,班机延误,民众生活面临种种不便,住在高层住宅的老人由于电梯停开和停水,更是面临生存危机。2009年11月10日巴西电网的大面积停电影响人口约5 000万人,约占巴西电网全负荷的40%,导致巴西18个州及巴拉圭陷入一片黑暗。2008年1—2月,我国南方的大面积停电同样造成了严重的后果,除经济损失严重外,有的山区居民由于停电,稻谷脱粒机不能动,面临断粮的生存危机。

电网事故按照危害特征分为人员伤亡事件、电网事件和设备事件3大类;按照损失程度分为特别重大事故、重大事故、较大事故、一般事故、五级、六级、七级等级别。

2.电网事故发生的自然因素

城市的电源以区域电网为主,通常形成环路并与周边城市联网,有些重要单位还自备发电系统供紧急情况下启用。2006年,北京电力公司发生的18次一般事故中,由于恶劣天气原因造成的事故有7次,约占40%。气象灾害引发供电系统事故有以下几种情况。

1)冻雨。2008年1月中旬,华中连降暴雪并夹带冻雨,三峡至上海高压输电线路有4座线塔因大量覆冰而倒塌。这些线塔按江南常年气候设计可抵御厚10mm的覆冰,但这次雪灾最厚覆冰达50~60mm。据国家电网不完全统计,仅1月27日17时至28日17时,湖南省就倒塌35基,分裂成3个孤立电网运行,郴州城区连续十余天断电,给当地居民的生活造成了极大的不便。

2)污闪掉闸。空气中污染物质沾落瓷瓶,又遇浓雾,使绝缘性能大幅度下降。

1990 年 2 月 16—17 日,大雾和空气污染导致华北区域电网大面积污闪,数条高压输电线路先后掉闸断电,8 个枢纽变电站发生故障。为保证居民用电和取暖,北京市对 200 个工业大户拉闸停电并对远郊区县限电。

3)电线触地。冻雨使电线积冰和夏季高温热胀都有可能造成高压电线下垂触地。

4)雷电。变电站和输电高压线等带电物体在雷雨中易受雷击。

5)暴雨、暴雪和大风。1983 年 6 月 5 日,北京市一场 7 级大风刮倒许多电杆,全市有 17 条 1 万伏高压线停电,300 处 380 伏和 220 伏低压线出现故障。洪涝冲击也常使电杆倒折。由暴雨引发的山洪、滑坡和泥石流对电杆和线路的危害更大。

6)高温。炎热天气,市民空调制冷用电量激增,常使电网超负荷,极易酿成事故。

7)洪涝。电缆包裹不严,雨水渗入地下电缆造成漏电。久旱之后突降大雨容易发生地面塌陷,损坏地下管线。

3.电网事故的人为原因

一种是由操作失误引发,如美国佛罗里达州的一次大停电是由于检修工程师错误退出了主保护装置。另一种是电网自身故障,如 2009 年 11 月 10 日巴西电网的大面积停电是由于继电保护的误动。保护装置的隐性故障在系统正常运行时很难被发现,在系统发生故障时被保护元件错误断开造成跳闸。

电网规划布局不合理,高压线路经过地质不稳定和多冰雪灾害地区,电网设施承压标准偏低,超负荷用电等也都是酿成电网事故的人为原因。

4.电网事故的应急处置

发生大面积停电后,供电企业应在第一时间进行现场调查并启动《电网大面积停电事件处理应急预案》,政府电力主管部门要及时向社会发布停电信息。供电企业电力调度机构要迅速组织力量抢险救灾,修复被损设施,恢复电力供应。

发生停电事件后,各级地方政府和有关部门应立即组织社会停电应急救援与处置。对停电后易发生人身伤害及财产损失的用户要及时启动相应预案和备用电源。公共场所发生大面积停电事件时要保证安全通道畅通,组织有序疏散。

企事业单位和用户在停电事故发生后,可拨打供电企业客户服务电话了解情况,启动备用电源或准备照明用品,做好恢复供电后继续正常工作的准备。

练习题

1.调查你的居住环境有哪些火灾隐患,并提出改进消防工作的建议。

2.与同学一起进行对触电受伤者实施抢救的演练。

3.引发安全生产事故的因素有哪些？怎样防控安全生产事故的发生？煤矿安全事故多发的原因是什么？怎样防控？

4.目前你所生活的城市的生命线系统在灾害事故发生时都面临哪些脆弱性？怎样降低这些脆弱性？

第四章　城市防灾减灾规划

知识脉络图

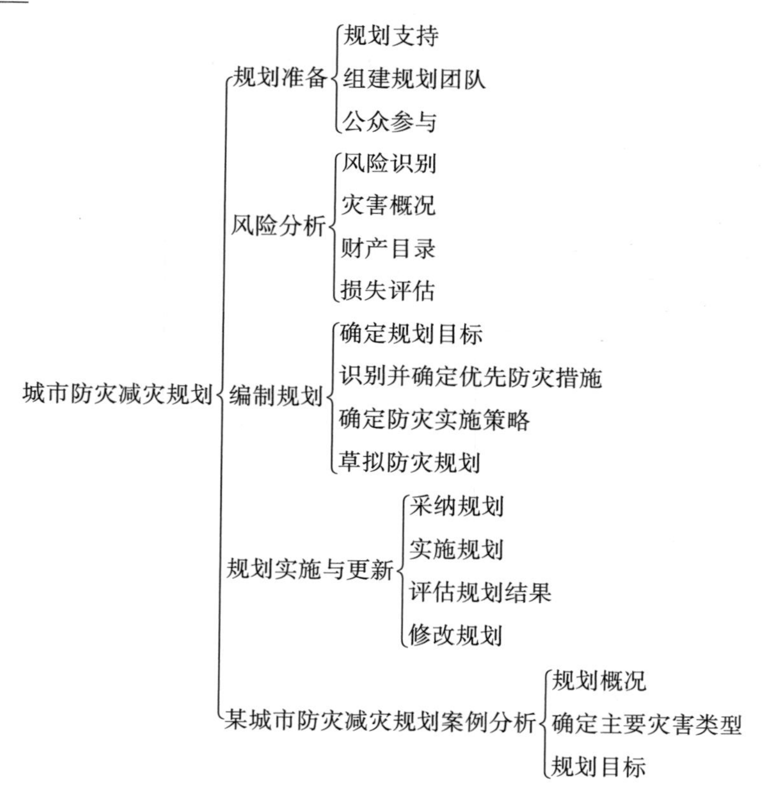

第一节 规划准备

一、规划支持

需从多方面了解规划区域的情况，并以掌握的信息为依据制订防灾规划。对规划区域的信息了解得越多，制订规划的价值就越大。

规划准备过程的步骤：第一步，衡量可用于规划的资源的来源及数量；第二步，建立规划团队并确定规划组织框架；第三步，确定公众参与和开展公众教育。规划准备的具体流程，如图 4-1 所示。

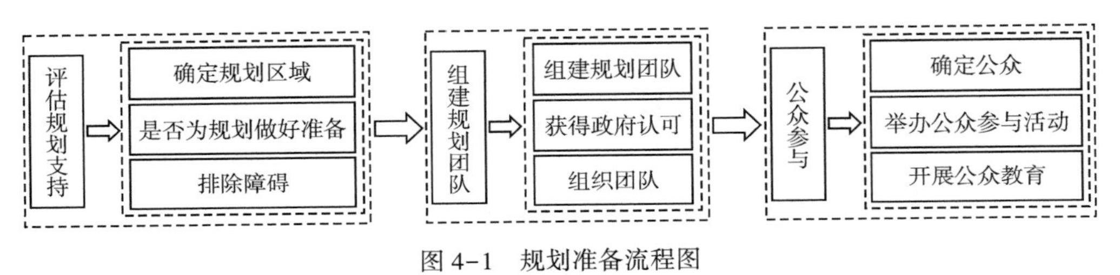

图 4-1 规划准备流程图

（一）确定规划区域

确定规划区域时，规划团队应与政府协商。一般来说，规划区域应将政府管辖范围内的市、县、乡及社区包括在内。然而，很多案例表明，大尺度的规划更有利于带来额外的资源，如人员和技术等，这有助于减缓规划区域之外的灾害。对于多数规划区域来说，大尺度的规划是一种更为贴近实际且节约成本的风险减缓方法，特别是对那些危险和脆弱性很相似的大区域。例如，位于同一地震断裂带或水系的多个规划区域可实行大尺度的规划。

较小的规划区域可能因与其他区域合作而受益，得到更多的资源和技术。规划团队应考虑和现有规划机构或其他地区规划组织合作。多区域合作的方式增加了规划冲突的可能性，如果有选择合作区域的机会，那么选择有相似特点和规划目标的区域进行合作。之前合作过的区域及邻近区域是实施区域规划的最佳选择。

（二）是否为规划做好准备

对灾害的认识、对规划的支持和可用于防灾规划的资源，是规划能否顺利实施的关键因素。知识、支持和资源是确定规划是否准备充分的关键因素。以下问题有助于确定应关注哪些因素,以确保规划的顺利实施。

1.对灾害的认识

思考以下问题有助于了解规划区域的防灾规划和对风险减缓的认识:社区可能受到哪些灾害的影响,影响的范围有多大,带来的损失有多严重,如何有效减缓这些灾害给社区带来的影响,实际风险和可感知风险之间有什么区别。

2.对规划的支援

思考以下问题有助于了解防灾规划和规划实施的支持力度。如果政府和居民不知如何支持规划,那么应提出相应的策略来提高对规划的支持力度。

1)政府是否任命相应的官员支持防灾及应急管理。

2)防灾规划是否可以解决规划区域内居民不满意的事情,如经济发展和交通问题等,以使防灾规划和其他规划相协调。

3)当地居民、组织及商业活动愿意为防灾规划做贡献的可能性有多大。

4)采取什么方式能确定或招聘规划团队的领导。

5)是否有现存的洪水或其他专项规划。

6)是否有规划机构或规划工作人员。

7)是否有土地规划图、地理信息系统、等高线图、土壤分类图、地形图及其他可用于了解规划区域内灾害的信息。

3.可用于防灾减灾规划的资源

政府和社区是否为防灾规划拨出专项资金,企业及其他组织是否愿意为防灾规划提供人力及资金支持。若已经确定规划区域并为规划做好准备,那么开始构建规划团队。否则,应先排除以上两条中的障碍,然后再构建规划团队。思考以下问题有助于确定规划区域内的可用资源和防灾能力。

1)是否意识到其他规划有助于防灾规划的制订。

2)谁是防灾规划的主要参与者,商业机构和组织是否愿意参与防灾行动。

回答上面这些问题也许会有些困难。如果是这样,可以提前组建规划团队,然后再考虑规划过程中所需的知识、支持及资源。这些问题的答案应包括在防灾规划的文本当中,特别是在编写规划中的能力评估部分。

(三)排除障碍

防灾规划的障碍涉及对灾害的认识、对规划的支持及规划可用资源等方面。例如,对灾害认识不足及资金缺乏可通过以下途径解决:向政府工作人员宣传防灾规划对减少灾害损失的益处以及不制订防灾规划的成本,使其确信防灾规划的重要性;寻找成功制订或实施的防灾规划,从中学习经验和技术。

1.对灾害认识的不足

1)灾害统计资料。说明最近灾害对民居房屋的破坏数量、关闭的厂房以及因灾害而导致旅游人数的下降。强调防灾规划的益处,为获得各方支持,要突出强调防灾规划如何实施目标,特别是经济利益。应提供尽可能多的防灾规划在降低灾害损失方面的信息以及其他规划区域成功的案例。

2)宣传灾害减缓和防灾规划的好处。防灾规划的好处有很多,可以从成本—效益分析及技术可行性来说明。灾害的减缓有助于实现区域的可持续发展,从而吸引新的居民和商机,达到提升区域的整体经济实力。

3)实现区域的可持续发展。可持续发展的目的是为后代提供满足高质量生活的自然经济及环境条件,对灾害的抵御能力是可持续发展的重要特点,通过规划降低区域灾害损失,从而提高灾前和灾后的抵御能力。从可持续发展综合环境、社会及技术等方面实现多目标。

4)灾后快速恢复。灾害发生后,有防灾规划的区域能够较快地开始灾后恢复,应将防灾规划作为综合规划的一部分,而不应将其独立。

2.对规划的支持不够

政府工作人员更关心防灾规划带来的好处,多数人并不关心那些小概率灾害的易损性。保护健康、安全及人民幸福是政府的责任。向政府人员、私人部门、居民、大学及营利组织说明支持防灾规划的原因,从中所获利益及能为灾害减缓所做的贡献。

1)政府支持。地方政府有责任制定和执行土地利用规划、建筑物法规标准及其他措施来保护人民的生命财产安全。同时,也有责任提醒居民哪些灾害对生命财产和环境有影响以及如何采取措施降低灾害带来的损失。政府应尽力使灾害对居民的影响降低,并确保每个居民都有机会参与灾害减缓。

2)私营部门支持。很多企业和私营部门因灾害减缓而受益。

3)公众支持。公众应采取有效措施保护其生命财产免受灾害的影响,通过减缓措施降低灾害带来的损失,购买灾害保险就是一种有效的途径。

4)学术机构支持。多数学术机构拥有应急反应和行动计划,以确保教师、学生及工作人员的安全。然而,这些机构对影响灾害的设施并不熟悉,且没有可用于减缓灾害的措施。另外,学术机构可为灾害减缓提供可用资源,如技术支持、会议室、灾后服务、避难场所及劳动力等。

3.可用于防灾规划的资源不足

技术、资金及人力是防灾规划的3类主要资源。

1)技术资源包括经济、社会工程制图及规划方面有关的专业知识,为了得到充足的信息,制订防灾规划需多个学科的专业知识。规划人员应明白需要哪些专业知识以及如何获取,同时,技术资源也包括实现风险分析和决策所需的基础数据。

2)资金资源对于规划的实施及获得技术支持至关重要,资金的来源是多方面的,如政府、私营部门、个人等。灾前资金用于实施灾害减缓措施,以降低灾害造成的人员及经济资源损失;灾后资金用于灾后应急和恢复等。

3)居民、商家机构成员及其他愿意为灾害减缓做贡献的人,都可为防灾规划提供人力及技术资源。

二、组建规划团队

确定规划区域并为防灾规划做好准备后,开始组建规划团队。规划团队成员应包括技术人员、社区领导、政府机构代表、企业管理者、市民及其他对防灾规划感兴趣的人。规划团队成员的多样化有助于规划的全面性及合理性,也有利于争取和获得规划所需的资源。

(一)组建规划团队

规划团队尽可能在现有的组织和机构中选择,并欢迎任何愿意为规划做贡献的个人和团体参与。如果规划中遇到大量需要解决的问题,可以把规划团队分为多个小组。

1.确定团队领导

经验丰富的领导有助于解决团队组成、成员冲突及任务的时间安排等问题。

2.确定利益相关者

受灾害影响的个人、组织及机构都可视为利益相关者,在灾害减缓的不同过程中利益相关者不断变化。头脑风暴法是一个确定潜在利益相关者的好方法。

3.利益相关者代表

政府可为灾害减缓提供资金、人力及政策等方面的支持。另外,公共安全及火灾等政府部门的代表可为规划团队提供专业技术知识。政府工作人员有助于加快立法及资金预算。

4.商业机构

商业机构对地方经济的健康发展起着至关重要的作用。

5.学术机构

学术机构可为防灾规划提供有用的信息,如专业知识及数据等。

(二)规划团队获得政府认可

规划团队获得政府认可,使得规划结果为官方所采纳并实施。官方的认可有助于获得更多的资源,同时也极大地增加了规划被采纳的可能性。

(三)组织团队

1.确定规划目标

规划团队应确定规划目标,以描述防灾规划要达到的总体目标。首先应确定总体规划目标,然后再确定具体规划目标,并通过减缓措施来实现制定的规划目标。

规划目标有助于团队了解规划最终要达到的目的,就规划的目标达成一致共识。规划目标应考虑的问题:制订规划的原因是什么;规划用来干什么;规划服务的对象是谁,在哪里实施;规划如何实施。

2.明确责任

规划成员应对其在规划中的角色和任务有明确的了解,成员需考虑的问题:对自己的角色和责任是如何看待的;需要哪些因素,能够确保完成目标;能为团队带来什么;规划能为区域带来多少好处。

3.定期举行会议

规划团队通过定期举行会议,加强交流并增加成员间的协调性。对取得的进展及面临的困难进行讨论,分配任务并确定下一步工作计划。规划团队确定制订规划的时间表,以确保按时完成规划。

三、公众参与

尽管规划团队包括了各部门的代表,使更为广泛的人群参与防灾规划中仍然是十分重要的。对于那些未进入规划团队的利益相关者,让其参与到灾害减缓的不同阶段。同时,对公众进行防灾规划的相关知识的培训和教育。

部分利益相关者不能定期参加规划过程,但是其关心防灾规划及实施。这部分利益相关者包括政府官员、机构负责人、民委会、民间团体、商业协会及个人等。

上述利益相关者的加入有助于规划的制订及实施。然而,要得到这些利益相关者的支持比较困难,主要有两大障碍:①多数人不关心区域内灾害的风险;②多数人对防灾规划不了解,也不明白如何能实现灾害减缓。因此,对这些人进行规划过程的培训和教育的好处就显得至关重要。这有助于确定潜在的利益相关者、组织公众参与活动及将公众反馈的信息融入防灾规划中。

(一)确定公众

查看规划准备阶段参与者列表,选择可能会参与防灾规划的人并与之联系,根据以上信息确定可能参与灾害减缓的公众。另外，寻找社区、政府、企业、市民及其他对防灾规划感兴趣的人，就可能产生的灾害种类、应采取的减缓措施及对社区的影响等方面对公众进行培训和教育，并给公众提供充分表达自己意见的机会，最后将公众的反馈信息融入防灾规划中。

（二）举办公众参与活动

1.安排公众参与活动

查看规划团队举办会议的时间，确定哪些会议的决策需要加入公众意见，进而安排公众参会并发言。邀请公众参与灾害风险分析和损失评估结果的讨论，使公众有机会了解规划区域的易损性，并根据公众反馈意见设置防灾目标。草拟防灾规划后，在正式提交相关部门审查前，邀请公众对规划草案提出建议。

2.对不同类型的利益相关者采用不同的参与方式

举办研讨会、建立热线电话进行采访及发放调查问卷等都可以作为公众参与规划的方式。在规划过程的不同进展阶段，可以举办研讨会讨论规划中存在的问题及取得的进展，并提出解决的方法。

3.定期举办会议

通过举办会议，提出问题并讨论，最后提出解决办法。

4.建立热线电话

使公民有机会将自己在防灾规划方面关心的问题、评论及建议表达出来，热线电话的联系方式应以通信、新闻发布及会议通知等方式公布。

5.进行访谈

通过访谈关键人物，收集从其他途径难以得到的重要信息。访谈的对象包括政府代表或领导，民间团体代表及受防灾规划影响较大的人群等。

6.问卷调查

根据实际需要确定问卷调查的内容，通过问卷调查收集有关公众对灾害的认识、可采取的防灾措施及防灾规划的好处等信息。

7.分析规划公众意见

团队应有专人负责整理公众反馈的意见，包括会议记录、确定的关键问题及反馈的信息。可以根据主要类型、规划区域或评价的正反面等方面对反馈信息进行分类。规划团队应对公众的意见进行分析和规划，并将其纳入规划文本。

8.反馈结论

反馈结论是对公众反馈意见进行分析、评估并融入规划的重要组成部分。公众的意见都应被记录下来,不管是什么类型的意见及其来源。决策者使用公众意见以确保问题在规划阶段得以解决,规划团队应设专人对公众的反馈意见进行管理。

(三)开展公众教育

1.通过新闻媒体

媒体是提高公众对灾害认识非常有效的途径,通过网络、报刊、广播及电视,宣传近期国家及地区发生的灾害及其带来的损失,以提高公众对灾害的了解。同时,通过媒体对防灾规划的必要性、规划的目标等方面进行说明,鼓励公众积极参与防灾。

2.艺术节、博览会宣传推广

艺术节、博览会等为规划团队提供了非常好的机会,团队成员和公众可在轻松的环境中交流,团队成员也可通过发放小册子、宣传单等方式向公众宣传灾害的特点及其带来的损失。

3.网络宣传

随着网络的普及,互联网是获取信息资源的重要手段。规划团队可将灾害的特点、发生的地点、带来的损失、对规划区域的影响、灾害的减缓措施、团队会议的时间安排等信息制作成网页,公众可随时查看网页并在线提交反馈信息。

第二节 风险分析

风险分析是防灾规划的核心,主要确定灾害发生的可能性及导致的后果,通过人员、建筑物及基础设施的易损性评估得到人员伤亡、经济损失和财产破坏情况。

风险分析主要关心哪些人群和设施易受灾害的影响以及人员和财产所受影响的程度。通过风险分析可得到规划区域易受哪些灾害的影响,灾害给规划区域内的基础设施、环境及经济带来哪些影响,哪些区域易受灾害的影响,灾害造成的损失和通过防灾措施可以避免的损失。通过识别可能发生的灾害及其带来的损失,风险分析也可为应急管理提供信息,以提高防灾资源的利用率。

一、风险识别

规划区域内可能受到哪些类型灾害的影响,这是风险分析的首要问题。确定规划区域内可能发生的所有灾害,然后将发生可能性较大的灾害列出。切记,近些年未发生的灾害不等于将来不发生,要充分考虑规划区域内可能发生的灾害种类。

(一)列出可能发生的灾害

没有标准的方法用于确定规划区域受何种灾害的影响,以下内容作为识别危险的参考方法。

1.新闻报道和历史记录

这些记录可能包含灾害发生的日期、程度及造成的损失等信息。另外,当地的图书馆也是一种了解灾害信息的来源。

2.回顾现有规划

为确保能应对规划区域可能发生的所有灾害,应充分利用现有规划和报道等资料。规划区域可能有和自然灾害有关的各种规划文本,甚至是风险分析报告。交通、环境和土地规划报告等或许包含与灾害相关的资料。虽然这些报告没有详细的灾害风险分析,但是可为灾害风险分析提供有用信息。

回顾现有规划,从中查找过去发生过以及将来可能发生的灾害。综合规划、土地使用规划、环境规划及建筑法规等可能包含着灾害的相关信息,从中确定规划区域可能存在的危险。

3.征求专家意见

政府、学术机构及私人部门有大量有关灾害的信息。参与过以往自然灾害事件的人员是获取灾害信息的来源,如警察、消防及应急管理人员等。此外,与自然资源、地质调查及应急管理等有关的政府机构,拥有灾害种类及程度的详细资料。通过咨询与规划、地理及工程有关的科研机构的专家得到灾害的相关信息,如规划区域内灾害发生的可能性、影响的范围及造成的后果。

4.从互联网收集信息

有些网站公布有灾害的特点,如灾害发生的可能性、严重性及历史记录等,还有些网站会记录某地区灾害发生的信息。

(二)关注常见灾害

之前的信息确定了规划区域可能发生灾害的种类。如果规划区域内近几年未发生灾害,但有迹象表明很可能会发生某种特定灾害,那么就应给予高度关注。

可以在指定网站查找重大危险源是否对规划区域造成威胁,在地图上找到规划区域的大概位置,在地图上查看规划区域是否位于灾害高风险区域。由以上信息可以删去列表中的一些灾害,如果不确定灾害发生的可能性,那么最好将各种潜在的灾害都列出来,直到确定可以删去为止。

(三)常见的自然灾害

1.洪水

洪水是较为常见的自然灾害,确定洪水易发区域,并查找洪水发生的历史记录、带来的后果及其他信息。

2.地震

利用国家地震区划图查找地表最大峰值加速度,以确定规划区域是否位于地震危险区域。如果规划区域的地表峰值加速度小于 0. 02g,那么地震的风险较低,无须进行地震风险分析;否则,须分析其所带来的危险。

3.海啸

查找有关海啸风险的研究,确定规划区域所在地区的大概风险。若规划区域是沿海岸线、沿海河口或受潮汐影响较大,那么须分析海啸带来的危险;否则,无须分析其所带来的危险。

4.飓风

查找飓风发生的记录及影响范围,确定飓风影响的大概区域。若规划区域远离以上划分的区域,那么无须分析飓风的风险;否则,须分析其所带来的危险。

5.风暴

查找以往发生沿海风暴的记录,确定风暴发生的可能性及危险区域。若规划区域远离危险区域,那么无须分析沿海风暴风险;否则,须分析其所带来的危险。

6.滑坡

查找国家或区域性的滑坡危险区域图,以确定规划区域所受滑坡的影响。

7.火灾

通过消防规划图及火灾发生的记录,确定规划区域内火灾发生的可能性及火灾多发区。从天气、可燃物、湿度及人为因素等分析引发火灾的原因,并以此了解火灾发生的危险性等级。若规划区域内树木茂密或草地广阔,且天气较为干燥,那么应给予高度重视。

(四)常见的人为灾害

常见的人为灾害归纳起来,大致可分为两大类:恐怖袭击,属于故意行为;技术灾害,属于偶发事件。相对于自然灾害来说,恐怖袭击和技术灾害有其特殊之处。

1.恐怖袭击类型

恐怖袭击类型有常规炸弹,简易爆炸装置,释放生物剂,释放化学剂,核弹,燃烧弹攻击,放射性物质,网络恐怖主义,故意释放有害物质等。

2.技术灾害类型

技术灾害类型有因固定设施而导致的事故，因交通而导致的事故，监控故障，基础设施故障等。

以上所列灾害之间差异极大，这是人为灾害和自然灾害的重要区别。自然灾害的类型、频率、发生地点在多数情况下可识别甚至可预测，因为自然灾害受到自然规律的控制和约束。然而，多数的人为灾害是无法精确预测的，可在任何地方发生。规划团队专家应将规划区域内可能发生的各种人为灾害逐一列出。

通过以上信息，可列出规划区域内可能受到灾害的种类。我们只需了解可能发生的灾害，对灾害的其他信息暂不做分析。收集到的规划、报道、网站、文章及其他资源可用于灾害的危险分析。确定规划区域内可能发生的灾害类型并明确常见的灾害，下一步就是利用收集到的这些信息来确定灾害的危险。

二、灾害概况

明确规划区域可能发生的灾害种类后，接下来就是确定这些灾害带来的损失。每类灾害都有其独特的特点，并以一定的方式对区域产生影响。例如，因地震引起的地面振动和因飓风对规划区域产生的影响有极大的差别。另外，同类灾害因其强度、持续时间和分布情况等的不同而对规划区域产生的影响也不同。

将规划区域内洪水、风暴、火灾、海啸和滑坡等灾害影响的范围以地图形式可视化表达，从而确定易受灾害影响的区域，其他灾害（如飓风）只需简单记录其最大风速。收集、记录灾害信息并将其用于评估灾害对规划区域的影响。

（一）创建地图

描述灾害时，应创建地图以显示易受灾害影响的区域，地图应尽可能完整和精确，建筑物、道路、河流、海岸线及地名等尽可能简洁，用现有地图或图像作为参考，以节约成本。地图可用于描述易受灾害影响的区域，同时显示对人员和财产的影响。

（二）描述灾害信息

查找与灾害相关的地图或其他信息。一般而言，对于特定的研究区域，考虑单一灾害并确定灾害影响的地区、严重度及可能性。

（三）记录灾害信息

记录每类灾害的信息，如地图的来源、灾害相关的统计数据等。完成这一步骤后，可得到易受灾害影响区域的地图或能表征灾害特点的数据。

1.自然灾害信息

(1)洪水

描述并记录洪水灾害信息。从官方或科研机构获得洪水灾害信息,从而得知易受洪水影响的地区以及受洪水影响的程度。

得到受100年一遇洪水影响的区域及河流的水文特征、基本洪水高程、截面线、影响范围及高程基准等。考虑到易受洪水影响区域内是否有重大建设项目,规划区域内是否有良好的防洪设施及工程地貌是否发生变化等因素。洪水灾害信息需做调整以保证其实用可靠。将获得的洪水信息纳入地图,并将洪水高程显示在地图上。

(2)地震

描述并记录地震灾害信息。确定规划区域的位置,查找该地区50年内在一般场地条件下可能遭遇的超越概率为10%的地震烈度值,明确给定区域内发生特定烈度地震的概率及其严重度。

确定规划区域的位置,并确定地表峰值加速度。记录得到地表峰值加速度,并将其在地图上可视化表达出来。将以上得到的地表峰值加速度图纳入地图中。

(3)海啸

描述并记录海啸灾害信息。获得海啸淹没区划图,用于显示易受海啸影响的低洼地区。收集海啸发生的次数、影响范围及淹没的深度等信息。将得到的海啸影响区域图纳入地图中。

(4)飓风

描述并记录飓风灾害信息。查找规划区域的设计风速,一般只需确定规划区域是否受到飓风的影响。根据以往发生飓风的地方及其强度,大概预测飓风影响的范围。将设计风速及飓风区划图纳入地图中。

(5)风暴

描述并记录沿海风暴灾害信息。内陆地区最为关心风暴带来的暴雨,沿海地区应确定由风暴导致的最大风速、风暴潮及侵蚀。风暴潮或沿海侵蚀的历史记录可为了解风暴灾害提供相关信息。

确定易受风暴影响的区域。沿海风暴可能使海岸线发生变化,也可能会导致洪水影响区域发生改变。应向相关机构咨询并更新沿海风暴信息。向环保或水资源部门咨询海岸线的年侵蚀率,用年侵蚀率乘以规划的年数可得到侵蚀量,并将其标记在地图上。查找相关标准和文件,得到规划区域的设计风速,将风暴影响区域在地图上标明,将洪水高程及风速区划图纳入地图中。

(6)滑坡

描述并记录滑坡灾害信息。滑坡灾害在同一地区往往多次发生,分析过去滑坡灾害是预测滑坡发生的有效方法。

滑坡和其他地质灾害一样,机理非常复杂,需地质专业人员进行岩土工程学的研究。了解规划区域的地质条件及过去发生的滑坡灾害,得到滑坡的引发原因、损失、伤亡人数及影响范围。向地质部门或地质专家咨询过去发生的滑坡事件,以得到滑坡灾害信息。在地图上标记滑坡高风险地区,确定可能发生的滑坡或以往发生过的滑坡。规划区域是否在斜坡上,是否在小型的排水洼地上,是否在填土的斜坡顶部,是否在陡峭的路堑边坡顶部。从地质部门等机构得到地形图,在上面标记陡峭的斜坡,这就是容易发生滑坡的地方。地质条件对于滑坡的发生起了重要作用,除了坡的角度外,土壤及岩石的类型对边坡的稳定性影响较大。咨询地质部门或地质专家可以得到更为详细的信息,在地图上标记易受滑坡影响的地区。

(7)火灾

描述并记录火灾信息。可燃物数量、气候条件和风速等因素决定火灾的发生。火灾区划图显示过去发生火灾和易发生火灾的地区。

将可燃物进行分类并在地图上标记。一般来说,陡峭的地形会使大火蔓延的速度加快。根据地形图确定规划区域内坡度小于40%、位于41%~60%以及大于61%的区域,将火灾燃烧速度分别定义为低、中、快速。低湿度和高风速容易诱发火灾且难以控制,严重危害人员安全。一般是从气象部门等机构得到过去的气候信息加以分析利用。根据坡度大小、可燃物类型及气候条件,确定火灾的危险等级并在地图上标记火灾危险区域。

2.人为灾害信息

在灾害的危险性方面,自然灾害和人为灾害有着显著差异,特别是恐怖袭击。更重要的是,恐怖分子可根据需要选择袭击目标和战术,设计攻击能力以最大限度地达到目的。类似的灾害都是不可预见的,这些特点使确定人为灾害发生的方式及地点变得较为困难。尽管预测人为灾害发生的可能性较为困难,但其产生的后果可分为人员伤亡、环境污染、建筑物破坏等,很多资料都可提供灾害的详细信息。防灾规划最为重要的是明确灾害对规划区域的影响及如何减缓灾害带来的影响。

不论是有意还是无意,人为灾害对规划区域都会造成多种影响。这些影响包括污染、化学、生物、放射性及核物质,能量爆炸物、纵火、电磁波,服务中断、基础设施崩溃、运输服务中断等。规划团队应将规划区域内可能发生的人为灾害列举出来,并说明灾害发生的方式。

了解恐怖袭击和技术灾害的概况，有助于规划团队了解灾害发生的方式及对规划区域的影响。

1）应用模式。用于描述人类行为或偶然事件所导致灾害发生的方式。

2）持久性。持久性是指灾害承灾体影响时间的长短。如风影响的时间为几分钟；而化学剂（如芥子气）的影响为数天。

3）动态或静态特性。用于描述灾害的趋势、影响、转移、时空限制等，如由地震导致的建筑物破坏一般仅限于地震发生的地点。相反，若有毒气体从储罐中泄漏，会随风扩散，并随时间推移而降低其危险性。

4）减缓条件。减缓条件是指能够降低灾害带来损失的环境条件，如堤坝有利于减缓炸弹的破坏力；太阳光有助于某些化学剂的分解，从而降低其危害性。相反，有些条件会加重灾害的破坏力，如低洼地区不利于有毒重气扩散，从而加剧灾害的影响。

恐怖袭击和技术灾害概况如表 4-1 所示。

表 4-1　恐怖袭击和技术灾害概况

灾　害	应用模式	危险持久性	静态或动态影响	减缓或加剧条件
常规炸弹简易爆炸装置	通过人体、车辆或抛射方式引爆目标或其附近的爆炸装置	瞬间，另外，二次影响的持久性会延长，直到攻击点被清理干净	损害程度取决于炸药的类型和数量，影响一般是静态的	特定地点的超压和其距爆炸点距离的立方成反比，地形、植被及建筑物都可作为减缓爆炸冲击波或碎片的方式
释放化学剂	液体或喷雾污染物可由喷雾器或气溶胶发生器喷射	化学剂可产生数小时甚至几天的威胁，这取决于化学物质本身的性质及大气条件	污染物在人员、车辆、水和风的作用下可转移出袭击目标，其危险性随距离和时间而减弱	空气的温度影响气溶胶蒸发，地面温度影响液体蒸发，温度能使气溶胶粒子放大，从而降低人体吸入的危险性。风能加速气体扩散，从而使影响区域变得动态化
纵火燃烧弹攻击	通过直接接触或远程投射方式点火	几分钟到数小时	损害程度取决于可燃物的类型和数量，影响一般是静态的	减缓方式包括内置火灾探测、保护系统和建筑结构耐火技术。安全措施缺乏容易产生隐患，并导致目标受损

续表

灾 害	应用模式	危险持久性	静态或动态影响	减缓或加剧条件
武装袭击	从远程位置机动突击或狙击	数分钟到数天	产生的后果主要取决于肇事者的意图和能力	全措施的缺乏容易产生隐患,使目标易被袭击
释放生物剂	液体或固体污染物可通过喷雾器或气溶胶发生器喷射,也可通过点源或线源的方式实施	数小时到数年,取决于生物剂本身的性质及大气条件	污染物可借助于风和水扩散,也可通过人体或动物传播	释放点高度会影响扩散,阳光对很多细菌及病毒有破坏性;微风和中度风速有助于扩散,但大风会破坏气溶胶云团;因建筑物和地形产生的微气象对扩散也会产生影响
网络恐怖主义	使用电脑去攻击其他电脑或系统	几分钟到数天	一般来说,对建筑环境没有影响	安全措施的缺乏使得系统计算机易被攻击
农业恐怖主义	将污染物或病虫害引入农作物或牲畜	几天到数月	事故间的差异极大,食品污染事件可能局限于某几个点,而病毒和虫害可能广泛分布。一般来说,这些灾害对建筑环境没有影响	安全措施缺乏使得农作物、牲畜和食品易受病虫害和污染物的影响
放射性物质	放射物可由喷雾器或气溶胶发生器喷射,以点源或线源的方式释放	持续数秒到数年	最初对袭击地点产生影响,而后可能是动态的,这取决于放射性物质的性质及大气条件	暴露时间、距放射源距离及保护装置数量是影响暴露剂量的主要因素

续表

灾 害	应用模式	危险持久性	静态或动态影响	减缓或加剧条件
核弹	引爆地下、地面及空中核设施	爆炸带来的冲击波、光、热持续数秒,核辐射可持续数年;高空爆炸所产生的脉冲波对电子系统的损伤较重	冲击波、光、热的影响是静态的,而核辐射带来的污染是动态的,且和气象条件有关	减少暴露时间是降低核辐射影响的重要途径,光、热及爆炸能量随距离呈对数函数降低,地形、植被、建筑物等都可有效减缓辐射的影响
释放有害物质	固、液、气态污染物可从固定或移动的容器释放	数小时到几天	化学物质多具有腐蚀性,火灾和爆炸是常见的后果,污染物可由人员、车辆、水体及空气转移	像生化武器一样,气象条件可直接影响危险的程度及发展状况;由建筑物及地形所产生的微气象环境可影响危险物的扩散与转移;危险源周边的安全保护措施可有效减缓人员伤亡和财产损失

三、财产目录

规划区域内哪些财产受到灾害的影响,这是风险分析第三步要回答的问题。列出财产清单有助于了解各灾害对规划区域的影响。首先,制作规划区域内财产清单图,然后确定受灾害影响区域内的财产数量,如表 4-2 所示。

表 4-2 受灾害影响的建筑物数量、价值及人数所占的比例

建筑使用类型	建筑物数量			建筑物价值			建筑内人数		
	规划区域	危险区域	危险区域比例/%	规划区域	危险区域	危险区域比例/%	规划区域	危险区域	危险区域比例/%
居民									
商业									
工业									
……									
总计									

财产的详细清单包括受灾害影响的基础设施、商业、历史、文化及自然资源等。

收集受灾地区建筑物使用功能、数量、价值及人数等信息，并确定是否需要基础设施、生命线工程等其他财产的数据。以洪水为例，说明其受灾地区财产的详细清单，如表4-3所示。

表 4-3　收集灾害影响财产的详细清单

财产名称	信息来源	基础设施	暴露人群	历史文化	其他资产	建筑物面积/m²	更换价值/万元	物品价值/万元	功能价值/万元	置换成本/(元/天)	备注
		√	√	√	√						
桥梁		√									
污水处理设施		√									
医院		√									
……											

（一）确定受灾地区建筑物数量、价值及人数的比例

1.估计规划区域建筑数量、价值及人数

利用统计数据得到受灾地区建筑物数量、价值及人数的比例。

1）估计规划区域内建筑物总数。将建筑物按其功能进行分类，分为居民、商业、工业及教育等类型。建筑物数量可通过规划、航拍图、统计数据或实地调查得到。

2）估计规划区域内建筑物的价值。确定规划区域内建筑物总的置换价值。通过统计数据或评估方法，得到区域内建筑物的置换价值。

3）估计规划区域内的人数。通过统计数据明确规划区域内的人口数量，并确定人口数量是否随白天、夜晚及季节有大的变化。

2.估计灾区建筑物数量、价值及人数

将各灾害的影响区域进行叠加，并通过GIS或地图可视化，从而确定易受影响的建筑物数量、价值及人数。

1）确定灾区建筑物总数。将建筑物按其使用功能分类并估计其数量，建筑物总数可通过航拍图、统计数据或实地调查得到。

2）确定灾区建筑物价值。通过统计数据或评估方法，近似得到灾区建筑物的置换价值。

3）确定灾区人数。利用统计数据或评估方法得到灾区人口数量，并确定人口数量是否随白天、夜晚及季节有大的变化。

3.计算灾区财产所占比例

确定灾区建筑物的数量、价值及人数占规划区域的比例。用灾区建筑物的数量、

价值及人数除以规划区域内建筑物的数量、价值及人数,可分别得到相应的比例。

4.确定规划区域内经济快速增长的地区

查看规划区域的综合规划,或向政府机构咨询,明确规划区域内经济快速增长的地区,并注明该地区是否在灾害影响范围内。

(二)明确是否需要收集更多的财产清单

对于风险分析来说,是否需要收集更多的财产清单极为关键。明确灾区建筑物的数量、价值及人数后可能就此而止,也可能会继续收集更加详细的信息。

1.自然灾害财产清单

明确灾区建筑物的数量、价值及人数后,可对灾害带来的损失有大概的了解。对确定特定灾害带来的损失,这些信息对决策者来说至关重要。然而,这些数据不能确定哪些建筑物的风险最大,因而在采取防灾措施时难以确定防灾优先措施。收集更加详细的信息有助于确定灾害给财产带来的破坏程度,能得到更为精确的损失评估结果。

对某种灾害来说,是否需要收集更加详细的财产信息是主观选择,可从特定灾害的需求、特定灾区的特点、防灾措施等多因素考虑,从而做出决定。决策时,考虑是否有足够的数据可确定哪些财产遭受的损失最大,是否有足够的数据可确定哪些元素易受灾害影响,是否有足够的数据可确定历史、环境、政治及文化等领域易受灾害影响,是否有灾害因其严重性、代表性及发生的可能性而受到关注,收集更加详细的数据需花费多少资金。

2.人为灾害财产清单

在预测人为灾害发生的概率时,不像预测自然灾害那么精准。另外,相对自然灾害来说,恐怖袭击和技术灾害在区域内的分布较广泛。因此,将人为灾害的危险概况用地理空间信息表达是非常困难的。规划团队可使用对特定资产进行处理的方法,识别规划区域内的关键设施和系统并将其列表。对以上设施和系统进行优先排序,将重要资产进行优先保护,然后针对不同灾害对各资产及系统的易损性进行评估。

扩大现存资产清单时,规划团队应参考规划区域的城市规划和应急规划等,以识别关键设施、系统或可能受到袭击的地点。在此过程中应考虑人为灾害的动态特性,部分灾害所产生的物理破坏只局限于某一地点,有些灾害的后果会扩散并超出事发地点。

关键设施是指那些对国家经济和国防影响巨大的系统,包括农业、食品、水、公共健康、军事基地、应急服务、通信、能源、交通、银行、化学危险物质、邮政、航运等,可将这些关键设施分为5大类型:①信息与通信类包括通信、电脑、软件、互联网、卫星、光纤;②物流配送类包括铁路、空运、海事、管道;③能源类包括电力、天然气及石油的生产、运输与储存;④金融类包括金融交易、股票债券市场;⑤服务类包括水、应急服务、政府服务。

国外势力、国内恐怖分子和黑客是常见的对关键设施造成威胁的破坏者。

(三)收集灾害可能导致损失的清单

确定受灾害影响区域内更为详细的财产清单及其特点,收集这些数据有助于确定不同灾害带来的财产损失。

1.确定优先顺序

对于财产密集地区,合理选择财产的信息至关重要。以下信息有助于确定财产的优先顺序,确保时间及资金利用的最大化。

1)确定对区域影响较大的基础设施。

2)确定易受影响的人群,如老人、小孩或需要特殊关照的人。

3)确定经济因素,如区域规划地区的经济中心和能极大影响地区经济的企业。

4)识别那些需要特殊考虑的地区,如高密度的居民区和商业区,受灾害影响时可能导致大量人员伤亡的地区。

5)确定历史、文化和自然资源地区。

6)确定灾后能使生产、生活尽快恢复的机构,如政府、银行、交通和生命线机构等。

2.收集与建筑相关的财产信息

收集以下信息有助于评估各灾害带来的损失。

1)建筑物面积。建筑物面积用来估计置换价值和功能价值,可通过规划、统计数据或实地调查获得建筑物面积。

2)置换价值。置换价值通常以每平方米建筑物的花费表示,可反映建筑物的劳动力和物质成本。通过统计数据或相关资料查阅获悉不同类型建筑物的置换价值。将每平方米建筑物的花费乘以建筑物面积可得到建筑物的置换价值。

3)物品价值。确定建筑物的类型和物品置换的比例并估计物品价值。

4)功能价值。若建筑物被损坏,则其应有的功能都会受到影响,从而导致一系列的损失。一般来说,功能价值大于建筑物破坏带来的损失。用单位面积单位时间内建筑物的功能损失乘以建筑物面积和影响时间,得到建筑物的功能价值。

3.收集灾害的特定信息

对于不同灾害收集的信息是不同的,回顾规划区域可能遭受的灾害,决定要收集数据的类型,不同灾害所需的数据类型如表 4-4 所示。

表 4-4 收集信息所需建筑物数据类型

建筑特点	洪水	地震	海啸	飓风	风暴	滑坡	火灾
建筑物类型	√	√	√		√		
建筑规范设计水平/时间	√	√	√	√	√		√
屋顶材料				√	√		√
屋顶建筑				√	√		√
植被							√
地形	√				√	√	√
离危险区域的距离	√		√		√	√	√

(1)收集受洪水影响的财产清单

1)确定优先收集的信息。若规划区域面积较大,则选择那些受洪水灾害影响较大的地区,优先收集该地区的信息;优先考虑老建筑、基础设施及离洪水灾区近的地区财产;洪水灾害给木建筑或有贵重物品的建筑物带来的损失更大。

2)收集建筑物的信息,包括面积、置换价值、物品价值和功能价值。另外,需收集建筑类型、建筑抗震设计规范、地形、距危险区域的距离。

3)收集灾害信息,包括用于估计洪水易损性的建筑物基地高程和洪水标高线。可通过政府机构、建筑许可证或实地调查等方式获得洪水影响区域内的建筑物基地高程;洪水标高线是指大于或等于 100 年一遇洪水的水位高度,可通过政府机构研究报告等方式获得洪水标高线。

(2)收集受地震影响的财产清单

1)确定优先收集的信息,应考虑地震的烈度。例如,砖石建筑物在地震中极易受到破坏。另外,低于建筑规范设计的建筑物在地震时也易受到破坏。通过对建筑物的抗震鉴定估计其风险,从而确定优先收集的信息。

2)收集建筑物的信息,包括面积置换价值、物品价值和功能价值。另外,需收集建筑物类型、建筑抗震设计规范。

3)收集灾害信息,建筑抗震设计规范有助于确定地震易损性,建筑物的设计是影响其易损性的主要因素,未设防和低设防建筑物的地震易损性远大于那些高设防建筑物的易损性。通过政府机构、规划、文献资料或实地调查确定规划区域内建筑物的地震设防等级。地震烈度、地表峰值加速度和震感的关系可通过相关技术手册获得。

(3)收集受海啸影响的财产清单

1)确定优先收集的信息。如果规划区域内只有一小部分地区受到飓风的影响,那么清点受海啸影响地区内的所有财产;若区域内的大多数地区或有大量的建筑物受到海啸影响,那么优先考虑离海岸线近的财产和重要的基础设施。

2)收集建筑物的信息,包括面积、置换价值、物品价值和功能价值。另外,需收集建筑物类型、建筑抗震设计规范、距危险区域的距离。

3)收集受海啸影响区域内的财产信息并将其列表。

(4)收集受飓风影响的财产清单

1)确定优先收集的信息。飓风影响的范围较广,为了节约时间和资金,优先选择易受飓风影响的地区。最好选择那些对公众安全、历史、经济和环境有重要影响的财产。对于不能承受设计风速或在飓风中极易受破坏的财产,应记录其建造时间。例如,未按设防要求建造的建筑物。

2)收集建筑物的信息,包括面积、置换价值、物品价值和功能价值。另外,需收集建筑物建设规范、建造日期、屋顶材料等。

3)收集受飓风影响区域的财产信息并将其列表。

(5)收集受风暴影响的财产清单

1)确定优先收集的信息。除了基础设施外,需进一步优选建筑物、离风暴影响区域近的财产或易受洪水及潮汐影响的地势低洼处的财产。

2)风暴影响范围较广,为了节约时间和资金,优先选择易受风暴影响的地区。因此,应识别那些极易受风暴影响的单个建筑物或地区。建筑和材料是影响风暴对建筑物易损性的主要因素。确定易受风暴影响区域的财产,例如,低洼封闭地区易受洪水和风暴灾害的影响。

3)收集建筑物的信息,包括面积、置换价值、物品价值和功能价值。另外,需收集建筑类型、建筑设计规范、建造日期、地形、距危险地区的距离、屋顶材料和建筑。

(6)收集受滑坡影响的财产清单

1)确定优先收集的信息。滑坡常影响道路、桥梁等基础设施,同时对建筑物及商业影响较大。如果规划区域内只有一小部分地区受滑坡影响,那么清点受滑坡影响地区内的所有财产;若区域内的大多数地区或有大量的建筑物受滑坡影响,那么优先考虑基础设施。

2)收集建筑物的信息,包括面积、置换价值、物品价值和功能价值。另外,需收集地形及距危险地区的距离信息。

3)收集受滑坡影响区域内的财产信息,并将其列表。

(7)收集受火灾影响的财产清单

1)确定优先收集的信息。如果规划区域内只有一小部分地区受火灾影响,那么清点受火灾影响地区内的所有财产;若区域内的大多数地区或有大量财产受火灾影响,那么优先考虑基础设施。优先考虑火灾严重区域的财产,再考虑火灾中等区域的财产。

2)收集建筑物的信息,包括面积、置换价值、物品价值和功能价值。另外,需收集建筑物设计规范、建造日期、屋顶材料和建筑、植被、地形、距危险地区的距离。

3)收集受火灾影响区域内的财产信息,并将其列表。

四、损失评估

灾害对规划区域内财产有多大的影响,这是损失评估要解决的问题。已确定规划区域内可能遭受灾害的种类,描述灾害带来的影响,可能受到影响的财产。接下来,结合上述得到的信息,评估灾害给人员、建筑物及其他重要财产带来的损失。部分建筑物和基础设施由于其建筑及施工情况的不同,在灾害发生时的易损性相差较大。

风险分析需考虑多种灾害,并不是仅分析某类型的灾害。应当注意的是,综合损失评估应包括财产本身的价值及其功能损失的价值。为了完成损失评估,首先要确定灾害对财产造成的破坏率,包括建筑物品和功能损失的百分数;然后将财产价值乘以破坏率,从而得到潜在的损失。

(一)自然灾害损失评估

1.确定损失程度

如果规划区域易受火灾的影响,且获得了区域内财产的详细信息,那么可根据该区域过去因火灾而被破坏财产的信息来估计现有财产的易损性。

1)估计建筑损失。确定灾害对财产的影响方式及程度,损失以建筑置换价值的百分数来表示。建筑置换价值乘以损失百分数就得到建筑损失值。

2)估计物品损失。物品损失价值可由物品转换价值乘以物品破坏的百分数得到。

3)估计功能损失。首先,确定停工天数,即受灾害影响后设施非正常运行的天数。如果没有可用的损失评估表格,查找过去发生的灾害并得出平均停工数。然后,确定日停工损失,将年销售额除以365天得到日销售额,由日销售额乘以停工天数得到停工损失。

4)估计人员伤亡。评估灾害造成人员伤亡的方法有多种。对于风险分析来说,人员伤亡的概率和程度取决于灾害的特点及人所处的环境。

2.计算各类灾害损失

1)计算各类财产损失。确定规划区域受灾害影响严重的财产,计算其建筑、物品和功能损失,然后将各类损失求和即为财产损失值。

2)计算各类灾害损失。确定造成规划区域经济损失较大的灾害种类,并计算各类灾害造成的损失。然后计算财产受灾害影响的百分比,用财产损失值除以财产总的价值,得到财产损失的百分比。

3)创建灾害综合风险图。将不同规划区域内各灾害风险的区域图叠加,可得到灾害综合风险图,由图可看出规划区域内各地区受灾害影响的程度。

4)确定洪水影响范围。损失表格提供的信息较为粗糙,为了对洪水灾害带来的损失有更为精确的了解,需进一步进行研究。

A.计算建筑物损失。评估易损性时,首先要解决的问题是确定哪些建筑在洪水中遭受的损失。美国联邦应急计划署给出了洪水深度和影响范围的统计关系。另外,有些易损性曲线也能得出类似的关系。使用之前收集到的洪水信息,由基本洪水高程减去最低点高程得到规划区域的洪水深度。洪水深度和建筑物损失的百分数可查相关手册获得。

B.计算物品损失。洪水深度和物品损失率的关系可查相关手册获得。明确洪水区域内建筑物的类型,根据洪水深度得出物品损失的百分数。

C.计算功能损失。洪水深度和停工天数的关系可查相关手册获得。明确洪水区域内建筑物的类型,根据洪水深度得出停工天数。

D.考虑人员伤亡。若规划区域易受山洪影响且无有效的预警系统,那么地势低洼处建筑内可能会有人伤亡,特别是山洪发生在夜间时。

5)确定地震影响范围。发生地震时,影响建筑物易损性的因素很多,建筑材料、高度和地质条件等也是影响因素。评估建筑物的易损性时,脆弱性是最为重要的因素。一般来说,脆弱性越大,建筑的易损性就越大。

A.计算建筑物损失。美国联邦应急计划署给出了地表峰值加速度和建筑物破坏的统计关系。确定规划区域内建筑物类型和地表峰值加速度,查表得出其建筑破坏的百分数(建筑破坏百分数修复费用/置换费用)。

B.计算物品损失。建筑物内物品易受地震影响而遭受破坏,应将物品损失作为风险分析的一部分。根据建筑物的置换价值,计算物品可能遭受的损失值。一般来说,物品损失值按建筑物损失值的50%计算。

C.计算功能损失。地震造成建筑物破坏直接影响其正常功能,估计因地震而造成建筑物修复和重建的天数。美国联邦应急计划署给出了建筑物平均修复和重建的天数。确定规划区域内建筑物的类型和地表峰值加速度,查表得其修复和重建的天数。

D.计算人员伤亡。建筑物倒塌是地震造成人员伤亡的主要因素,计算建筑物内人员数量及伤亡的概率,从而得到人员伤亡的估算值。

6)确定海啸影响范围。确定海啸影响区域内易损性时,最重要的是确定哪些建筑物易受海啸的影响。

A.计算建筑损失。没有通用的评估海啸造成建筑物损失的数学模型,大多依靠经验或统计数据得出海啸带来的损失。一般来说,主要考虑海岸线附近建筑物的易损性。

B.计算物品损失。根据经验、统计数据或建筑物损坏程度估计物品的损失。

C.计算功能损失。没有可用的数学模型,可根据经验、统计数据或建筑物损坏程度估计建筑修复和重建的天数。

D.计算人员伤亡。根据过去海啸导致人员伤亡的数据进行统计分析,用来计算将来发生海啸时带来的人员伤亡情况。

7)确定飓风影响范围。建筑物受飓风影响时,其易损性主要由建筑物建筑、风速及飓风的路径决定。

A.计算建筑物损失。没有通用的评估飓风造成建筑物损失的数学模型,大多依靠统计数据或设计风速估计建筑物损失程度。

B.计算物品损失。根据飓风造成建筑物损失程度,估计物品损失值。

C.计算功能损失。没有可用的数学模型,可根据经验、统计数据或建筑物损坏程度估计建筑修复和重建的天数。

D.计算人员伤亡。根据过去飓风导致人员伤亡的数据进行统计分析,以估计将来发生飓风时带来的人员伤亡情况。

8)确定风暴影响范围。受风暴影响区域内建筑物易损性的影响因素很多,暴雨侵蚀、冲刷和强风是影响建筑物易损性的主要因素。

A.计算建筑物损失。评估建筑物易损性时,首要的任务是确定哪些建筑物易受洪水、侵蚀、强风和碎片的影响。洪水深度与建筑物损坏百分数之间的关系可查相关手册获得。

B.计算物品损失。受风暴影响区域内建筑物易受强风和暴雨的影响,风险分析时应考虑强风和暴雨两方面带来的损失。洪水深度和物品损坏的关系可查相关手册获得。

C.计算功能损失。风暴造成建筑物破坏直接影响其正常功能,估计因风暴造成建筑物修复和重建的天数。美国联邦应急计划署给出了因风暴而导致的建筑物平均修复和重建的天数。

D.计算人员伤亡。随着沿海地区人口的增加,飓风与风暴的风险也随之变大。值得庆幸的是,对飓风和风暴灾害预报的精度越来越高,使得预警时间变长。

9)确定滑坡影响范围。评估易损性时,首要的任务是确定哪些建筑物易受滑坡影响。地形对建筑物易损性影响较大,特别是斜坡底部或顶部、山谷里的建筑物极易遭受滑坡灾害。

A.计算建筑物损失。大多依靠统计数据来估计滑坡造成的建筑物损失。

B.计算物品损失。根据滑坡造成建筑物损失程度估计物品损失值。

C.计算功能损失。没有可用的数学模型,可根据经验、统计数据或建筑物损坏程度估计建筑修复和重建的天数。

D.计算人员伤亡。根据过去滑坡导致人员伤亡的数据进行统计分析,以估计发生滑坡带来的影响及人员伤亡情况。

10)确定火灾影响范围。评估易损性时,首要的任务是确定哪些建筑物易受火灾影响。

A.计算建筑物损失。考虑建筑物建筑材料的耐火性,消防力量及易燃物等因素进行火灾风险分析,在此基础上计算建筑物损失值。

B.计算物品损失。根据建筑物损失程度与物品损失的统计关系,得出物品损失值。

C.计算功能损失。建筑物功能中断时间与其受损程度密切相关,可根据统计数据估算修复和重建天数。

D.计算人员伤亡。根据过去火灾导致人员伤亡的数据进行统计分析,以估计发生火灾时带来的人员伤亡情况。

(二)人为灾害损失评估

对于特定设施、系统、地点及资产的易损性,可采用两种不同但可互补的方法进行分析。一方面,任何给定地点都有一定程度的固有易损性,如足球场馆可聚集成千上万人,恐怖分子可能认为这是非常有吸引力的攻击目标。固有易损性的分析应评估每项资产,以确定其脆弱性。另一方面,安全措施、设计及其他减缓措施决定了战术易损性,如空调系统内部化学物质不可见且装有摄像头,那么恐怖分子一般不会将其作为释放有毒气体的工具。战术易损性评估就是对每项资产进行分析,以确定其保护程度。

1.固有易损性,规划团队可通过以下信息确定资产的固有易损性

资产可见性,公众对设施、地点、系统存在性的关注和了解;目标吸引力,设施、地点、系统对恐怖分子的吸引程度;资产可及性,公众如何接近这些设施、地点及系统;资产移动性,资产是固定的还是移动的,如果可移动,移动的频率是多少;危险物质的存在性,是否有易燃、易爆,生物、化学、放射性物质;二次影响,若资产被袭击,它给周边带来的二次影响有哪些。

设施固有易损性评估矩阵用于记录各项资产的易损性,如表 4-5 所示。它有助于规划团队比较各资产的相对脆弱性。对每项资产进行易损性评分,然后将各资产的评分按大小进行排序。

表 4-5 设施固有易损性评估矩阵

标 准	0	1	2	3	4	5	评分
资产可见性		几乎不了解		部分人了解		多数人知道	
目标吸引力	无	非常低	低	中等	高	非常高	
资产可及性	位置偏远,武装警卫严格控制	围栏,警卫控制	控制进入,进入受保护	控制进入,进入不受保护	开放,限制	开放,无限制	
资产移动性		移动或经常动		移动或偶尔动		固定在一个位置	
危险物质存在性	无危险物质	少量危险物质	中等量,严格控制	大量,部分控制	大量,少数控制	大量,非工作人员可接触	
二次影响	无风险	低风险,局限于受影响区域	中等风险,局限于受影响区域	中等风险,1英里范围内	高风险,1英里范围内	高风险,超出1英里范围	
影响人数	0	1~250	251~500	501~1 000	1 001~5 000	>5 000	

2.战术易损性,规划团队可通过以下信息确定资产的战术易损性

1)场地周边。场地规划和景观设计:设施是否考虑安全保护措施;停车安全:车

辆的出入及停车管理是否合理。

2)建筑围护结构。建筑工程:建筑周围是否设有施工围护结构,是否可有效保护生物、化学及辐射物的破坏。

3)设施内部。建筑和室内空间规划:公众和私人区域是否有安全屏障,关键设施和行为活动是否分开;机械工程:公用设施和暖通系统是否设计有冗余系统;电气工程:应急电源和通信系统是否可用,报警系统是否可用,电量是否充足;消防工程:建筑物的灭火和供水系统是否充足,消防人员的培训是否合理;电子和组织安全:是否有系统和人员监测及保护设施。

与自然灾害损失评估类似,人为灾害造成的损失可分为人员伤亡、财产损失及功能受损 3 大类。然而,恐怖袭击和技术灾害在损失评估方面呈现出其特殊性,主要由于人为灾害发生的频率难以确定。

对于一些灾害来说,可用最坏的情况来表述其损失。例如,根据铁路位置及其运输危险物质的类型和数量,利用数学模型确定危险物质泄漏后的各种事故场景,由风向、风速及污染物的性质可得出需要疏散的人员数量。

对于其他的人为灾害,如炸弹爆炸的损失评估仍在不断发展,尚未形成合理可用的评估方法,可用软件模拟爆炸对建筑物产生的影响,但软件本身无法得到当时灾害的减缓目标。对于这些难以定量化描述的灾害来说,规划团队可根据最坏的情况来进行损失评估,并在此基础上制定规划目标。根据易损性分析和损失评估结果,可制定防灾目标并确定防灾措施。

第三节　编制规划

确定规划目标、制定减缓措施、确定实施策略及草拟防灾规划是城市防灾规划编制的 4 个步骤,具体流程如图 4-2 所示。

一、确定规划目标

(一)规划目标确定的原则

1.与城市性质功能一致

城市的性质功能是由城市建设总体规划规定的,国家对不同性质功能的城市都有相应的要求。同样对于不同城市的公共安全水平要求也不一样,如政治经济中心以及风景旅游区的公共安全水平要求就比其他地区要求高。

2.满足人们生存和发展对安全的要求

人们生活在社会上,要有一个最低的安全保障。只有保证人身安全,才能从事其他活动,并在此基础上满足人们更高层次的安全要求。

3.与经济技术发展的现实水平相协调

规划目标的确定应该从安全与经济发展两方面同时考虑,以二者的协调发展为主要依据,如果规划目标过高,脱离目前的经济技术发展水平,目标就无法达到;如果规划目标过低,将制约和限制城市经济技术的发展,应该调整规划目标。城市综合防灾规划总是在一定的经济技术条件支持下才能实现,不同的城市经济技术条件不同,但都应在现有和可能有的经济和技术条件下确定规划目标。

4.与环境规划相协调

在城市综合防灾规划中,必然要涉及城市环境问题,且城市环境对灾害后果的影响也比较大。要想做好城市防灾规划,就需要与城市环境规划相结合,确定合理的城市综合防灾规划目标。

5.规划目标时的要求

规划目标时要求做时空分解、定量化。无论定性目标还是定量目标,都要把目标具体化,在时间和空间上分解细化目标,形成易于操作的指标和具体要求,便于安全规划方案的执行和管理。

(二)规划目标的基本要求

1.具有一般规划目标的共性

城市防灾规划目标必须有时间限定和空间约束,可以计量,并能反映客观实际,不能只按决策者的主观要求和愿望进行规划。

2.与城市经济发展、社会进步的目标协调

城市防灾规划的根本目的是为了减少城市事故灾害,保障城市经济和社会的持续发展。规划目标应集中体现这一方针,应与城市经济发展、社会进步目标进行综合平衡。发展经济与安全投入两种目标都应达到,是一种协调型的规划。

3.目标的可行性

可行性主要指技术经济条件的可达性及目标本身的时空可分解性,并且便于管理、监督、检查和实行,要与现行管理体制、政策和制度相配合。

4.目标的先进性

规划目标应能满足城市经济社会健康发展对安全的要求,保障人民的正常生活。

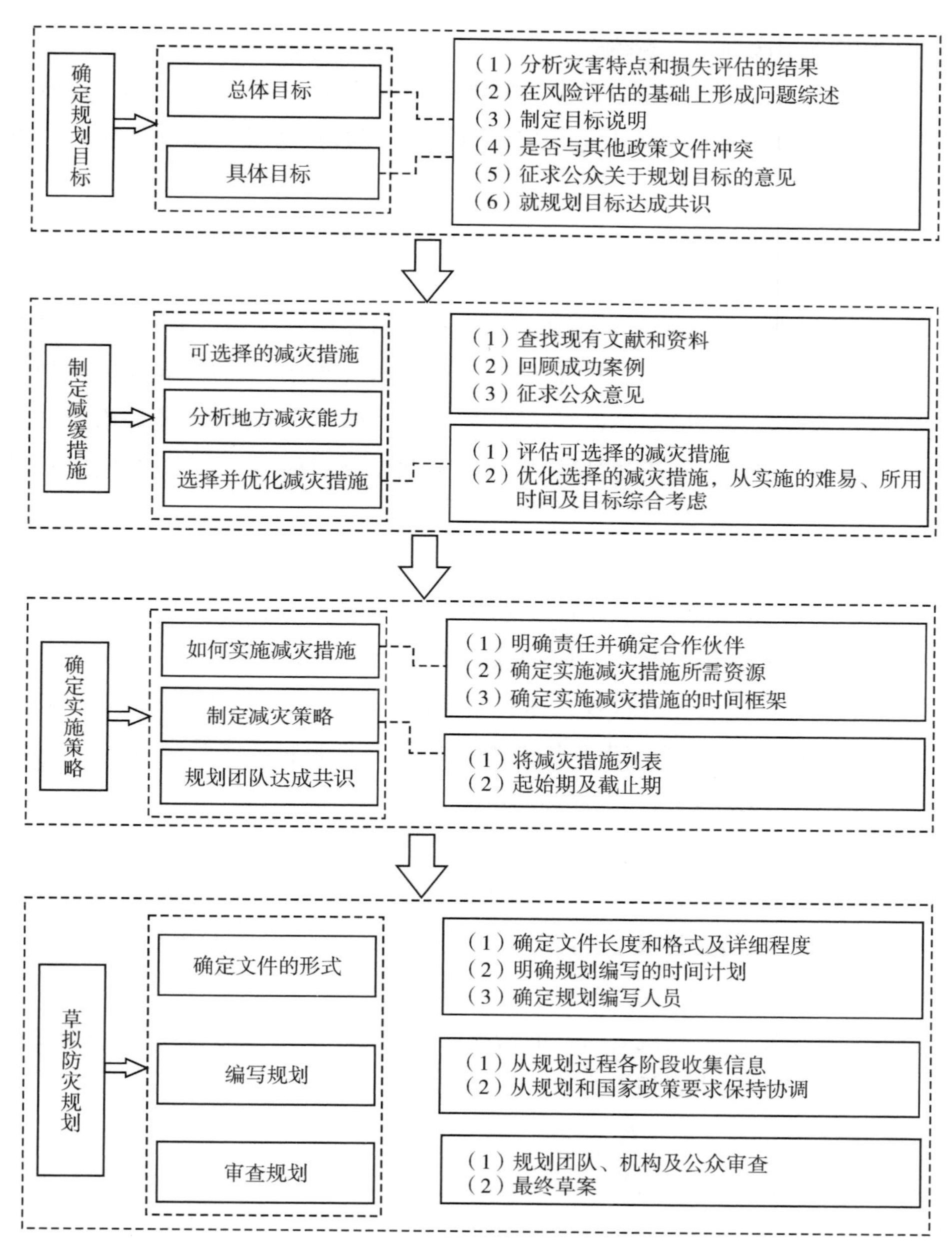

图 4-2 规划编制流程图

同时，应考虑技术进步因素，参照国内外现状，在现存安全水平上有所提升。

（三）规划目标的类型和层次

城市防灾规划目标可根据规划管理工作的要求，按照国家或地方的统一部署，分为不同的类型和层次。

1.按照管理层次划分

防灾规划目标按照管理层次可分为宏观目标和具体目标。宏观目标是对城市规划期内应达到的规划目标总体上的规定;具体目标是按照事故类型在规划期内所做的具体规定。

2.按照目标的高低划分

防灾规划目标按照风险分析和评价结果可分为可接受水平目标和理想目标。可接受水平目标是在现实风险水平的基础上对规划目标所确定的最低要求,是城市的生产生活对公共安全的最低要求,是城市经济发展、社会进步对公共安全的最低要求。因此,可接受水平目标是必须要达到的目标。理想目标反映的是城市系统最佳防灾状态,是城市经济社会活动、居民生活对公共安全的最高要求,是防灾减灾最终的奋斗目标。

3.按照规划时间划分

防灾规划目标按照规划时间可分为短期目标(按年度计算)、中期目标(5~10年)和中长期目标(10年以上)。对于短期目标一定要准确、定量、具体,体现出很强的可操作性;对于中期目标应包含具体的定量目标,也应包含定性目标;对于长期目标主要是有战略意义的宏观要求。从关系上来看,长期目标通常是中、短期目标制定的依据,而短期目标则是中、长期目标制定的基础。

4.按照空间划分

防灾规划目标从空间上可分为国家防灾规划目标,省、市、自治区防灾规划目标等。从城市来说,可划分为城市总体防灾规划目标,城市分区防灾规划目标。

5.按照灾害类型划分

由于灾害各有其特点,规划目标的物理意义可能相差很大,如自然灾害规划目标和人为事故灾害目标,洪水规定为50年一遇或100年一遇。

(四)确定规划目标的步骤

规划目标包括减灾总体目标和针对具体灾害的减灾具体目标。总体目标即规划的纲领,大多是政策性的描述,需长期努力才能达到。例如,未来社会经济活动将不再受到洪水事件的威胁;将城市火灾造成的损失最小化;灾害不会显著影响政府工作的正常运行。总体目标系统包括社会目标、经济目标、管理目标和环境目标4项。在防灾规划实施过程中,涉及多部门、多方面的关系。具体目标是为了达到总体目标而制定的策略或实施步骤,是具体的。例如,保护市中心区的建筑使其不受洪水威胁,教育公众有关火灾防御知识,为灾后重建制定规划和创造所用资源。

减灾目标的制定要与城市总体规划相协调，要考虑到城市当前的经济发展水平和今后的经济发展目标。在目标设定方面，要显著降低自然灾害和人为灾害所导致的人员伤亡及财产损失。在风险分析的基础上制定规划目标，进而确定风险减缓措施来降低灾害风险，实现规划目标。

减灾总体目标是尽可能地保护人民生命财产，减少救灾及恢复成本，使得灾害造成的损失最小化。总体目标不必确定具体减灾行动，但要明确想要达到的综合效果。确定减灾总体目标后，还需确定减灾具体目标。具体目标比总体目标更为具体，提供更为详细的方式来实现总体目标。在确定具体目标时，规划团队应充分考虑公众意见。制定合理可行的具体目标非常重要，可为进一步确定救灾措施提供依据。

总体目标和具体目标不仅要根据损失评估的结果而确定，同时也要考虑社会、环境、政治等因素。例如，评估区域以旅游业为主导，那么减灾可能更加关心对历史文物和商业财产的保护，而不是保护那些脆弱性高的财产。

为达到总体目标和具体目标就必须采取相应的具体措施，即防灾行动。结合风险分析结果制定减灾总体目标和具体目标，通过分析风险确定灾害的类型、可能的发生地点，对基础设施、建筑物及人群造成的影响。最终，通过选择合适的减灾行动实现规划目标。

（五）规划目标的可达性分析

城市防灾规划目标确定后，还要对规划目标进行可达性分析并及时反馈，对目标进行修改完善，以保证目标的可行性。

防灾规划目标一旦确定，各项安全投入所需资金也就相应确定。在留有余地的前提下得出总投资预算，将总投资预算与城市政府计划投入的防灾专项资金相比较得出结论。过高、过低或持平都需反馈，对目标重新修正调整，保证在投资范围内充分利用资金进行安全工作。除了安全投资分析外，还需要防灾管理分析和事故灾害防治技术分析。

1.防灾管理分析

管理的加强使防灾安全管理逐渐走向科学化、现代化。现有的管理已由单一的定性管理转向定性、定量的综合管理，管理水平的提高为安全目标的实现提供了强有力的技术支持。管理分析用以确定规划目标是否具有可行性，以确保目标的准确性，保证规划的有效性。

2.事故灾害防治技术分析

迅速发展的科学技术推动灾害防治技术的进步。随着事故灾害防治技术的发展,将促进防灾规划目标的实现。

在防灾规划目标的可达性分析中,还涉及公民素质分析。经济落后、生产方式传统、旧观念作祟,加之教育落后的现实,决定了有些公民的素质不高,安全意识淡薄,进而影响了安全目标落实的难度。此外,还应当对其他一些影响措施、控制对策、法规执行程度等因素加以分析,要综合分析防灾目标的可行性。

二、制定减缓措施

通过识别、评估并优化防灾措施,实现规划的总体目标和具体目标。防灾措施是防灾规划的关键,为得到公众和政府部门的支持,使防灾措施成为应对灾害的有力工具,评估各种防灾措施优点和当地的防灾能力就显得至关重要。

防灾行动可分为工程性和非工程性两种。工程性防灾措施,如建造避难场所、加强现存建筑物抵抗洪水、风暴和地震的影响;非工程性措施,如宣传教育和采用法律的形式提高对灾害的认识,降低灾害影响。

防灾行动可归纳为以下 6 大类。

1.预防

通过政府行政、规则行为和公众参与都可降低灾害损失,如规划、建筑物条例,保护开放空间和管理条例。

2.保护财产

通过改变现有建筑物结构降低灾害损失,或者使其远离危险地区,如搬迁和改造。

3.公众教育和意识

对公众和政府人员宣传灾害潜在的危险及防灾措施。

4.保护生态系统

防灾措施不仅要最大限度地减少危害损失,同时也要保护生态系统的功能。这些措施包括控制水土流失、流域管理、森林和植被管理、湿地修复和保护。

5.应急服务

灾害发生后应立刻采取行动保护生命和财产的安全,包括预警系统、应急反应和关键设施的保护。

6.结构工程

建筑结构抵御灾害并降低灾害的影响,包括大坝、防洪堤、防洪墙、海堤和挡土墙。

综合比较各防灾措施的优缺点,评估、优化防灾措施,并将其纳入防灾规划中。规划需要考虑以下方面:防灾措施能实现哪些防灾目标,实现这些防灾措施需具备哪些能力,实施这些防灾措施对当地有什么影响。

（一）识别可选择的防灾措施

识别能达到防灾目标的各种可能的防灾措施，回顾防灾总体目标和具体目标，查找资料，识别并列出适合当地的防灾措施。

1.回顾现有文献和资料

以防灾目标为基础，识别能达到防灾目标的防灾措施，规划团队应考虑防灾措施是否可实现防灾目标及其对社会、环境和经济的影响。现有文献可用来识别防灾措施，大量的出版物、网站及其他信息资源可提供防灾措施的特点、步骤及大概成本。可选择的防灾措施有：根据已知灾害，利用土地规划政策；鼓励公众购买灾害保险；将建筑物远离灾害多发区；改造建筑物，提高其抵御灾害的能力；制定、采纳并执行建筑物规范和标准；新建筑中使用阻燃材料等。

2.回顾成功案例

其他地方可能会遇到相似的问题并且采取了解决措施，规划中可借鉴这些成功案例中的措施。

3.征求公众意见

问卷调查是征求可用防灾措施意见十分有效的方法，通过调查不仅可收集有价值的信息，而且也易于得到公众的支持。

（二）识别并分析地方防灾能力

回顾和分析地方的政策、法规、资金及目前防灾措施的实施，如何监管灾害易发地区建筑和基础设施的建设，专业人员如何开展防灾行动或提供技术支持。分析通常为能力评估，考虑可用于帮助实施防灾措施的政策、资金和技术资源。能力评估明确当地是否能够实施特定的防灾行动。

1.回顾政府的防灾能力评估

当地政府的防灾能力评估为制定防灾措施提供了有用信息。可回顾政府能力评估中的以下信息：政府是否能提供足够的资源（资金、技术或政策）用于实施特定的防灾措施，如提供技术人员或资金用于评估受自然灾害影响的关键设备的易损性；国家政策、倡议及规定是否对当地实施防灾措施有负面影响。

若没有可用的防灾能力评估，则利用相应政府机构功能及其对防灾措施的影响完成防灾能力评估，以便更全面地了解地方政府的规划、政策及资金等资源对地区防灾的影响。

2.完成当地的防灾能力评估

制定防灾措施需考虑技术、法律及资金的可行性，各政府机构需明确其职责及可提供的资源。列出对防灾措施有影响的政府机构及其职责,特别要明确负责规划、建筑法规、测绘、资产管理及应急管理等对防灾措施有直接影响的机构及其职责。同时,也应列出对灾前和灾后环境影响较大的非政府及非营利组织,如慈善机构、教会、红十字会、关键设施的运营商及高校等。分析现有措施对防灾的影响及存在的不足之处,根据分析结果确定哪些防灾措施需要改变,哪些新的措施需要增减。

(三)评估、选择并优化防灾措施

1.评估可选择的防灾措施

在完成能力评估的基础上,评估现有和潜在的防灾措施是否能达到防灾目标以及这些防灾措施是否适合于本地区。可用于评估的方法有多种,下面介绍一种系统的评估方法,该方法综合考虑社会、技术、行政、政策、法律、经济和环境等因素。

列出各种问题作为评估过程的一部分,对可选择的防灾措施进行排序,将评估结果作为规划团队权衡不同防灾措施对实现防灾目标利弊的依据。但这一决策并不是简单的过程,它会随地区情况的不同而存在较大差异。

减缓措施评估标准的相关信息如表 4-6 所示。

表 4-6　减缓措施评估标准信息

评估标准	注意事项	信息来源
社会	社区可接受性	问卷调查; 采访政府人员、非营利组织; 社区规划; 新闻报道
	特定年龄段人群的负面影响	减灾措施实施地区的统计地图,包括种族、年龄、收入等
技术	技术可行性	减灾专家、科学家及工程师的判断; 现存有关减灾措施的文献及研究
	持久性	减灾专家的判断; 现存有关减灾措施的文献及研究
	二次影响	减灾专家的判断; 现存文献; 用地图显示减灾措施实施地区对环境敏感的资源; 科学和工程评估

续表

评估标准	注意事项	信息来源
行政	人员编制（人员数量及培训）	能力评估； 地区政府机构组织图； 地方政府机构可得到的技术支持； 对部门负责人及相关人员的访谈
	拨款	能力评估； 年度经营预算； 对部门负责人及相关人员的访谈
	维护合作	能力评估； 现有文献的维修费用； 对部门负责人及相关人员的访谈
政治	政治支持	问卷调查； 访谈官员； 新闻报道
	规划倡议者	问卷调查； 规划过程中访谈官员、社区领导及部门参与者
	公众支持	问卷调查； 采访政府人员、非营利组织和相关组织人员； 新闻报道； 公众集会
法律	国家法律	研究国家法律
	现存地方法律	研究地方法规和条例
经济	减灾措施的益处	效益成本分析方法； 专家判断； 现存文献； 相似减灾措施的案例研究
	减灾措施的成本	成本估计； 专家判断； 地方承包商； 案例研究

续表

评估标准	注意事项	信息来源
经济	对经济目标的贡献	专家判断； 综合评估社区规划、经济发展规划及其他规划的政策
	外部资金的需求	成本估计； 国家和地方拨款估计
环境	影响土地、水体	地图、研究及规划； 遵守国家和地方与资源相关的法律和规章
	影响濒危物种	地图、研究及规划； 遵守国家和地方与资源相关的法律和规章
	影响有害物质和废物	地图、研究及规划； 危险废物数据库
	与地区环境目标相协调	土地利用、规划及敏感地区的地图； 访谈政府人员； 回顾地方规划和政策
	与国家法律相协调	联系政府机构

以洪水防灾措施为例，每项防灾措施中的“+”号表示产生有利影响，而“-”号表示产生负面影响。总体目标是将危险区域内建筑物的损失最小化，具体目标是降低受洪水影响区域内建筑物的潜在损失。防灾规划措施优选如表 4-7 所示。

表 4-7　防灾规划措施优选

注意事项	可选择的防灾措施																			
	社会		技术			行政			政策		法律		经济				环境			
	社区可接受性	影响某年龄段人	技术可行性	持久性	二次影响	人员编制	拨款	维护和操作	规划倡议书	公众支持	国家法律	地方法律	防灾行动利益	防灾措施成本	对经济目标的贡献	外部资金需求	土地水体	濒危物种	有害物质和废物	与环境目标协调
易受洪水影响的建筑	-	-	+	+	+	-	-	-	-	+	+	+	+	-	-	-	+	+	+	+
在家园周围修建护道	+	+	-	-	-	-	-	-		-	+	+	-	+	+	-	-	+	+	+
提升建筑	+	+	-	+	-	-	-	-	+	+	+	+	-	-	+	-	+	+	+	+

2.总结推荐的防灾措施

从经济、技术、法律及环境等多方面考虑,对可选择的防灾措施进行评估后,规划团队确定适合于社区的措施。

3.优化选择的防灾措施

在确定适合社区防灾措施清单的基础上对这些措施进行优化。当面对几十种防灾措施可以减缓影响社区的灾害时,确定在什么时间、什么地点、以什么方式实施这些防灾行动就显得十分重要。回顾规划总体目标和具体目标并确定是否需要解决某一特定灾害(如洪水或地震),通过风险分析和损失估计发现发生频率高且影响严重的灾害。同时,应回顾并考虑适合于特定危险的可选择防灾措施。在给定国家和地方防灾能力的情况下,确定最终实施哪些防灾措施来降低灾害损失,优化选择防灾措施时应考虑易于实施、多目标措施、所需时间等。

规划团队投票是一种常见的防灾措施排序方法。将所有可选择的防灾措施列出,团队的每个成员对防灾措施进行投票,每个成员拥有的票数为防灾措施数量的一半。以表 4-8 为例,假设规划团队由 9 人组成,因为防灾措施由 4 项组成,所以规划团队中每个成员为 2 票,用于成员选择支持的防灾措施,因此总共有 18 票。最后,将投票进行统计,票最多的防灾措施为最优先级,得票第二的防灾措施为第二优先级。

表 4-8 防灾措施投票表

防灾措施	投票数量	优先顺序
提升建筑	3	3
家园周围修建护道	2	4
易受洪水影响区域内建筑	8	1
建立公众教育	5	2
投票总数	18	

数值排序是优化防灾措施的另一种方法,规划团队应浏览已列出的所有防灾措施。经过仔细评估后,规划团队成员对每项防灾措施进行排序,最后将排序列出,排序数值最低的为优先级最高的措施。如果有大量的防灾措施及很多人投票,可以取防灾措施排序的平均数而没必要对每项进行排序。假设规划团队由 4 名成员组成,每个成员对 4 项防灾措施进行排序,然后将这些防灾排序求和取平均值。

例如,在表 4-9 中,“易受洪水影响区域内建筑”得到 3 个“1”和 1 个“2”。将其相加后得 5 除以投票人数 4 得到 1. 25,这和“1”最接近,成为优先级最高的防灾措施。

表 4-9 防灾措施数值排序

防灾措施	排序	排序求和	排序平均值	优先顺序
提升建筑	1,3,4,3	11	2.75	3
家园周围修建护道	4,3,4,4	15	3.75	4
易受洪水影响区域内建筑	1,1,2,1	5	1.25	1
建立公众教育	2,3,2,2	9	2.25	2

为了确定优化防灾措施，应先列出可选择的防灾措施，然后再确定每项防灾措施所对应的总体目标和具体目标，并注明每项防灾措施的来源、评论及存在的问题，如表 4-10 所示。

表 4-10 优化防灾措施

可选择的防灾措施	总体目标和具体目标	防灾措施来源	防灾措施评论
易受洪水影响区域内建筑	总体目标：将受灾害影响区域内建筑的损失最小化； 具体目标：降低河漫滩建筑物的损失	国家防灾规划局	
2.……	……	……	……

三、确定防灾实施策略

规划团队准备实施防灾措施策略，包括将防灾措施的实施责任到人，明确分工；用于防灾的资金及其他可用资源来源于补助、预算还是捐赠；防灾措施实施结束的截止日期。防灾实施策略是指社区利用已有资源将灾害损失最小化，着重强调参与防灾规划的个人与机构之间的协调，以避免重复工作或导致冲突。

（一）确定如何实施防灾措施

规划团队明确责任方、资金筹措情况及实施防灾措施的时间框架。表 4-11 为准备防灾措施实施策略，总结实施策略各项子任务所涉及的过程及结果。规划团队将此表应用于各项防灾措施。

表 4-11 准备防灾措施实施策略

任务 1		任务 2		任务 3
明确责任	确定合作伙伴（技术或资金组织）	明确资源（国家及地方政府、商业赞助、非营利组织）	列出所需物质（仪器设备、车辆、其他物质）	明确实施防灾措施的时间框架

续表

任务 1		任务 2		任务 3
过程	过程	过程	过程	过程
确定社区管理者及相关机构领导的角色和责任	联系实施规划所必要的技术支持及资金伙伴	准备财务预算，咨询各方意见，确定资金和技术支持	列出实施防灾措施所需物质	讨论实施各防灾措施的时间框架
结果	结果	结果	结果	结果
明确支持规划的机构和组织，确定其相应的角色和责任	证实各组织及机构在特定防灾措施中的责任	制定预算、将防灾措施分解为若干个子任务，列出所需的技术及资金援助	列出实施防灾措施所需物质及必需的物质	实施防灾措施的时间框架

1.明确责任并确定合作伙伴

能力评估可用于完成这项任务，规划团队应回顾能力评估中所列机构及组织的功能，找出在实施策略中所需的机构及组织。

规划团队成员与社区管理者、相关机构领导就防灾措施实施进行交流，讨论防灾措施实施的计划，确定各自的责任及合作事项。机构领导应明确防灾措施的任务及相应人员，否则防灾措施的实施可能会延迟。

2.确定实施防灾措施所需资源

资源包括资金、技术支持和物质。规划团队应提供初步成本估计或预算，将各项防灾措施分解为子任务。成本估计有助于规划团队了解各防灾措施所需的资金。同时，应列出实施防灾措施所需的物质(仪器设备、车辆及其他物质)。否则，其他事项容易被忽略。

准备列表时应注意哪些事项的条件已具备，哪些事项需资金花费。另外，规划团队成员应和相应责任机构及组织人员交流，应将长期维护所需开支列入预算中，并明确维护机构的责任。规划团队应通过国家和地方能力评估确定实施防灾措施所需资源，并寻求各方援助。

3.确定实施防灾措施的时间框架

规划团队和相应机构应确定社区所采取的各项防灾措施实施的具体时间框架。确定时间框架有利于相关机构的工作人员顺利地实施防灾措施。时间框架应包括防灾措施何时开始实施、何时结束，需要多久才能全部完成。

在确定防灾措施实施起止日期时，应充分考虑季节气候条件、资金周期、政府机构工作计划及预算等影响防灾措施实施的因素。

防灾措施实施日期确定以后,首先应实施防灾措施中优先级别高的,并按照优先顺序逐步实施防灾措施。若防灾措施的优先顺序发生变化,应详细说明原因并将其纳入规划中。为满足社区的需求,实施防灾措施后应定期审查规划及防灾措施。

(二)防灾策略

在完成防灾策略表的基础上,应将这些结果保存并确定防灾策略的形式、总体目标、具体目标、防灾措施的确定以及优化防灾策略。实施防灾措施的方式有多种,其中之一就是规划团队将防灾措施列表。实施防灾措施时应注明长期还是短期,并标明其起始期以及截止期。

(三)获得规划团队共识

规划团队应在防灾措施的时间安排、各政府机构及其他组织责任等方面达成共识。为确保防灾策略的顺利实施,规划团队确认可用的防灾资金及实施时间后将任务合理地分配给相应的机构和个人。

完成防灾策略前,规划团队应综合考虑所有的防灾措施以确保防灾目标的完成及社区需求的满足,同时,还应确保防灾措施完成的时间期限。防灾策略达成共识后,接下来就是采纳规划并将其作为其他规划的一部分,用以减缓社区的灾害,降低社区的风险。

四、草拟防灾规划

防灾规划用于指导社区降低灾害风险和损失。制定或修订现存规划不必等到完成规划的所有细节后才开始,编制防灾规划应在规划过程中逐渐展开,然后对规划做最后的整理。

(一)确定规划文件的编写形式、编写时间和编写人员

1.确定规划文件的编写形式,使规划文件具有可读性

1)长度。规划文件的长度没有明确要求,在完成防灾功能的基础上,关键是要易于读者阅读。

2)格式。规划文件没有具体的要求及固定格式,规划文本中应包括规划过程、风险分析、防灾策略及规划维护等信息。详细的技术信息应给出附录并加以具体说明。

3)语言水平。规划文本所用语言不应太专业、太复杂,也不应太简单。

2.确定规划文件的详细程度

确定规划文件中应包含多少信息,是否应将部分信息置于附录中。例如,是将所有灾害的风险分析作为规划文本的主体还是将其作为附录。详细的风险分析通常是

放在附录中，以确保规划容易阅读和查找；风险分析所用方法及评估结论应放在规划文本中。

3.确定规划文件编写时间计划

编写规划文件的时间应包括规划起草和审查的时间。将规划送到地方政府审批前，规划团队应检查规划。如果还没有做这些工作，就要将规划初稿送到各政府机构以便审批。同时，应安排讨论会，给公众提供评价规划的机会。一般来说，国家防灾规划 3 年更新一次，地方防灾规划 5 年更新一次。

4.确定规划编写人员

规划编写人员应参与规划的整个过程，且具有良好的写作能力及编辑能力。规划团队应包括顾问、实习生、政府机构工作人员等。如果某个人编写了规划文本中的几个不同部分，那么他就应将这些部分负责到底。

（二）编写规划文件

1.从规划过程各阶段收集信息

1）规划过程中的会议记录。

2）风险分析和能力评估的结果及结论。

3）防灾策略。

4）其他现存规划、模型及政府对规划的要求。

2.规划文件和国家要求保持协调

为满足国家要求，规划文件应包括以下内容。

1）描述规划过程。主要概述编制规划的程序及确定规划区域，确定参与规划人员及参与方式，确定公众参与的方式，详细说明防灾措施的制定及优选过程。

2）风险分析。它包括社区、地区或国家所面临的灾害种类及其风险。使用灾害调查地图及损失评估图表，总结规划中风险分析的关键因素，并将风险分析作为规划文件的附录。

3）防灾策略。描述社区、地区或国家在风险分析的基础上如何降低灾害损失；以总体目标和具体目标为指导，选择防灾措施以降低风险；讨论灾前、灾后灾害管理政策，灾害减缓方案及能力评估；确定灾前、灾后防灾行动；按照成本效益、环境状况及技术可行性确定防灾措施的优先级别；实施防灾措施的各项资金来源及可用资源。

4）规划维护。监测、评估和更新规划；将防灾规划的要求列入其他规划中，如综合规划、回顾防灾规划所达到的目标及防灾策略。

（三）审查规划文件

1.规划团队审查

规划团队应对规划文件进行审查并提出建议。

2.机构审查

参与规划的机构应对规划文件初稿进行审查。

3.公众审查

无论是否举办公众会议，公众都应有机会在规划采纳前对其草案进行审查。

4.最终草案

收集到各方意见后，对规划文件进行修改并准备最终草案。一旦各相关部门的意见被纳入规划中，就要准备下一步将规划文件提交到当地政府等待审批。

第四节 规划实施与更新

通过规划团队的努力及各利益相关者的参与，草拟的规划包括风险分析、能力评估、防灾措施、规划目标及对防灾措施的优化等方面。规划的实施是将规划作为降低风险的工具并加以维护和修正以确保其有效性。

作为综合规划的一部分，防灾规划以简洁的文字和相应的图表，解释规划区域可能遭受灾害的类型、地点及影响程度，可采取的防灾行动及规划目标等。将防灾规划与交通和教育等作为区域可持续发展的一部分。

防灾规划被采纳和实施后，记录所取得的成果、产生的问题及政策的变化等，这些记录的信息对于评估、更新或修改规划至关重要。规划表达特定地区在特定时间内的目标及策略，像其他规划一样，应定期审查防灾规划以确保其有效性。

将更新、修订、新的政策及灾害信息纳入规划中。

经过规划准备、风险分析及制订规划 3 个步骤后，将开始第 4 个步骤——防灾规划的实施与更新，从而使防灾规划具有法律效力。对规划团队成员来说，规划采纳是规划实施前的最后挑战，规划团队与利益相关者建立的关系在规划采纳中起着重要的作用。

一、采纳规划

要使规划被采纳，可采用如下策略。

（一）向政府决策者汇报

定期向政府决策者汇报可增加规划被采纳的机会，向决策者表明防灾规划已获得广泛支持。定期汇报有助于了解政府领导及决策者所关心的问题，并将其纳入规划。

（二）合作伙伴支持

规划是否能得到其他组织认可是政府机构审查时比较关心的。合作伙伴支持是确保防灾规划得到认可并最终通过的一种途径，包括组织、机构及其他成员。部分组织通过承担特定的责任表明其实施规划的承诺。合作伙伴应提供防灾规划带来益处的相关信息，并使这些信息成为公众听证会记录的一部分。

（三）行政机构采纳规划

防灾规划由政府机构通过法律程序进行采纳。根据国家或地方法律，规划被采纳后，规划区域应采取一系列防灾措施并出台相应政策来降低灾害风险。

按规划日程安排表的时间进度开展工作，确保能够按时提交防灾规划，并有充足的时间进行正式的采纳程序。

（四）提交规划等待批准

地方政府批准规划后，需将规划提交到上级部门，等待审查规划是否符合国家相关法律及政策的规定，对于多区域的规划，每个区域都需提交其政府采纳的证明。

（五）公布规划的采纳及批准

防灾规划得到批准后，应通过报纸、会议及网络等方式通知灾害的利益相关者，要求政府出台相关政策以实现防灾目标，并划拨专项资金用于实施防灾措施。防灾规划被批准后，应进行下一阶段——实施规划。

二、实施规划

参与防灾规划的公众和政府工作人员期望看到他们努力的结果，即通过防灾规划的实施降低灾害带来的损失。实施规划主要描述如何按计划实施灾害减缓措施、并将防灾行动融入政府机构的日常工作中，同时应说明如何利用可用的资源减缓灾害的发生。

规划团队确定防灾措施时，应确定实施防灾措施的日期及各相应部门的责任。这些信息有助于规划团队能够按时完成规划目标，并对实施的措施进行评估和监督。

衡量防灾措施实施成功与否的标准很重要，从管理的角度来说，防灾措施是否能够按时完成并获得拨款是主要因素。另外，由于防灾措施自身的特点、可用资金的缺乏或其他不可控制的原因,从而导致某些防灾措施无法按时完成。那么,这时应看短期内所取得的成果,以此作为衡量实施防灾措施成功与否的标准。在确定防灾措施的有效性之前,应建立防灾措施有效性评估指标。

规划团队应确定监督规划实施的方式,在规划区域内任命官员,使其有责任执行特定的政策及项目。规划团队应向决策者汇报防灾相关信息并组织成员参与防灾措施的实施。同时,规划团队应确保资金到位以实现规划的实施。

频繁地举办会议可能并不切合实际,可定期作备忘录通知团队成员实施规划的进展。规划团队年度内部审查是一种较好的监督方法,切记保持交流要比交流方式本身重要得多。

(一)明确责任

回顾编制防灾规划时,规划团队所确定的实施防灾行动的人员、组织机构及其相应的责任。为方便与政府机构及其他参与规划的组织联系,最好签订协议书。协议书包括不同机构和个人的责任和义务、灾害减缓的目标及组织结构框架等信息,以帮助评估规划实施的进展。

(二)防灾行动列入政府工作

将灾害减缓目标和防灾行动,列入政府和其他组织的日常工作中。通过现存管理体制快速高效地实施防灾行动,并将防灾行动融入管理体系中。

1.使用已有信息

充分利用能力评估中已确定的信息。制定防灾行动时,对社会技术、行政、法律、经济和环境标准的研究有助于了解与规划区域相关的行政、财政或法律制度。若政府部门和相关组织了解并利用这些信息,有利于规划的实施。

2.确保资金来源

寻找可能的资金来源,如政府机构、商业组织、个人及其他组织等。一旦规划通过审核,即可合法使用防灾资金。

3.确定伙伴关系

使防灾行动所用的资金和行政力量最小化,有助于防灾行动的实施。应设法降低防灾行动的经济成本,鼓励志愿者及非营利组织参与。

(三)监督并记录防灾措施的实施

规划团队必须持续地监督并记录防灾措施的实施进展,有助于灾害减缓措施的实施。规划团队应询问与防灾有关的机构、部门及个人,防灾措施实施是否按期完成。若防灾项目或措施存在问题,规划团队应及时指出。规划团队应要求责任方就如何解决问题及何时完成任务给出明确答复。

（四）建立指标以评估有效性

为评估防灾措施的有效性，应建立评估有效性的指标，对于评价防灾措施的有效性至关重要。将指标和防灾总体目标及具体目标紧密结合起来，使指标能代表某几个防灾目标。

三、评估规划结果

通过评估规划结果，规划团队可检查防灾规划、防灾行动及其实施的结果。评估灾害减缓措施是否有效，是否达到规划目标以及是否需要做出调整。规划团队应定期检查防灾规划实施的进展，以确保参与灾害减缓的相关责任机构及个人按时完成任务。

通过定期评估，有助于规划团队了解规划进展以及实施防灾措施的有效性。通过以上评估信息来确定是否需要修改规划文本。

（一）评估规划过程的有效性

为评估规划结果的有效性，需要回顾规划过程的各步骤。评估规划过程的有效性，是检验防灾规划是否有利于规划区域的好方法。对规划过程的回顾有助于了解防灾规划纳入日常行政管理的程度，并确定哪些措施需强化或改变。

规划的年度审查能较好地反映规划过程中哪些措施应强化，是否需要寻找新的合作伙伴。规划团队应充分利用年度审查结果，以鼓励公众参与、获得资金支持以及优化防灾减缓措施。

1.规划团队讨论

召集规划团队成员是评估规划过程有效性的第一步。事实上对于制定防灾规划来说，规划团队是长久不变的。即使是防灾规划被采纳后，规划团队成员也应至少每季度见面讨论防灾规划实施的进展。

2.回顾规划进展

规划团队首要的任务是评估规划过程的有效性。经过一段时间的努力，规划团队应回顾规划过程的各个步骤，检查规划过程中的关键因素，如建立规划团队参与、能力评估数据收集及其机构合作情况等。

1）建立规划团队。在建立规划团队时，是否有人员的遗漏，是否有必要再次明确规划团队成员的责任，是否举办过会议，是否进行了规划的实施、监督及评估，参与灾害减缓的人员是否完成了规划的任务。

2）公众参与。了解公众参与情况时，应调查公众对于防灾规划的认识，以确定利益相关者及公民是否有足够的机会表达自己的想法并能参与灾害减缓措施的实施，对灾害的了解程度以及对灾害减缓的意愿，对防灾规划进展的看法，期待防灾规划达到的效果。多数情况下，公众最为关心的是受哪些灾害的影响，如何能够消除灾害带来的影响。

3）数据收集与分析。是否收集到与灾害风险分析及能力评估相关的数据，规划团队成员是否提供研究结果，是否有更为有效的数据收集方法及保持信息的快速更新。

4）与其他机构协调。与其他机构的合作是否顺利，相关机构是否有充足的时间审查规划草案，对防灾规划是肯定还是否定。

（二）评估防灾行动的有效性

如果实施防灾措施需要的时间较短，那么防灾措施实施结束后评估其有效性。另外，评估因防灾措施实施而带来灾害损失的减少。然而，由于资源和条件的限制，多数防灾项目是逐步开展的。通过项目实施的进展，确定其是否能在近期完成。收集数据评估进展以达到具体防灾目标，最后应达到防灾的总体目标。应定期评估项目进展并提交评估报告，从而使规划团队了解防灾措施的有效性。

1.防灾行动是否达到规划目标

回顾防灾规划总体目标和具体目标，明确实施防灾行动是否达到预期的目标。有时防灾行动能取得意想不到的结果，如有利于规划区域环境、社会及经济等方面的需要。

2.防灾行动是否通过成本—效益分析，是否有助于潜在损失的降低

对防灾行动来说，最大限度地降低灾害带来的损失决定了其有效性。评估防灾行动有效性最重要的指标就是因采取防灾行动而避免损失，应采用调查或陈述的方式说明防灾措施的有效性及其达到的防灾目标。

规划团队根据成本—效益分析法评估防灾措施的有效性，通过调查也可以及时确定防灾措施的有效性。将评估结果向公众及相关机构公布，使其了解资金投入的回报。

3.记录不能立即开始的防灾行动

讨论那些不能立即开始、长期能实现以及未能完成的防灾行动，应从防灾行动名单中删掉或移除。

（三）确定防灾行动实施或未实施的原因

确定防灾行动是否能落实后，规划团队应记录落实与否的原因。如果防灾行动

只执行了一部分就停止，分析其失败的原因；对那些成功实施的防灾行动，记录并分析其成功的原因。了解能促使防灾行动成功实施的因素，并加大宣传和推广力度。确定防灾行动实施与否的原因有可用的资源；支持或反对防灾行动的政策；参与防灾行动各方的责任；实施防灾行动需要的时间。

（四）鼓励各方参与防灾行动

防灾行动的实施是各组织机构及个人辛勤付出的结果，规划团队应通知各利益相关方防灾规划的进展。参与的方式包括举办活动或利用媒体的优势宣传防灾规划取得的成果。

四、修改规划

确定是否需要修改规划是防灾规划的最后一步。根据防灾进展及减缓措施实施的评估结果，决定是否需要修改或更新防灾规划。防灾行动评估的频率取决于灾害变化的强度和速度，如果规划区域正在经受灾害的快速增长，那么需要评估的次数要多一些。

规划是一个持续的过程，随着规划区域内灾害等因素的变化而改变，因为规划区域内各因素的改变影响易损性。定期记录可用的数据、土地使用和发展、技术及其他因素。确定规划过程中哪些因素需调整，并记录这些变化。回顾规划的各过程并对其进行评估，从而决定是否需要修改。

（一）影响规划内容的因素

评估下列因素有助于确定规划中的哪些内容需要改变，这些影响因素的变化可能对规划有较大的影响。

1.回顾风险分析

回顾风险分析结果并将其纳入成本估计、规划区域的新数据、灾害影响的区域、增长模式的变化，特别是因实施防灾行动而降低的易损性。

1）发展模式的转变。规划团队应确定规划区域的发展模式是否发生变化以及因发展模式改变而导致区域内灾害风险的变化。

2）最近发生灾害的影响区域。最近发生灾害对区域的影响，可以为规划提供新的信息。

3）新研究或技术。规划区域在水文、交通及人口等方面是否有新的研究，是否有新的技术或方法可为规划团队提供新的信息。

4）损失再评估。对于未完成的防灾行动，规划团队用掌握的已有信息对其进行成本—效益的再评估。

2.回顾能力评估

回顾能力评估结果,以确定法律、政策、资源可用资金技术的变化对规划的影响。

1)法律、政策及资金的变化。土地使用、环境或其他政府政策的变化可能导致规划的改变。

2)社会经济结构的变化。广阔的社会变化给防灾行动的实施带来了一定影响。经济萧条或大发展、生活成本的增长、政策变化、人口增长及环境问题可能对防灾措施有一定影响。

(二)确定是否修改规划

规划团队根据最新信息确定需改变的区域及过程。由于知识及技术等方面的变化,规划的某些方面需做适当调整,修改规划目标和防灾行动是规划修改中最重要的内容。规划团队将从防灾行动获得的信息纳入规划的修改中,并就规划目标和防灾行动达成共识。

为实现新的防灾目标,规划团队确定采取的防灾措施,将讨论的减缓措施列出,纳入新的规划,并鼓励公众参与。

1.原有规划目标是否可用,是否需要调整规划目标

回顾规划区域发生的变化,以确定规划是否能达到规划目标,是否和现实状况保持一致。

2.重新确定优先防灾措施

由于新的防灾措施及区域内某些方面的变化,需重新对防灾措施进行优先排序。

3.防灾措施与可用资源是否协调

确保有充分的资源可用于防灾措施的实施。考虑可用资源的来源;过去的资源是否可用;是否有新的可用资源;是否有非营利性组织;是否有机构加入防灾规划。

4.将修改内容纳入规划

将灾害、易损性和防灾措施等信息纳入规划。对规划的过程、公众参与方式、防灾措施的相关责任方和资金来源等方面进行说明,修改后的规划应让利益相关者审查,并就修改后的规划达成共识,进而提交上级部门等待审核通过。

第五节　某城市防灾减灾规划案例分析

以淮河中游某城市为例，研究城市综合防灾规划。该城市自然灾害主要涉及地震和洪水灾害，因此防灾规划案例主要以分析地震和洪水灾害为主。

一、规划概况

（一）规划区域介绍

1.自然概况

某城市位于淮河中游，跨淮河两岸，东邻凤阳、定远，西接寿县，南倚舜耕山与长丰为界。市辖大通、田家庵、谢家集、八公山、潘集5个区和凤台县。凤台县和潘集区位于淮河北岸，其余4区位于淮河南岸。全市总面积2 121km^2，其中，凤台县1 030 km^2，潘集区607 km^2，南岸4区共484 km^2；2007年年末，该市户籍总人口239.4万人，其中，凤台县73.5万人，潘集区43.7万人，南岸4个区共122.2万人，人口密度0.107万人/km^2。2010年年末，该市户籍人口242.5万人。

淮河干流由西向东贯穿全市，流经该市87km，其中流经城区40km。淮河以南属丘陵地，地面高程在25~240m，沿淮为湖洼地，地面高程18~21m；淮河以北地势平坦，属淮北平原，高程在21~24.5m。全市水面有48.3 km^2，占2.2%；丘陵（30~60m高程）68.2 km^2，占3.2%；山地（60m以上高程）58.2 km^2，占2.8%；其余1 946.3 km^{2}为广阔平原，占91.8%。近年来，随着一些老煤矿的报废，形成煤矿塌陷区，所占面积比例较小。

市区南部有上窑山、舜耕山，西有八公山、白鹗山，沿淮支流及洼地南岸有孔集湾、石姚段、石涧湖、窑河等；北岸有西淝河、永幸河、架河、泥河4条主要支流，均在市区范围内注入淮河。还有茨淮新河经市区北部在下游怀远县境入淮。

该市属暖温季风气候区，季节分明。该年平均气温15.3℃，最高气温41.2℃，最低气温-2.2℃，平均霜期138天。城市主导风向是东南风，平均风速2.7m/s，最大风速20m/s。

2.社会经济概况

该市是重要的工业城市，是我国大型能源工业基地之一。它是全国亿吨煤基地、华东火电基地和煤化工基地“三大基地”，经济以重工业为主，煤工业为支柱产业。

该市煤炭资源丰富，且煤质良好，适合作为动力用煤，是中国13个“亿吨级煤电基地”之一。电力工业发展迅猛，发电量主要供应经济发达的华东地区，成为华东电网的骨干力量。炼焦、化工、煤气等工业有很大发展。

该市交通便利，铁路运输网络发达，北通京九、濉阜线，南接合九线。公路四通八达，合肥、蚌埠、六安、霍邱、阜阳、颍上、蒙城、淮北等市县均有长途汽车通达。淮河水运四季通航，市内在新庄孜、应台孜、田家庵和上窑均设有码头。

3.地形概况

该市位于江淮丘陵与黄淮海平原的交界处，地貌类型兼有平原和丘陵的特点。总地势为西高东低，淮河南岸南高北低，淮河由西向东流经全境。沿河两岸由于长期黄河夺淮泛滥冲积的影响，形成低洼河谷平原。淮河北为黄淮平原的一部分，海拔大都在21~26m。淮河以南为江淮丘陵的北缘，海拔25~240m，地貌发育为丘岗相间。主要地貌有以下几点。

(1)残丘

残丘分布在淮河以南包括上窑山、舜耕山、八公山和白鹗山4个部分，东西绵延数十里。海拔50~241m，坡度15°~30°，残丘上部大部分为基岩裸露。水土流失严重，自然植被少，土层薄，土壤多粗骨；残丘下部为石灰贮存岩坡麓堆积带。植被覆盖度大，土层较厚，地势向岗地微倾斜，坡度小于5°，构成不连续的环状阶地。

(2)岗地

岗地分布于淮河及其支流西淝河、港河、架河、东淝河、窑河沿岸的二级阶地上，一般海拔20~50m，坡度5°~15°。淮河以北岗地比较平缓，淮河以南岗地起伏度较大，因受残丘岗坡侵蚀影响，冲沟明显，自西向东呈带状分布。

(3)河谷平原

河谷平原分布在淮河沿岸及其支流西淝河、东淝河两侧，为近代黄泛冲积物所覆盖，地势低平，海拔15~20m。河谷中有地表径流的侵蚀切割现象，河谷地向谷底倾斜，主要由河漫滩、自然堤、背河洼地等微地貌类型构成。

(4)河间浅洼平原

河间浅洼平原位于淮河以北的平原地区，分布面积较广，地势由西向东南微倾斜，局部地区由边缘向中央倾斜。平原中的局部洼地，地下水位较高，地下水矿化度高，土壤有发生碱化现象，内涝较严重。

4.地质概况

在地质构造上,该市位于华北地块南缘,为内部宽缓起伏的北西西向复背斜构造。从李四光构造体系上来看,处于新华夏第二沉降带与秦岭纬向构造带的复合部位。从区域构造上来看,刚好处于印支期褶皱形成的淮南复向斜的位置上。

舜耕山北麓一带,奥陶系石灰岩由于喀斯特溶洞中地下水活动的结果,形成侵蚀带。山坡之下,一片平原,基岩之上被厚20m左右的冲积层所掩盖,为一良好的建筑区域。根据水文地质勘探资料,该市地下水的流向基本上与现代地形倾斜一致。地下水资源分布状况与江淮丘陵地区的地下水分布基本相同,是第四纪地层中的浅水和承压水,主要分布在茨淮新河以南,西淝河以东,淮河以北,青年闸以西和淮河沿岸的河漫滩及一级阶地的范围内,一般静水位在2~4m。

据已掌握的地震历史资料分析,该市隶属于许昌-淮南地震带,且活动是比较明显的。1990年,国家地震局编制的我国第三张地震烈度区域划分图,确定该市地震(除凤台县部分地区以外)的基本烈度为7度。根据国标《建筑抗震设计规范》(GB50011—2001)的规定,该市市辖五区地震基本烈度按7度地区进行抗震设防。

5.城市性质

该市是华东地区以煤炭、电力为主的能源生产基地。随着市产业结构调整和城市的发展,逐步将该市建设成为以煤炭、电力、化工为主的新型工业城市。

根据该市城市用地范围规划,到2020年,城市建设用地规模为165km^2,新增建设用地主要位于南部新城区。

(二)规划原则

防灾安全规划是为了尽可能地保护人民生命财产安全,减少救灾及恢复成本,使灾害造成的损失最小化。防灾规划应和城市规划及土地利用规划等相协调,规划原则如下。

1.显著减少人员伤亡

明确灾害造成潜在影响,采取保护人员生命安全和健康的措施,提供有关灾害脆弱性和减缓措施的最新信息供管理部门决策使用。执行国家有关法律及地方政策规定,显著减少人员伤害及死亡。确保减缓措施纳入新建、扩建、改建及重建中,尤其是受到重大危害风险的领域。识别并减缓可能威胁生命安全的危险源,使灾害对人员的伤亡显著减少。

2.尽量减少破坏和混乱

将防灾规划纳入土地规划,根据灾害风险及灾后恢复的需求,保护重要建筑物、住户和信息记录,使灾害损失减少,并使灾后恢复加快。财产的保护还包括保存重要的记录、宝贵的工艺数据、历史资料及其他非物质文化遗产。

新规划地点避免或尽量减少危险的暴露,提高设防要求,加强对未来灾害的抵御能力。高危地区及基础设施应设有保护生命及财产安全的措施。通过更新土地使用、设计及建设政策来降低灾害所带来的财产损失。研究、开发并推广符合成本效益的建筑,使其超过法律、规则及条例所规定的生命安全所需的最低水平。建立和维护各级政府、私人部门、社会团体以及高等院校等的伙伴关系,通过改善和实施方法来保护生命和财产安全。确保对重要记录的保护以及基础设施的恢复,尽量降低灾后的混乱。

3.与保护环境相协调

灾害不仅破坏人为环境,对自然环境也产生极为不利的影响。防灾规划和相应的环境保护法规相结合,使防灾措施对环境所造成的负面影响降到最低。确保防灾规划反映环境保护的目标,并推广使用可持续的防灾措施。

4.促进综合防灾政策

长期以来,人们思考和制定防灾政策和措施多以某一特定的灾害为主要对象,如制定针对地震的防灾对策,制定洪水的防灾对策。实际上,灾害发生的影响往往是多方面的,地震若发生后,在造成城市建筑物倒塌、人员伤亡的同时,还可能造成河流变道、决堤或引起堰塞湖等其他灾害。此时,灾害的影响就是多方面的,因而防灾对策也必须是多方面的、综合的。由于人口的持续增长,自然和人为灾害日益增多,综合防灾变得更为迫切。采纳并实施防灾规划,使防灾规划作为总体规划的一部分。通过有效的培训和指导来提高防灾规划的质量和效率,将灾害减缓、灾害预防和灾后恢复相联系。

确定该市的主要灾害种类,对各灾害进行风险分析,结合该市的城市总体规划和土地利用规划,在此基础上制定规划目标及减缓措施。

(三)规划依据

1.法律、规范

1)《中华人民共和国城乡规划法》。

2)《城市规划编制办法》。

3)《城市规划编制办法实施细则》。

4)《中华人民共和国防震减灾法》。

5)《地震监测设施和地震预测环境保护条例》。

6)《建筑抗震设计规范》。

7)《中华人民共和国防洪法》。

8)《中华人民共和国水法》。

9)《防洪标准》。

10)《城市排水工程规划规范》。

11)《城市防洪工程设计规范》。

12)《城市用地竖向规划规范》。

13)《中华人民共和国消防法》。

14)《突发公共卫生事件应急条例》。

15)《国家突发公共事件总体应急预案》。

2.相关规划及文件

国家和省市现行有关标准、规范和规定。

3.规划年限及范围

城市防灾规划年限与该市总体规划相协调。近期规划:近 3 年;中期规划:3~8 年;远期规划:10 年以后。

规划范围:该市总体规划范围内的东部地区,包括田家庵区、大通区、经济技术开发区;西部地区包括谢家集区、八公山区。上述 5 区作为规划的重点研究对象,周边的凤台县通过规划指引进行控制与引导。

二、确定主要灾害类型

根据城市灾害发生的历史记录,确定城市遭受灾害的类型;依据灾害发生的频率、造成的损失等因素确定影响城市的主要灾害类型。

(一)遭受灾害类型

该市有历史记录的灾害主要有洪水、旱灾、地震、寒潮、冰雹、火灾、风灾、滑坡、工业危险源、地面塌陷等。

1.洪水

该市地处淮河中游,1987 年被列为全国 25 个重点防洪城市之一。该市的洪水灾害主要是因降雨过多而导致的淮河溃堤与漫顶,淹没低洼地带,造成房屋破坏。农田、水利设施、电力设施、交通设施等受损。

该市 1951—1992 年平均降雨量 926mm,1956 年最大降雨量达 1 522. 6mm,1978 年降水量最小,为 450. 3mm。该市历史上是一个洪涝灾害十分严重的城市,仅中华人民共和国成立后的 40 多年里,就发生小洪水 14 次,大洪水 5 次。2003 年历史最高洪水位24.3m,2005年发生了中华人民共和国成立以来最大的秋汛,2007年发生了自1954年以来的全流域大洪水。

2.旱灾

淮河流域地处我国湿润气候与半干旱气候过渡带,受季风环流和地形的影响,降雨时空分布极为不均。该市干旱灾害频繁发生,特别是近年来经济发展速度加快,对水资源需求量迅速增加,供需矛盾进一步激化。该市年降水量为969mm,蒸发量却有1 600mm。该市旱灾程度具有较强的持续性,夏季干旱多发,不过干旱等级多集中在轻微干旱和中等干旱;秋冬季节则是严重干旱多发的季节;极端干旱多发于春季。

3.地震

在地质构造上,该市位于华北地块南缘,为一边缘褶皱断裂发育,内部宽缓起伏的北西西向复向斜构造,其东北为蚌埠隆起,南与合肥凹陷,西与阜阳、颍上一带复向斜相连,东部经定远与著名的郯庐深大断裂带斜接。复向斜南北两翼的褶皱断裂,是本地区主要的孕震构造,历史上寿县5.5级、凤台6.25级破坏性地震皆发生于此。区内地质构造复杂,活断层发育,地震活动处于华北与华南过渡地带,属于中强地震活动区,全市所有国土面积地震烈度为7度。

4.寒潮

寒潮天气除造成大风外,主要是带来低温寒冷天气。该市最低气温为-2.2℃,平均霜期138天。多发生在秋末春初之时,逢强寒潮天气的突然袭击,对大棚蔬菜、水产养殖等造成严重损害。

5.冰雹

该市属于典型的季风气候,春夏季节,冷暖空气活动频繁,容易产生深厚的大气不稳定层结,所以冷涡、冷锋、高空槽都可能产生冰雹天气。强冰雹出现时,常伴有阵性强降水、大风、降温等,具有很大的破坏力,通常会造成巨大的经济财产损失和人员伤亡。

冰雹天气是该市的主要灾害性天气之一,具有影响范围小、发展速度快、持续时间短等特点。冰雹的活动具有时间性和季节性等特征,冰雹每年都给农业、建筑、通信、电力、交通以及人民生命财产带来巨大损失。2009年6月,该市田家庵区遭遇冰雹袭击,冰雹最大直径达8mm,损失了近500亩的大棚果蔬,400余间民房受到不同程度的损坏。

6.火灾

2008年,该市全年发生火灾事故178起,比上年减少43.5%;2009年,该市全年发生火灾事故241起，比上年增加35.4%；2010年，该市全年发生火灾事故332起，比上年增加40.8%；2011年，该市全年发生火灾事故460起，比上年增长38.5%。

以电器、用火不慎和违章操作等原因引发的火灾最多，居民消防安全意识淡薄、建设工程和项目不符合消防安全标准是主要的起火原因。应该进行多种形式的安全用火、防火知识宣传，同时加强管理。

从造成的损失来看，消防设施严重不足、消防站责任区范围大大超出国家标准，是火灾造成较大损失的主要原因。

7.风灾

风灾是由大风造成，该市发生的大风主要有两类：一类是由冷空气南下引起的偏北大风，这类大风常伴有气温骤降；另一类是由热带强对流天气引起的大风，这类大风常伴有暴雨出现。

8.滑坡

该市因采煤产生的大量煤矸石边坡较陡且易风化。煤矸石场未采取有效的防渗和导渗措施，具有渗透性强、抗渗能力弱、边坡稳定性差等特点，易导致滑坡。强降雨作为诱因增加了滑坡发生的可能性及其导致的后果。另外，因采煤导致的采空巷道纵横交错，塌陷区域内易发生滑坡等地质灾害。八公山以及舜耕山区域内多次发生滑坡灾害，2006年，位于八公山区和谢家集区接合部的新谢隔堤东段发生滑坡，东部120m堤段堤身向堤内侧下挫，其中下沉严重堤段约80m，堤顶最大塌陷深度约6m，平均塌陷4.5m。

9.地面塌陷

煤炭是该市的一个支柱产业，因煤矿开采引起的地面下沉现象十分严重，对居民生活和经济发展造成了严重影响。矿区采出煤层累计厚度大，地表沉陷深，沉陷程度广，同时积水现象也较为严重。采煤沉陷区共有6个，这些沉陷区大部分位于淮河以南，属于老矿区。

采空塌陷区主要沿矿井周围分布，其危险区段以淮河以南老矿区及附近的采空塌陷区为主，该地区采矿时间长，多层次采空巷道纵横交错，构造岩溶裂隙发育，存在着不可预见的突发性灾害诱发因素。潘谢矿区、新集矿区的采空塌陷区也存在发生突发性灾害的可能性。随着煤炭开采强度的加大，采空塌陷区的面积不断增大，灾害危险程度加剧。

市区沉陷范围内的矿井主要有李嘴孜矿、新庄孜矿、谢一矿、李一矿、李二井、望峰岗井等，2008年底沉陷面积总计32.49km^2。

10.工业危险源

随着该市经济的快速发展,涉及易燃易爆、有毒有害危险品的拟建、工业园区建设项目逐渐增多。这些区域内的工业危险源因人为、设备、生产管理或环境因素等可能引发泄漏,进而发生火灾、爆炸、毒物扩散等事故。事故一旦发生,往往超出工业园区或建设项目的边界,给周边人群、环境造成恶劣影响,导致大量人员伤亡和财产损失。

该市的工业危险源有化工厂、发电厂、石油库和加油站,初步统计,登记、备案在册的工业危险源企业有发电厂 3 家,化工企业 9 家,加油站和油库 39 家。工业危险源产生的后果较为严重,中毒、火灾和爆炸是工业危险源常见的事故。

(二)灾害风险等级划分

在灾害风险等级划分中,根据历史记录、易损性、最大损失及可能性 4 个因素对可能影响城市的各单灾种分别赋值。历史记录指近百年来灾害发生的次数;易损性指人口或财产受灾害影响所占的比例;最大损失指灾害发生最严重时,所造成人员伤亡或基础设施等财产损失所占的比例;可能性指特定时期内灾害发生的次数。因素的权重因子评分标准及其说明,如表 4-12 所示。

表 4-12　城市灾害风险分级指标及权重

影响因子	权　重	等　级	分　值	说　明
历史记录	2	高	7~10	近百年内发生 4 次及以上;
		中	4~6	近百年内发生 3 次;
		低	1~3	近百年内未发生或仅发生 1 次
易损性	5	高	7~10	>10%的人口或财产受灾害影响;
		中	4~6	1%~10%的人口或财产受灾害影响;
		低	1~3	<1%的人口或财产受灾害影响
最大损失	10	高	7~10	>25%的人口或财产受灾害影响;
		中	4~6	5%~25%的人口或财产受灾害影响:
		低	1~3	<5%的人口或财产受灾害影响
可能性	7	高	7~10	10 年一遇;
		中	4~6	50 年一遇;
		低	1~3	100 年一遇

确定评估区域内各种灾害的 4 个因子值,从而由权重值可得各灾害的风险值。灾害风险值越大,对城市的危害就越大,作为优先考虑的灾种进行规划减缓。根据该

市的统计资料,各灾种风险分析值如表4-13所示。风险值由高到低排在前4位的灾害依次是工业危险源、洪水、火灾、地震。由此可以得出,该市最主要的4个灾种为工业危险源、洪水、火灾和地震。

表4-13 各灾种风险分析

灾 种	历史记录	易损性	最大损失	可能性	风险值
洪水	9	9	9	6	195
冰雹	5	4	4	5	105
地震	2	10	9	3	165
火灾	10	5	7	9	178
滑坡	8	1	3	6	93
干旱	8	2	2	7	95
大风	2	4	1	6	76
寒潮	3	3	2	7	90
地面塌陷	9	6	5	9	161
工业危险源	8	7	8	10	201

三、规划目标

1.地震防灾规划目标

1)减少地震物理破坏。降低建筑物的震害指数;提高生命线工程的抗震能力。

2)降低地震影响因子值。提高地震灾后救援能力;加快公共避难场所建设;建立地震防灾管理体系;具体分析可参见本章第三节地震防灾规划目标。

2.洪水防灾规划目标

(1)将防洪标准提高到100年一遇

从漫顶洪水的模拟来看,规划区域能够抵御60年一遇的洪水,其中40年和60年一遇的洪水都出现漫顶现象,只是溢流出来的水都泄流到行洪区中,也就是上六坊、下六坊、石姚段和洛河湾内,其他地段并没有出现漫堤。然而,对于100年一遇的洪水而言,从模拟横断面水位可得水位线达24.22m,除了漫顶淹没行洪区外,由于袁郢孜位于行洪区的边缘地带,且地势比较低,造成洪水从该地流入,直接倾入市区。

中心城区防洪标准近期按100年一遇设防;远期按100年一遇标准设防,200年一遇洪水流量校核。凤台县城和潘集区驻地防洪标准按50年一遇设防。

(2)加强洪水管理

从溃堤洪水的模拟来看,田家庵段堤坝的溃堤风险较大,一是由于它位于淮河拐弯处,堤坝受河流冲击力大,且上游带来的石块、沙粒对堤的侵蚀比较严重,所以溃堤的发生概率大;二是由于田家庵堤坝以南是市区,溃堤产生的后果严重。在100年一遇的洪水周期下,溃堤造成的洪水淹没范围主要为医院、公园小区和下陶村3片区。

因此,对于该市防灾减灾的规划,一方面需加强对田家庵堤坝的加固、增宽等工程性工作;另一方面需针对淹没区做好溃堤洪水灾害的预防、预警和人员疏散计划。

练习题

1.城市防灾减灾具体实施步骤。

2.根据风险评估分析的结果,防灾减灾规划编制步骤有哪些?

3.如何进行城市自然风险的识别与分析?

4.针对不同的灾害,防灾减灾规划目标的区别是什么?

参考文献

[1] 全国重大自然灾害调研组.自然灾害与减灾600问答[M].北京:地震出版社,1990.

[2] 申曙光.灾害系统论[J].系统辩证学学报,1995,3(1):102-106.

[3] 李树刚,刘志云.防灾减灾工程[M].北京:中国劳动社会保障出版社,2019.

[4] 郑大玮,等.农业灾害学[M].北京:中国农业出版社,1999.

[5] 全国干部培训教材编审指导委员会.领导科学概论[M].北京:党建读物出版社,2006.

[6] 李树刚.灾害学[M].北京:煤炭工业出版社,2008.

[7] 罗祖德,等.灾害科学[M].杭州:浙江教育出版社,1998.

[8] 王迎春,等.城市气象灾害[M].北京:气象出版社,2010.

[9] 国家科委国家计委国家经贸委自然灾害综合研究组.中国自然灾害综合研究的进展[M].北京:气象出版社,2009.

[10] 张我华,王军,孙林柱.灾害系统与灾变动力学[M].北京:科学出版社,2011.

[11] 王敬国.资源与环境概论[M].北京:中国农业大学出版社,2011.

[12] 王连喜,等.生态气象学导论[M].北京:气象出版社,2010.

[13] 朱诚,谢志仁,李枫,等.全球变化科学导论[M].南京:南京大学出版社,2006.

[14] Hugh W.Stephens.The Texas City Disaster[M].University of Texas, 1997.

[15] 张丽萍,张妙仙.环境灾害学[M].北京:科学出版社,2008.

[16] 段华明.城市灾害社会学[M].北京:人民出版社,2010.

[17] 国家科委全国重大自然灾害综合研究组.中国重大自然灾害及减灾对策(总论)[M].北京:科学出版社,1994.

[18] 陈效逑.自然地理学[M].北京:北京大学出版社,2001.

[19] 耿庆国,中国旱震关系研究[M].北京:海洋出版社,1985.

[20] 冯长根.重大灾害链的演变过程、预测方法及对策[M].北京:中国科学技术出版社, 2009.

[21] 肖盛燮,等.灾变链式理论及应用[M].北京:科学出版社,2007.

[22] 水利部水利水电规划设计总院.中国抗旱战略研究[M].北京:中国水利水电出版社, 2008.

[23] 霍治国.农业和生物气象灾害[M].北京:气象出版社,2009.

[24] 郑大玮，郑大琼，刘虎城.农业减灾实用技术手册[M].杭州:浙江科学技术出版社，2005.
[25] 潘学标,郑大玮.地质灾害及其减灾技术[M].北京:化学工业出版社,2010.
[26] 丁一汇,朱定真.中国自然灾害要览[M].北京:北京大学出版社,2013.
[27] 郑大玮.农村生活安全及减灾技术[M].北京:化学工业出版社,2010.
[28] 孙平.人与环境和谐原理[M].北京:科学出版社,2010.
[29] 张丽萍,等.环境灾害学[M].北京:科学出版社,2008.
[30] 李文华,等.环境与发展[M].北京:科学技术文献出版社,1994.
[31] 秦瑜,赵春生.大气化学[M].北京:气象出版社,2003.
[32] 郑大玮.灾害学基础[M].北京:北京大学出版社,2015.
[33] 吴超.安全科学方法学[M].北京:中国劳动社会保障出版社,2011
[34] 王迎春,郑大玮,李青春.城市气象灾害[M].北京:气象出版社,2009.
[35] E.J.亨利,等著.可靠性工程与风险分析[M].北京:原子能出版社,1988.
[36] 国务院.自然灾害救助条例[M].北京:人民出版社,2010.
[37] 郑功成.灾害经济学[M].北京:商务印书馆,2010.
[38] 尹占娥.城市自然灾害风险评估与实证研究[D].上海:华东师范大学,2009.
[39] 浙江统计局.浙江统计年鉴[M].北京:中国统计出版社,2010.
[40] 刘东华.突发性河流污染事故风险分析与应急管理研究[D].天津:南开大学,2009.
[41] 吉庆丰.蒙特卡罗方法及其在水力学中的应用[M].南京:东南大学出版社,2004.
[42] 刘茂,李迪.城市安全与防灾规划原理[M].北京:北京大学出版社,2018.
[43] 项勇,苏洋杨,邓雪,等.城市基础设施防灾减灾韧性评价及时空演化研究[M].北京:机械工业出版社,2021.